大师国学课

国学精神

蔡元培 著

北京理工大学出版社
BEIJING INSTITUTE OF TECHNOLOGY PRESS

图书在版编目（CIP）数据

国学精神 / 蔡元培著. —北京：北京理工大学出版社，2020.6
ISBN 978-7-5682-8102-7

Ⅰ.①国… Ⅱ.①蔡… Ⅲ.①中华文化－研究 Ⅳ.①K203

中国版本图书馆CIP数据核字（2020）第021463号

出版发行 / 北京理工大学出版社有限责任公司
社　　址 / 北京市海淀区中关村南大街 5 号
邮　　编 / 100081
电　　话 / （010）68914775（总编室）
　　　　　（010）82562903（教材售后服务热线）
　　　　　（010）68948351（其他图书服务热线）
网　　址 / http://www.bitpress.com.cn
经　　销 / 全国各地新华书店
印　　刷 / 三河市金元印装有限公司
开　　本 / 880 毫米×1230 毫米　　1/32
印　　张 / 11.5　　　　　　　　　　　　　　　责任编辑 / 李慧智
字　　数 / 237千字　　　　　　　　　　　　　文案编辑 / 李慧智
版　　次 / 2020 年 6 月第 1 版　2020 年 6 月第 1 次印刷　责任校对 / 刘亚男
定　　价 / 55.00元　　　　　　　　　　　　　责任印制 / 施胜娟

出版前言

悠久璀璨的国学，是中华民族当之无愧的文化瑰宝，它的兴起无疑代表着中国国际地位的全面提升，也标志着中国传统文化在世界上赢得了广泛的认同。可以说，国学在新时代扮演着重要的角色，有着举足轻重的历史地位。

然而，在追逐短暂流行的当下，它不应只是"一时热"。国学思想深刻、门类繁多，是一套完整的文化和学术体系，涵盖了先秦两汉、魏晋、隋唐、宋元、明清时期的文化，浓缩了千年文明和圣贤智慧，所以一直长盛不衰、常读常新，可以在每个人不同人生阶段产生不同的感悟和启发，是可以读"一辈子"的好书。

所以，我们怀着对中国传统文化的热忱，以及向新一代年轻人传承国学精神的初心，诚挚策划出版了这套"大师国学课"系列丛书，精选了近代思想家梁启超、"清末怪杰"辜鸿铭、清末民国"国学教父"级大师章太炎等九位中国知名国学大师的经典之作，采用套系设计，将其国学代表作品首度集结，包括《儒学六讲》《辜鸿铭讲论语》《国学讲义》《国学盛宴》《国学基础知识》《国学杂谈》《国学常识》《经典常谈》《国学精神》。

本套丛书由"大师"讲解国学，深入浅出、系统全面地引导读者体悟国学精髓，使他们能从中汲取思想的力量，以科学的心态来弘扬中国传统文化，树立明晰远大的人生观，培养客观朴素的道德观。另外，它还为年轻人提供了一种学习国学的科学态度和逻辑方式，正如胡适先生所说，"时势生思潮，思潮又生时势，时势又生新思潮"，要想清醒客观地认识国学，不能忽略其本身的时代局限性，如此才能去其糟粕，取其精华，继承中国传统文化中超越时空的真正内涵。弘扬国学，其实就是弘扬国学所包含的顺应时代的正确价值观，这是为被误解的国学正名，是对当下年轻人的正确指引。

相较于以往版本的国学书籍，我们为了便于读者更全面、更系统化地了解国学的演变，在内容策划和表现形式上有所增补和完善。

例如，将中国哲学史学科的开山之作——胡适的《中国哲学史大纲》，更名为《国学盛宴》编入本套书之中。我们都知"文以载道"，国学的核心说到底是一种精神，与哲学紧密相连，密不可分，将此书编入，使国学系列更具完整性和系统性，是非常必要的。

为了更好地提升读者的阅读体验，在内容表现形式上，我们还在文中配有插图，图文辉映，融知识性与趣味性于一体，让读者在轻松愉快的氛围中学习，更直观地感受国学的色彩与魅力，加深对内容的理解。最后，如果我们倾力打造的这套"大师国学课"系列丛书，能够在浩渺书海中与您不期而遇，让您产生对深耕国学的兴趣，或者人生有所益进，那将是编者莫大的慰藉。

第一篇 中国伦理学史

第二篇　国人修身教科书

第三篇　国民修养散论

中／国／伦／理／学／史

　　吾国夙重伦理学，而至今顾尚无伦理学史。迩际伦理界怀疑时代之托始，异方学说之分道而输入者，如檠如烛，几有互相冲突之势。苟不得吾族固有之思想系统以相为衡准，则益将旁皇于歧路。盖此事之亟如此。而当世宏达，似皆未遑暇及。用不自量，于学课之隙，缀述是编，以为大辂之椎轮。涉学既浅，参考之书又寡，疏漏抵牾，不知凡几，幸读者以正之。

序例

学无涯也，而人之知有涯。积无量数之有涯者，以与彼无涯者相逐，后此有涯者亦庶几与之为无涯，此即学术界不能不有学术史之原理。苟无学术史，则凡前人之知，无以为后学之凭借，以益求进步。而后所穷力尽气以求得之者，或即前人之所得焉，或即前人之前已得而复者焉。不惟此也，前人求知之法，亦无以资后学之考鉴，以益求精密。而后学所穷力尽气以相求者，犹是前人粗简之法焉，或转即前人业已嬗蜕之法焉。故学术史甚重要，一切现象，无不随时代而有迁流，有孳乳。而精神界之现象，迁流之速，孳乳之繁，尤不知若干倍蓰于自然界。而吾人所凭借以为知者，又不能有外于此迁流、孳乳之系统。故精神科学史尤重要。吾国夙重伦理学，而至今顾尚无伦理学史。迺际伦理界怀疑时代之托始，异方学说之分道而输入者，如榠如烛，几有互相冲突之势。苟不得吾族固有之思想系统以相为衡准，则益将旁皇于歧路。盖此事之亟如此。而当世宏达，似皆未遑暇及。用不自量，于学课之隙，缀述是编，以为大辂之椎轮。涉学既浅，参考之书又寡，疏漏抵牾，不知凡几，幸读者以正之。又是编辑述之旨，略具于绪论及各结论。尚有三例，不可不为读者预告。

（一）是编所以资学堂中伦理科之参考，故至约至简。凡于伦理学界非重要之流派及有特别之学说者，均未及叙述。

（二）读古人之书，不可不知其人，论其世。我国伦理学者，多实践家，尤当观其行事。顾是编限于篇幅，各家小传，所叙至略。读者可于诸史或学案中，检其本传参观之。

（三）史例以称名为正。顾先秦学者之称子，宋明诸儒之称号，已成惯例。故是编亦仍之而不改，决非有抑扬之义寓乎其间。

庚戌三月十六日

编者识

绪论

伦理学与修身书之别

修身书，示人以实行道德之规范者也。民族之道德，本于其特具之性质、固有之条教，而成为习惯。虽有时亦为新学殊俗所转移，而非得主持风化者之承认，或多数人之信用，则不能骤入于修身书之中，此修身书之范围也。伦理学则不然，以研究学理为的。各民族之特性及条教，皆为研究之资料，参伍而贯通之，以归纳于最高之观念，乃复由是而演绎之，以为种种之科条。其于一时之利害，多数人之向背，皆不必顾。盖伦理学者，知识之径途；而修身书者，则行为之标准也。持修身书之见解以治伦理学，常足为学识进步之障碍。故不可不区别之。

伦理学史与伦理学根本观念之别

伦理学以伦理之科条为纲，伦理学史以伦理学家之派别为叙。其体例之不同，不待言矣。而其根本观念，亦有主观、客观之别。伦理学者，主观也，所以发明一家之主义者也。各家学说，有与其主义不合者，或驳诘之，或弃置之。伦理学史者，客观也，在抉发各家学说之要点，而推暨其源流，证明其迭相乘除之迹象。各家学说，与作者主义有违合之点，虽可参以评判，而不可以意取去，漂没其真相。此则伦理学史根本观念之异于伦理学者也。

我国之伦理学

我国以儒家为伦理学之大宗。而儒家，则一切精神界科学，悉以伦理为范围。哲学、心理学，本与伦理有密切之关系。我国学者仅以是为伦理学之前提。其他曰为政以德，曰孝治天下，是政治学范围于伦理也；曰国民修其孝弟忠信，可使制梃以挞坚甲利兵，是军学范围于伦理也；攻击异教，恒以无父无君为辞，是宗教学范围于伦理也；评定诗古文辞，恒以载道述德眷怀君父为优点，是美学亦范围于伦理也。我国伦理学之范围，其广如此，则伦理学宜若为我国惟一发达之学术矣。然以范围太广，而我国伦理学者之著述，多杂糅他科学说，其尤甚者为哲学及政治学。欲得一纯粹伦理学之著作，殆不可得。此为述伦理学史者之第一畏途矣。

我国伦理学说之沿革

我国伦理学说，发轫于周季。其时儒墨道法，众家并兴。及汉武帝罢黜百家，独尊儒术，而儒家言始为我国惟一之伦理学。魏晋以还，佛教输入，哲学界颇受其影响，而不足以震撼伦理学。近二十年间，斯宾塞尔之进化功利论，卢骚之天赋人权论，尼采之主人道德论，输入我国学界。青年社会，以新奇之嗜好欢迎之，颇若有新旧学说互相冲突之状态。然此等学说，不特深研而发挥之者尚无其人，即斯、卢诸氏之著作，亦尚未有完全移译者。所谓新旧冲突云云，仅为伦理界至小之变象，而于伦理学说无与也。

我国之伦理学史

我国既未有纯粹之伦理学，因而无纯粹之伦理学史。各史所载之儒林传道学传，及孤行之宋元学案、明儒学案等皆哲学史，而非伦理学史也。日本木村鹰太郎氏，述东洋伦理学史（其全书名《东西洋伦理学史》，兹仅就其东洋一部分言之），始以西洋学术史之规则，整理吾国伦理学说，创通大义，甚裨学子。而其间颇有依据伪书之失，其批评亦间失之武断。其后又有久保得二氏，述东洋伦理史要，则考证较详，评断较慎。而其间尚有蹈木村氏之覆辙者。木村氏之言曰："西洋伦理学史，西洋学者名著甚多，因而为之，其事不难；东洋伦理学史，则昔所未有。若博读东洋学说而未谙西洋哲学科学之律贯，或仅治西洋伦理学而未通东方学派者，皆不足以胜创始之任。"谅哉言也。鄙人于东西伦理学，所涉均浅，而勉承兹乏，则以木村、久保二氏之作为本。而于所不安，则以记忆所及，参考所得，删补而订正之。正恐疏略谬误，所在多有。幸读者注意焉。

第一章 先秦创始时代

总论

伦理学说之起源

伦理界之通例，非先有学说以为实行道德之标准，实伦理之现象，早流行于社会，而后有学者观察之、研究之、组织之，以成为学说也。在我国唐虞三代间，实践之道德，渐归纳为理想。虽未成学理之体制，而后世种种学说，滥觞于是矣。其时理想，吾人得于《易》《书》《诗》三经求之。《书》为政事史，由意志方面，陈述道德之理想者也；《易》为宇宙论，由知识方面，本天道以定人事之范围；《诗》为抒情体，由感情方面，揭教训之趣旨者也。三者皆考察伦理之资也。

我国古代文化，至周而极盛。往昔积渐萌生之理想，及是时则由浑而画，由暧昧而辨晰。循此时代之趋势，而集其理想之大成以为学说者，孔子也。是为儒家言，足以代表吾民族之根本理想者也。其他学者，各因其地理之影响，历史之感化，而有得于古昔积渐萌生各理想之一方面，则亦发挥之而成种种之学说。

各家学说之消长

种种学说并兴，皆以其有为不可加，而思以易天下，相竞相攻，而思想界遂演为空前绝后之伟观。盖其时自儒家以外，成一家言者有八。而其中墨、道、名、法，皆以伦理学说占其重要之部分者也。秦并天下，尚法家；汉兴，颇尚道家；及武帝从董仲舒之说，循民族固有之理想而尊儒术，而诸家之说熸矣。

唐虞三代伦理思想之萌芽

伦理思想之基本

我国人文之根据于心理者，为祭天之故习。而伦理思想，则由家长制度而发展，一以贯之。而敬天畏命之观念，由是立焉。

天之观念

五千年前，吾族由西方来，居黄河之滨，筑室力田，与冷酷之气候相竞，日不暇给。沐雨露之惠，懔水旱之灾，则求其源于苍苍之天。而以为是即至高无上之神灵，监吾民而赏罚之者也。及演进而为抽象之观念，则不视为具有人格之神灵，而竟认为溥博自然之公理。于是揭其起伏有常之诸现象，以为人类行为之标准。以为苟知天理，则一切人事，皆可由是而类推。此则由崇拜自然之宗教心，而推演为宇宙论者也。

天之公理

古人之宇宙论有二：一以动力说明之，而为阴阳二气说；一以物质说明之，而为五行说。二说以渐变迁，而皆以宇宙之进动为对象：前者由两仪而演为四象，由四象而演为八卦，假定八者为原始之物象，以一切现象，皆为彼等互动之结果。因以确立现象变化之大法，而应用于人事。后者以五行为成立世界之原质，有相生相克之性质。而世界各种现象，即于其性质同异间，有因果相关之作用，故可以由此推彼。而未来之现象，亦得而预察之。两者立论之基本，虽有径庭，而于天理人事同一法则之根本义，则若合符节。盖于天之主体，初未尝极深研究，而即以假定之观念推演之，以应用于实际之事象。此吾国古人之言天，所以不同于西方宗教家，而特为伦理学最高观念之代表也。

天之信仰

天有显道，故人类有法天之义务，是为不容辩证之信仰，即所谓顺帝之则者也。此等信仰，经历世遗传，而浸浸成为天性。如《尚书》中君臣交警之辞，动必及天，非徒辞令之习惯，实亦于无意识中表露其先天之观念也。

天之权威

古人之观天也，以为有何等权威乎。《易》曰："刚柔相摩，鼓之以雷霆，润之以风雨。日月运行，一寒一暑。乾道成男，坤道成女。乾知大始，坤作成物。"谓天之于万物，发之收之，整理之，调摄之，皆非无意识之动作，而密合于道德，观其利益人类之厚而可知也。人类利用厚生之道，悉本于天，故不可不畏天命，而顺天道。畏之顺之，则天赐之福。如风雨以时，年谷顺成，而余庆且及于子孙；其有侮天而违天者，天则现种种灾异，如日月告凶、陵谷变迁之类，以警戒之；犹不悔，则罚之。此皆天之性质之一斑见于诗书者也。

天道之秩序

天之本质为道德。而其见于事物也，为秩序。故天神之下有地祇，又有日月星辰山川林泽之神，降而至于猫、虎之属，皆统摄于上帝。是为人间秩序之模范。《易》曰："天尊地卑，乾坤定矣。卑高以陈，贵贱位矣。"此其义也。以天道之秩序，而应用于人类之社会，则凡不合秩序者，皆不得为道德。《易》又曰："有天地然后有万物，有万物然后有男女，有男女然后有夫妇，有夫妇然后有父子，有父子然后有君臣，有君臣然后有上下，有上下然后礼义有所错。"言循自然发展之迹而知秩序之当重也。重秩序，故道德界唯一之作用为中。中者，随时地之关系，而适处于无过不及之地者也。是为道德之根本。而所以助成此主义者，家长制度也。

家长制度

吾族于建国以前，实先以家长制度组织社会，渐发展而为三代之封建。而所谓宗法者，周之世犹盛行之。其后虽又变封建而为郡县，而家长制度之精神，则终古不变。家长制度者，实行尊重秩序之道，自家庭始，而推暨之以及于一切社会也。一家之中，父为家长，而兄弟姊妹又以长幼之序别之。以是而推之于宗族，若乡党，以及国家。君为民之父，臣民为君之子，诸臣之间，大小相维，犹兄弟也。名位不同，而各有适于其时地之道德，是谓中。

古先圣王之言动

三代以前，圣者辈出，为后人模范。其时虽未谙科学规则，且亦鲜有抽象之思想，未足以成立学说，而要不能不视为学说之萌芽。太古之事邈矣，伏羲作《易》，黄帝以道家之祖名。而考其事实，自发明利用厚生诸述外，可信据者盖寡。后世言道德者多道尧舜，其次则禹汤文武周公，其言动颇著于《尚书》，可得而研讨焉。

尧

《书》曰："尧克明峻德，以亲九族，平章百姓，协和万邦。黎民于变时雍。"先修其身而以渐推之于九族，而百姓，而万邦，而黎民。其重秩位如此。而其修身之道，则为中。其禅舜也，诫之曰："允执其中"是也。是盖由种种经验而归纳以得之者。实为当日道德界之一大发明。而其所取法者则在天。故孔子曰："巍巍乎唯天为大，唯尧则之，荡荡乎民无能名也。"

舜

至于舜，则又以中之抽象名称，适用于心性之状态，而更求其切实。其命夔教胄子曰："直而温，宽而栗，刚而无虐，简而无傲。"言涵养心性之法不外乎中也。其于社会道德，则明著爱有差等之义。命契曰："百姓不亲，五品不逊，汝为司徒，敬敷五教在宽。"五品、五教，皆谓于社会间，因其伦理关系之类别，而有特别之道德也。是谓五伦之教，所谓父子有亲，君臣有义，夫妇有别，长幼有序，朋友有信，是也。其实不外乎执中。惟各因其关系之不同，而别著其德之名耳。由是而知中之为德，有内外两方面之作用，内以修己，外以及人，为社会道德至当之标准。盖至舜而吾民族固有之伦理思想，已有基础矣。

禹

禹治水有大功，克勤克俭，而又能敬天。孔子所谓"禹，吾无间然"，"菲饮食而致孝乎鬼神，恶衣服而致美乎黻冕，卑宫室而尽力乎沟洫"，是也。其伦理观念，见于箕子所述之《洪范》。虽所言天锡畴范，迹近迂怪，然承尧舜之后，而发展伦理思想，如《洪范》所云，殆无可疑也。《洪范》所言九畴，论道德及政治之关系，进而及于天人之交涉。其有关人类道德者，五事，三德，五福，六极诸畴也。分人类之普通行动为貌言视听思五事，以规则制限之：貌恭为肃，言从为义，视明为哲，听聪为谋，思睿为圣。一本执中之义，而科别较详。其言三德：曰正直，曰刚克，曰柔克。而五福：曰寿，曰富，曰康宁，曰攸好德，曰考终命。六极：曰凶短折，曰疾，曰忧，曰贫，曰恶，曰弱。盖谓神人有感应之理，则天之赏罚，所不得免，而因以确定人类未来之理想也。

皋陶

皋陶教禹以九德之目，曰：宽而栗，柔而立，愿而恭，乱而敬，扰而毅，直而温，简而廉，刚而塞，强而义。与舜之所以命夔者相类，而条目较详。其言天聪明自我民聪明，天明威自我民明威，则天人交感，民意所向，即天理所在，亦足以证明《洪范》之说也。

商周之革命

夏殷周之间，伦理界之变象，莫大于汤武之革命。其事虽与尊崇秩序之习惯，若不甚合，然古人号君曰天子，本有以天统君之义，而天之聪明明威，皆托于民，即武王所谓天视自我民视，天听自我民听者也，故获罪于民者，即获罪于天，汤武之革命，谓之顺乎天而应乎民，与古昔伦理，君臣有义之教，不相背也。

三代之教育

商周二代，圣君贤相辈出。然其言论之有关于伦理学者，殊不概见。其间如伊尹者，孟子称其非义非道一介不取与，且自任以天下之重。周公制礼作乐，为周代文化之元勋。然其言论之几于学理者，亦未有闻焉。大抵商人之道德，可以墨家代表之；周人之道德，可以儒家代表之。而三代伦理之主义，于当时教育之制，可有推见。孟子称夏有校，殷有序，周有庠，而学则三代共之。《管子》有《弟子职》篇，记洒扫应对进退之教。《周官·司徒》称以乡三物教万民，一曰六德：知、仁、圣、义、中、和；二曰六行：

孝、友、睦、姻、任、恤；三曰六艺：礼、乐、射、御、书、数。是为普通教育。其高等教育之主义，则见于《礼记》之《大学》篇。其言曰："大学之道，在明明德，在亲民，在止于至善。古之欲明明德于天下者，必先治其国；欲治其国者，先齐其家；欲齐其家者，先修其身；欲修其身者，先正其心；欲正其心者，先诚其意；欲诚其意者，先致其知。致知在格物。自天子以至于庶人，壹是，皆以修身为本。"循天下国家疏近之序，而归本于修身。又以正心诚意致知格物为修身之方法，固已见学理之端绪矣。盖自唐虞以来，积无量数之经验，以至周代，而主义始以确立，儒家言由是启焉。

儒家

孔子

小传

孔子名丘，字仲尼，以周灵王二十一年生于鲁昌平乡陬邑。孔氏系出于殷，而鲁为周公之后，礼文最富。故孔子具殷人质实豪健之性质，而又集历代礼乐文章之大成。孔子尝以其道遍干列国诸侯而不见用。晚年，乃删诗书，定礼乐，赞易象，修春秋，以授弟子。弟子凡三千人，其中身通六艺者七十人。孔子年七十三而卒，为儒家之祖。

孔子之道德

孔子禀上智之资，而又好学不厌。无常师，集唐虞三代积渐进化之思想，而陶铸之，以为新理想。尧舜者，孔子所假以代表其理想而为模范之人物者也。其实行道德之勇，亦非常人之所及。一言一动，无不准于礼法。乐天知命，虽屡际困厄，不怨天，不尤人。其教育弟子也，循循然善诱人。曾点言志曰：与冠者、童子"浴乎沂，风乎舞雩，咏而归"，则喟然与之。盖标举中庸之主义，约以身作则者也。其学说虽未成立统系之组织，而散见于言论者，得寻绎而条举之。

性

孔子劝学而不尊性。故曰："性相近也，习相远也。""唯上知与下愚不移。"又曰："生而知之者，上也；学而知之者，次也；困而学之，又其次也；困而不学，民斯为下。"言普通之人，皆可以学而知之也。其于性之为善为恶，未及质言。而尝曰："人之生也直，罔之生也幸而免。"又读《诗》至"天生烝民，有物有则，民之秉彝，好是懿德"，则叹为知道。是已有偏于性善说之倾向矣。

仁

孔子理想中之完人，谓之圣人。圣人之道德，自其德之方面言之曰仁，自其行之方面言之曰孝，自其方法之方面言之曰忠恕。孔子尝曰："仁者爱人，知者知人。"又曰："知者不惑，仁者不忧，勇者不惧。"此分心意为知识、感情、意志三方面，而以知仁勇名其德者。而平日所言之仁，则即以为统摄诸德完成人格之名。故其为诸弟子言者，因人而异。又或对同一之人，而因时而异。或言修己，或言治人，或纠其所短，要不外乎引之于全德而已。孔子尝曰："仁远乎哉？我欲仁，斯仁至矣。"又称颜回"三月不违仁，其余日月至焉"。则固以仁为最高之人格，而又人人时时有可以到达之机缘矣。

孝

人之令德为仁，仁之基本为爱，爱之源泉，在亲子之间，而尤以爱亲之情之发于孩提者为最早。故孔子以孝统摄诸行。言其常，曰养、曰敬、曰谕父母于道。于其没也，曰善继志述事。言其变，曰几谏。于其没也，曰干蛊。夫至以继志述事为孝，则一切修身、齐家、治国、平天下之事，皆得统摄于其中矣。故曰：孝者，始于事亲，中于事君，终于立身。是亦由家长制度而演成伦理学说之一证也。

忠恕

孔子谓曾子曰："吾道一以贯之。"曾子释之曰："夫子之道，忠恕而已矣。"此非曾子一人之私言也。子贡问："有一言可以终身行之者乎？"孔子曰："其恕乎。"《礼记·中庸》篇引孔子之言曰："忠恕违道不远。"皆其证也。孔子之言忠恕，有消极、积极两方面，施诸己而不愿，亦勿施于人。此消极之忠恕，揭以严格之命令者也。仁者，己欲立而立人，己欲达而达人。此积极之忠恕，行以自由之理想者也。

学问

忠恕者，以己之好恶律人者也。而人人好恶之节度，不必尽同，于是知识尚矣。孔子曰："学而不思，则罔；思而不学，则殆。"又曰："好仁不好学，其蔽也愚；好知不好学，其蔽也荡；好信不好学，其蔽也贼；好直不好学，其蔽也绞；好勇不好学，其蔽也乱；好刚不好学，其蔽也狂。"言学问之亟也。

涵养

人常有知及之，而行之则过或不及，不能适得其中者，其毗刚毗柔之气质为之也。孔子于是以《诗》与礼乐为涵养心性之学。尝曰："兴于《诗》，立于礼，成于乐。"曰："《诗》可以兴，可以观，可以群，可以怨。"曰："若臧武仲之知，公绰之不欲，卞庄子之勇，冉求之艺，文之以礼乐，可以为成人矣。"其于礼乐也，在领其精神，而非必拘其仪式。故曰："礼云礼云，玉帛云乎哉？乐云乐云，钟鼓云乎哉？"

君子

孔子所举，以为实行种种道德之模范者，恒谓之君子，或谓之士。曰："君子有三畏：畏天命，畏大人，畏圣人之言。"曰："君子有三戒：少之时，血气未定，戒之在色；及其壮也，血气方刚，戒之在斗；及其老也，血气既衰，戒之在得。"曰："君子有九思：视思明，听思聪，色思温，貌思恭，言思忠，事思敬，疑思问，忿思难，见得思义。"曰："文质彬彬，然后君子。"曰："君子讷于言而敏于行。"曰："君子疾没世而名不称。"曰："士，行己有耻，使于四方，不辱君命；其次，宗族称孝，乡党称弟；其次，言必信，行必果。"曰："志士仁人，无求生以害仁，有杀身以成仁。"其所言多与舜、禹、皋陶之言相出入，而条理较详。要其标准，则不外古昔相传执中之义焉。

政治与道德

孔子之言政治，亦以道德为根本。曰："为政以德。"曰：

"道之以德，齐之以礼，民有耻且格。"季康子问政，孔子曰：
"政者，正也。子率以正，孰敢不正？"亦唐、虞以来相传之古
义也。

子思

小传

自孔子没后，儒分为八。而其最大者，为曾子、子夏两派。
曾子尊德性，其后有子思及孟子；子夏治文学，其后有荀子。子
思，名伋，孔子之孙也，学于曾子。尝游历诸国，困于宋。作《中
庸》。晚年，为鲁缪公之师。

中庸

《汉书》称子思二十三篇，而传于世者唯《中庸》。中庸者，
即唐虞以来执中之主义。庸者，用也，盖兼其作用而言之。其语亦
本于孔子，所谓君子中庸、小人反中庸者也。《中庸》一篇，大抵
本孔子实行道德之训，而以哲理疏解之，以求道德之起源。盖儒家
言，至是而渐趋于研究学理之倾向矣。

率性

子思以道德为源于性，曰："天命之为性，率性之为道，修
道之为教。"言人类之性，本于天命，具有道德之法则。循性而行
之，是为道德。是已有性善说之倾向，为孟子所自出也。率性之
效，是谓中庸。而实行中庸之道，甚非易易，贤者过之，不肖者不
及也。子思本孔子之训，而以忠恕为致力之法，曰："忠恕违道不
远，施诸己而不愿，亦勿施于人。"曰："所求乎子，以事父；所

求乎臣，以事君；所求乎弟，以事兄；所求乎朋友，先施之。"此其以学理示中庸之范畴者也。

诚

子思以率性为道，而以诚为性之实体。曰："自诚明谓之性，自明诚谓之教。"又以诚为宇宙之主动力，故曰："诚者，自成也；道者，自道也。诚者，物之终始，不诚无物。诚者，非自成己而已也，所以成物也。成己，仁也；成物，智也。性之德也，合内外之道也，故时措之宜也。"是子思之所谓诚，即孔子之所谓仁。惟欲并仁之作用而著之，故名之以诚。又扩充其义，以为宇宙问题之解释，至诚则能尽性，合内外之道，调和物我，而达于天人契合之圣境，历劫不灭，而与天地参，虽渺然一人，而得有宇宙之价值也。于是宇宙间因果相循之迹，可以预计。故曰："至诚之道，可以前知。国家将兴，必有祯祥；国家将亡，必有妖孽。见乎蓍龟，动乎四体。祸福将至，善，必先知之，不善，必先知之，故至诚如神。"言诚者，含有神秘之智力也。然此惟生知之圣人能之，而非人人所可及也。然则人之求达于至诚也，将奈何？子思勉之以学，曰诚者，天之道也，诚之者，人之道也。诚者，不勉而中，不思而得，从容中道，圣人也。诚之者，择善而固执之者也，博学之，审问之，慎思之，明辨之，笃行之，弗能弗措。人一能之，己百之，人十能之，己千之。虽愚必明，虽柔必强。言以学问之力，认识何者为诚，而又以确固之步趋几及之，固非以无意识之任性而行为率性矣。

结论

子思以诚为宇宙之本，而人性亦不外乎此。又极论由明而诚之道，盖扩张往昔之思想，而为宇宙论，且有秩然之统系矣。惟于善恶之何以差别，及恶之起源，未遑研究。斯则有待于后贤者也。

孟子

孔子没百余年，周室愈衰，诸侯互相并吞，尚权谋，儒术尽失其传。是时崛起邹鲁，排众论而延周孔之绪者，为孟子。

小传

孟子名轲，幼受贤母之教。及长，受业于子思之门人。学成，欲以王道干诸侯，历游齐、梁、宋、滕诸国。晚年，知道不行，乃与弟子乐正克、公孙丑、万章等，记其游说诸侯及与诸弟子问答之语，为《孟子》七篇。以周赧王三十三年卒。

创见

孟子者，承孔子之后，而能为北方思想之继承者也。其于先圣学说益推阐之，以应世用。而亦有几许创见：（一）承子思性说而确言性善；（二）循仁之本义而配之以义，以为实行道德之作用；（三）以养气之说论究仁义之极致及效力，发前人所未发；（四）本仁义而言王道，以明经国之大法。

性善说

性善之说，为孟子伦理思想之精髓。盖子思既以诚为性之本体，而孟子更进而确定之，谓之善。以为诚则未有不善也。其辨证有消极、积极二种。消极之辨证，多对告子而发。告子之意，性惟有可善之能力，而本体无所谓善不善，故曰："生之为性。"曰："以人性为仁义，犹以杞柳为桮棬。"曰："人性之无分于善不善也，犹水之无分于东西也。"孟子对于其第一说，则诘之曰："然则犬之性犹牛之性，牛之性犹人之性与？"盖谓犬牛之性不必善，而人性独善也。对于其第二说，则曰："戕贼杞柳而后可以为桮棬，然则亦将戕贼人以为仁义与？"言人性不待矫揉而为仁义也。对于第三说，则曰："水信无分于东西，无分于上下乎？今夫水，搏而跃之，可使过颡；激而行之，可使在山。是岂水之性也哉？"人之为不善，亦犹是也。水无有不下，人无有不善，则兼明人性虽善而可以使为不善之义，较前二说为备。虽然，是皆对于告子之说，而以论理之形式，强攻其设喻之不当。于性善之证据，未之及也。孟子则别有积以经验之心理，归纳而得之，曰："人皆有不忍人之心。今人乍见孺子将入于井，皆有怵惕恻隐之心，非所以内交于孺子之父母也，非所以要誉于乡党朋友也，非恶其声而然也。恻隐之心，人皆有之，仁之端也；羞恶之心，人皆有之，义之端也；辞让之心，人皆有之，礼之端也；是非之心，人皆有之，智之端也。"言仁义礼智之端，皆具于性，故性无不善也。虽然，孟子之所谓经验者如此而已。然则循其例而求之，即诸恶之端，亦未必无起源于性之证据也。

欲

孟子既立性善说，则于人类所以有恶之故，不可不有以解之。孟子则谓恶者非人性自然之作用，而实不尽其性之结果。山径不用，则茅塞之。山木常伐，则濯濯然。人性之障蔽而梏亡也，亦若是。是皆欲之咎也。故曰："养心莫善于寡欲。其为人也寡欲，虽有不存焉者寡矣；其为人也多欲，虽有存焉者寡矣。"孟子之意，殆以欲为善之消极，而初非有独立之价值。然于其起源，一无所论究，亦其学说之缺点也。

义

性善，故以仁为本质。而道德之法则，即具于其中，所以知其法则而使人行之各得其宜者，是为义。无义则不能行仁。即偶行之，而亦为意识之动作。故曰："仁，人心也；义，人路也。"于是吾人之修身，亦有积极、消极两作用：积极者，发挥其性所固有之善也；消极者，求其放心也。

浩然之气

发挥其性所固有之善将奈何？孟子曰："在养浩然之气。"浩然之气者，形容其意志中笃信健行之状态也。其潜而为势力也甚静稳，其动而作用也又甚活泼。盖即中庸之所谓诚，而自其动作方面形容之。一言以蔽之，则仁义之功用而已。

求放心

人性既善，则常有动而之善之机，惟为欲所引，则往往放其良心而不顾。故曰："人岂无仁义之心哉？其所以放其良心者，亦犹斧斤之于木也，旦旦而伐之。虽然，已放之良心，非不可以复得也，人自不求之耳。"故又曰："学问之道无他，求其放心而已矣。"

孝弟

孟子之伦理说，注重于普遍之观念，而略于实行之方法。其言德行，以孝弟为本。曰："孩提之童，无不知爱其亲也。及其长也，无不知敬其兄也。亲亲，仁也；敬长，义也。无他，达之天下也。"又曰："尧、舜之道，孝弟而已矣。"

大丈夫

孔子以君子代表实行道德之人格，孟子则又别以大丈夫代表之。其所谓大丈夫者，以浩然之气为本，严取与出处之界，仰不愧于天，俯不怍于人，不为外界非道非义之势力所左右，即遇困厄，亦且引以为磨炼身心之药石，而不以挫其志。盖应时势之需要，而论及义勇之价值及效用者也。其言曰："说大人，则藐之，勿视其巍巍然，在彼者皆我所不为也，在我者皆古之制也，吾何畏彼哉？"又曰："居天下之广居，立天下之正位，行天下之大道。得志，与民由之；不得志，独行其道。富贵不能淫，贫贱不能移，威武不能屈。此之谓大丈夫。"又曰："天之将降大任于斯人也，必先苦其心志，劳其筋骨，饿其体肤，空乏其身，行拂乱其所为，然后动心忍性，增益其所不能。"此足以观孟子之胸襟矣。

自暴自弃

人之性善，故能学则皆可以为尧、舜。其或为恶不已，而其究且如桀纣者，非其性之不善，而自放其良心之咎也，是为自暴自弃。故曰："自暴者不可与有言也，自弃者不可与有为也。言非礼义，谓之自暴。吾身不能居仁由义，谓之自弃也。"

政治论

孟子之伦理说，亦推扩而为政治论。所谓有不忍人之心斯有不忍人之政者也。其理想之政治，以尧舜代表之。尝极论道德与生计之关系，劝农桑，重教育。其因齐宣王好货、好色、好乐之语，而劝以与百姓同之。又尝言国君进贤退不肖，杀有罪，皆托始于国民之同意。以舜、禹之受禅，实迫于民视民听。桀纣残贼，谓之一夫，而不可谓之君。提倡民权，为孔子所未及焉。

结论

孟子承孔子、子思之学说而推阐之，其精深虽不及子思，而博大翔实则过之，其品格又足以相副，信不愧为儒家巨子。惟既立性善说，而又立欲以对待之，于无意识之间，由一元论而嬗变为二元论，致无以确立其论旨之基础。盖孟子为雄伟之辩论家，而非沉静之研究家，故其立说，不能无遗憾焉。

荀子

小传

荀子名况，赵人。后孟子五十余年生。尝游齐楚。疾举世溷浊，国乱相继，大道蔽壅，礼义不起，营巫祝，信机祥，邪说盛行，素俗坏风，爰述仲尼之论，礼乐之治，著书数万言，即今所传之《荀子》是也。

学说

汉儒述毛诗传授系统，自子夏至荀子，而荀子书中尝并称仲尼、子弓。子弓者，馯臂子弓也。尝受《易》于商瞿，而实为子夏之门人。荀子为子夏学派，殆无疑义。子夏治文学，发明章句。故荀子著书，多根据经训，粹然存学者之态度焉。

人道之源

荀子以前言伦理者，以宇宙论为基本，故信仰天人感应之理，而立性善说。至荀子，则划绝天人之关系，以人事为无与于天道，而特为各人之关系。于是有性恶说。

性恶说

荀子祖述儒家,欲行其道于天下,重利用厚生,重实践伦理,以研究宇宙为不急之务。自昔相承理想,皆以祯祥灾孽,彰天人交感之故。及荀子,则虽亦承认自然界之确有理法,而特谓其无关于道德,无关于人类之行为。凡治乱祸福,一切社会现象,悉起伏于人类之势力,而于天无与也。惟荀子既以人类势力为社会成立之原因,而见其向有自然冲突之势力存焉,是为欲。遂推进而以欲为天性之实体,而谓人性皆恶。是亦犹孟子以人皆有不忍之心而谓人性皆善也。

荀子以人类为同性,与孟子同也。故既持性恶之说,则谓人人具有恶性。桀纣为率性之极,而尧舜则佛性之功。故曰:人之性恶,其善者伪也(伪与为同)。于是孟、荀二子之言,相背而驰。孟子持性善说,而于恶之所由起,不能自圆其说;荀子持性恶说,则于善之所由起,亦不免为困难之点。荀子乃以心理之状态解释之,曰:"夫薄则愿厚,恶则愿善,狭则愿广,贫则愿富,贱则愿贵,无于中则求于外。"然则善也者,不过恶之反射作用。而人之欲善,则犹是欲之动作而已。然其所谓善,要与意识之善有别。故其说尚不足以自立,而其依据学理之倾向,则已胜于孟子矣。

性论之矛盾

荀子虽持性恶说,而间有矛盾之说。彼既以人皆有欲为性恶之由,然又以欲为一种势力。欲之多寡,初与善恶无关。善恶之标准为理,视其欲之合理与否,而善恶由是判焉。曰:"天下之所谓善者，正理平治也；所谓恶者，偏险悖乱也。"是善恶之分也。又曰："心之所可，苟中理，欲虽多，奚伤治？心之所可，苟失理，欲虽寡，奚止乱？"是其欲与善恶无关之说也。又曰："心虚一而静。心未尝不臧，然而谓之虚；心未尝不满，然而谓之静。人生而有知，有知而后有志，有志者谓之臧。"又曰："圣人知心术之患、蔽塞之祸，故无欲无恶，无始无终，无近无远，无博无浅，无古无今，兼陈万物而悬衡于中。"是说也，与后世淮南子之说相似，均与其性恶说自相矛盾者也。

修为之方法

持性善说者，谓人性之善，如水之就下，循其性而存之、养之、扩充之，则自达于圣人之域。荀子既持性恶之说，则谓人之为善，如木之必待隐括矫揉而后直，苟非以人为矫其天性，则无以达于圣域。是其修为之方法，为消极主义，与性善论者之积极主义相反者也。

礼

何以矫性？曰礼。礼者不出于天性而全出于人为。故曰："积伪而化谓之圣。圣人者，伪之极也。"又曰："性伪合，然后有圣人之名。盖天性虽复常存，而积伪之极，则性与伪化。"故圣凡之别，即视其性伪化合程度如何耳。积伪在于知礼，而知礼必由于学。故曰："学不可以已。其数，始于诵经，终于读礼。其义，始于士，终于圣人。学数有终，若其义则须臾不可舍。为之人也，舍之禽兽也。书者，政治之纪也。诗者，中声之止也。礼者，法之大分，群类之纲纪也。"故学至礼而止。

礼之本始

礼者，圣人所制。然圣人亦人耳，其性亦恶耳，何以能萌蘖至善之意识，而据之以为礼？荀子尝推本自然以解释之，曰："天地者，生之始也。礼义者，治之始也。君子者，礼义之始也。故天地生君子，君子理天地。君子者，天地之尽也，万物之总也，民之父母也。无君子则天地不理，礼义无统，上无君师，下无父子。"然则君子者，天地所特畀以创造礼义之人格，宁非与其天人无关之说相违与？荀子又尝推本人情以解说之，曰："三年之丧，称情而立文，所以为至痛之极也。"如其言，则不能不预想人类之本有善性，是又不合于人性皆恶之说矣。

礼之用

荀子之所谓礼，包法家之所谓法而言之，故由一身而推之于政治。故曰："隆礼贵义者，其国治；简礼贱义者，其国乱。"又曰："礼者，治辨之极也，强国之本也，威行之道也，功名之总也。王公由之，所以得天下；不由之，所以陨社稷。故坚甲利兵，不足以为胜；高城深池，不足以为固；严令繁刑，不足以为威。由其道则行，不由其道则废。"礼之用可谓大矣。

礼乐相济

有礼则不可无乐。礼者，以人定之法，节制其身心，消极者也。乐者，以自然之美，化感其性灵，积极者也。礼之德方而智，乐之德圆而神。无礼之乐，或流于纵恣而无纪；无乐之礼，又涉于枯寂而无趣。是以荀子曰："夫音乐，入人也深，而化人也速，故先王谨为之文，乐中平则民和而不流，乐肃庄则民齐而不乱，民和齐则兵劲而城固。"

刑罚

礼以齐之，乐以化之，而尚有顽冥不灵之民，不率教化，则不得不继之以刑罚。刑罚者，非徒惩已著之恶，亦所以慑余人之胆而遏恶于未然者也。故不可不强其力，而轻刑不如重刑。故曰："凡刑人者，所以禁暴恶恶，且惩其末也。故刑重则世治，而刑轻则世乱。"

理想之君道

荀子知世界之进化，后胜于前，故其理想之太平世，不在太古而在后世。曰："天地之始，今日是也。百王之道，后王是也。"故礼乐刑政，不可不与时变革，而为社会立法之圣人，不可不先后辈出。圣人者，知君人之大道者也。故曰："道者何耶？曰君道。君道者何耶？曰能群。能群者何耶？曰善生养人者也，善班治人者也，善显设人者也，善藩饰人者也。"

结论

荀子学说，虽不免有矛盾之迹，然其思想多得之于经验，故其说较为切实。重形式之教育，揭法律之效力，超越三代以来之德政主义，而近接于法治主义之范围。故荀子之门，有韩非、李斯诸人，持激烈之法治论，此正其学说之倾向，而非如苏轼所谓由于人格之感化者也。荀子之性恶论，虽为常识所震骇，然其思想之自由，论断之勇敢，不愧为学者云。

道家

老子

小传

老子姓李氏，名耳，字曰聃，苦县人也。不详其生年，盖长于孔子。苦县本陈地，及春秋时而为楚领，老子盖亡国之遗民也。故不仕于楚，而为周柱下史。晚年，厌世，将隐遁，西行，至函关，关令尹喜要之，老子遂著书五千余言，论道德之要，后人称为《道德经》云。

学说之渊源

《老子》二卷，上卷多说道，下卷多说德，前者为世界观，后者为人生观。其学说所自出，或曰本于黄帝，或曰本于史官。综观老子学说，诚深有鉴于历史成败之因果，而绅绎以得之者。而其间又有人种地理之影响。盖我国南北二方，风气迥异。当春秋时，楚尚为齐、晋诸国之公敌，而被摈于蛮夷之列。其冲突之迹，不惟在政治家，即学者维持社会之观念，亦复相背而驰。老子之思想，足以代表北方文化之反动力矣。

学说之趋向

老子以降，南方之思想，多好为形而上学之探究。盖其时北方儒者，以经验世界为其世界观之基础，繁其礼法，缛其仪文，而忽于养心之本旨。故南方学者反对之。北方学者之于宇宙，仅究现象变化之规则；而南方学者，则进而阐明宇宙之实在。故如伦理学者，几非南方学者所注意，而且以道德为消极者也。

道

北方学者之所谓道，宇宙之法则也。老子则以宇宙之本体为道，即宇宙全体抽象之记号也。故曰："致虚则极，守静则笃，万物并作，吾以观其复。夫物芸芸然，各归其根曰静，静曰复命，复命曰常，知常曰明。"言道本虚静，故万物之本体亦虚静，要当纯任自然，而复归于静虚之境。此则老子厌世主义之根本也。

德

老子所谓道，既非儒者之所道，因而其所谓德，亦非儒者之所德。彼以为太古之人，不识不知，无为无欲，如婴儿然，是为能体道者。其后智慧渐长，惑于物欲，而大道渐以澌灭。其时圣人又不揣其本而齐其末，说仁义，作礼乐，欲恃繁文缛节以拘梏之。于是人人益趋于私利，而社会之秩序，益以紊乱。及今而救正之，惟循自然之势，复归于虚静，复归于婴儿而已。故曰："小国寡民，有什伯之器而不用，使民重死而不远徙。虽有舟舆，无所乘之；虽有兵甲，无所陈之。使人复结绳而用之，甘其食，美其服，安其居，乐其俗，邻国相望，鸡犬之声相闻，民至老死不相往来。"老子所理想之社会如此。其后庄子之《胠箧篇》，又述之。至陶渊明，又益以具体之观念，而为《桃花源记》。足以见南方思想家之理想，常为遁世者所服膺焉。

老子所见，道德本不足重，且正因道德之崇尚，而足征世界之浇漓，苟循其本，未有不爽然自失者。何则？道德者，由相对之不道德而发生。仁义忠孝，发生于不仁不义不忠不孝。如人有疾病，始需医药焉。故曰："大道废，有仁义。智慧出，有大伪。六亲不和，有孝慈。国家昏乱，有忠臣。"又曰："上德不德，是以有德；下德不失德，是以无德。上德无为而无以为，下德无为而有以为，上仁为之而无以为，上义为之而有以为，上礼为之而无应之，则攘臂而扔之。故失道而后德，失德而后仁，失仁而后义，失义而后礼。夫礼者，忠信之薄，而乱之首。前识者，道之华，而愚之始。是以大丈夫处其厚不居其薄，处其实，不居其华。故去彼取此。"

道德论之缺点

老子以消极之价值论道德，其说诚然。盖世界之进化，人事日益复杂，而害恶之条目日益繁殖，于是禁止之预备之作用，亦随之而繁殖。此即道德界特别名义发生之所由，征之历史而无惑者也。然大道何由而废？六亲何由而不和？国家何由而昏乱？老子未尝言之，则其说犹未备焉。

因果之倒置

世有不道德而后以道德救之，犹人有疾病而以医药疗之，其理诚然。然因是而遂谓道德为不道德之原因，则犹以医药为疾病之原因，倒因而为果矣。老子之论道德也，盖如此。曰："古之善为道者，非以明民，将以愚之。民之难治，以其智多。以智治国，国之贼，不以智治国，国之福。"又曰："绝圣弃智，民利百倍；绝仁弃义，民复孝慈；绝巧弃利，盗贼无有。""天下多忌讳而民弥贫；民利益多，国家滋昏；人多伎巧，奇物滋起；法令滋彰，盗贼多有。"盖世之所谓道德法令，诚有纠扰苛苦，转足为不道德之媒介者，如庸医之不能疗病而转以益之。老子有激于此，遂谓废弃道德，即可臻于至治，则不得不谓之谬误矣。

齐善恶

老子又进而以无差别界之见，应用于差别界，则为善恶无别之说。曰："道者，万物之奥，善人之宝，不善人之（所）保。"是合善恶而悉谓之道也。又曰："天下皆知美之为美，斯恶矣；皆知善之为善，斯不善矣。"言丑恶之名，缘美善而出。苟无美善，则亦无所谓丑恶也。是皆绝对界之见，以形而上学之理绳之，固不能谓之谬误。然使应用其说于伦理界，则直无伦理之可言。盖人类既处于相对之世界，固不能以绝对界之理相绳也。老子又为辜较之言曰："惟之与阿，相去几何？善之与恶，相去奚若？"则言善恶虽有差别，而其别甚微，无足措意。然既有差别，则虽至极微之界，岂得比而同之乎？

无为之政治

老子既以道德为长物，则其视政治亦然。其视政治为统治者之责任，与儒家同。惟儒家之所谓政治家，在道民齐民，使之进步；而老子之说，则反之，惟循民心之所向而无忤之而已。故曰："圣人无常心，以百姓之心为心。善者吾善之，不善者吾亦善之，德善也。信者吾信之，不信者吾亦信之，德信也。圣人之在天下，歙歙焉，为天下浑其心，百姓皆注其耳目，圣人皆孩之。"

法术之起源

老子既主无为之治，是以斥礼乐，排刑政，恶甲兵，甚且绝学而弃智。虽然，彼亦应时势而立政策。虽于其所说之真理，稍若矛盾，而要仍本于其齐同善恶之概念。故曰："将欲歙之，必固张之。将欲弱之，必固强之。将欲废之，必固兴之。将欲夺之，必固与之。"又曰："以正治国，以奇用兵。"又曰："用兵有言，吾不为主而为客。"又曰："天之道，其犹张弓欤，高者抑之，下者举之，有余者损之，不足者补之。天道损有余而补不足，人之道不然，损不足以奉有余，孰能以有余奉天下？惟有道者。是以圣人为而不恃，功成而不处，不欲见其贤。"由是观之，老子固精于处世之法者。彼自立于齐同美恶之地位，而以至巧之策处理世界。彼虽斥智慧为废物，而于相对界，不得不巧施其智慧。此其所以为权谋术数所自出，而后世法术家皆奉为先河也。

结论

老子之学说，多偏激，故能刺冲思想界，而开后世思想家之先导。然其说与进化之理相背驰，故不能久行于普通健全之社会，其盛行之者，惟在不健全之时代，如魏、晋以降六朝之间是已。

庄子

老子之徒，自昔庄、列并称。然今所传列子之书，为魏、晋间人所伪作，先贤已有定论。仅足借以见魏、晋人之思潮而已，故不序于此，而专论庄子。

小传

庄子，名周，宋蒙县人也。尝为漆园吏。楚威王聘之，却而不往。盖愤世而隐者也。案：庄子盖稍先于孟子，故书中虽诋儒家而不及孟。而孟子之所谓杨朱，实即庄周。古音庄与杨、周与朱俱相近，如荀卿之亦作孙卿也。孟子曰："杨氏为我，拔一毫而利天下不为也。"又曰："杨朱、墨翟之言盈天下，杨氏为我，是无君也。"《吕氏春秋》曰："阳子贵己。"《淮南子·泛论训》曰："全性保真，不以物累形，杨子之所立也。而孟子非之。"贵己保真，即为我之正旨。庄周书中，随在可指。如许由曰："余无所用天下为。"连叔曰："之人也，之德也，将磅礴万物以为一。世薪乎乱，孰弊弊焉以天下为事？是其尘垢秕糠，犹将陶铸尧、舜者也，孰肯以物为事？"其他类是者，不可以更仆数，正孟子所谓拔一毛而利天下不为者也。子路之诋长沮、桀溺也，曰："废君臣之义。"曰："欲洁其身而乱大伦。"正与孟子所谓杨氏无君相同。至《列子·杨朱》篇，则因误会孟子之言而附会之者。如其所言，则纯然下等之自利主义，不特无以风动天下，而且与儒家言之道德，截然相反。孟子所以斥之者，岂仅曰无君而已。余别有详考。附著其略于此云。

学派

韩愈曰："子夏之学，其后有田子方；子方之后，流而为庄子。"其说不知所本。要之，老子既出，其说盛行于南方。庄子生楚、魏之间，受其影响，而以其闳眇之思想扩大之。不特老子权谋术数之见，一无所染，而其形而上界之见地，亦大有进步，已浸浸接近于佛说。庄子者，超绝政治界，而纯然研求哲理之大思想家也。汉初盛言黄老。魏、晋以降，盛言老庄。此亦可以观庄子与老佛异同之朕兆矣。

庄子之书，存者凡三十三篇：内篇七，外篇十五，杂篇十一。内篇义旨闳深，先后互相贯注，为其学说之中坚。外篇、杂篇，则所以反复推明之者也。杂篇之《天下》篇，历叙各家道术而批判之，且自陈其宗旨之所在，与老子有同异焉。是即庄子之自叙也。

世界观及人生观

庄子以世界为由相对之现象而成立，其本体则未始有对也，无为也，无始无终而永存者也，是为道。故曰："彼是无得其偶谓之道。"曰："道未始有对。"由是而其人生观，亦以反本复始为主义。盖超越相对界而认识绝对无终之本体，以宅其心意之谓也。而所以达此主义者，则在虚静恬淡，屏绝一切矫揉造作之为，而悉委之自然。忘善恶，脱苦厄，而以无为处世。故曰："大块载我以形，劳我以生，佚我以老，息我以死。故善吾生者，乃所以善吾死者也。"夫生死且不以婴心，更何有于善恶耶！

理想之人格

能达此反本复始之主义者，庄子谓之真人，亦曰神人、圣人。而称其才为全才。尝于其《大宗师》篇详说之。曰："古之真人，不逆寡，不雄成，不谟士。若然者，过而弗悔，当而不自得也。登高不栗，入水不濡，入火不热……其觉无忧，其息深深。"又曰："不知说生，不知恶死。其出不欣，其入不距。翛然而往，翛然而来而已，不忘其所始，不求其所终。受而喜之，忘而复之，是之谓不以心捐道，不以人助天，是之谓真人。"其他散见各篇者多类此。

修为之法

凡人欲超越相对界而达于极对界，不可不有修为之法。庄子言其卑近者，则曰："彻志之勃，解心之谬，去德之累，达道之塞。贵、富、显、严、名、利六者，勃志也。容、动、色、理、气、意六者，谬心也。恶、欲、喜、怒、哀、乐，六者，累德也。去、就、取、与、知、能六者，塞道也。此四六者不荡胸中，则正。正则静，静则明，明则虚，虚则无为而无不为也。"是其消极之修为法也。又曰："夫道，覆载万物者也。洋洋乎大哉！君子不可以不刳心焉。无为为之之谓天，无为言之之谓德，爱人利物之谓仁，不同同之之谓大，行不崖异之谓宽，有万不同之谓富，故执德之谓纪，德成之谓立，循于道之谓备，不以物挫志之谓完。君子明于此十者，则韬乎其事心之大也，沛乎其为万物逝也。"是其积极之修为法也。合而言之，则先去物欲，进而任自然之谓也。

内省

去"六害"，明"十事"，皆对于外界之修为也。庄子更进而揭其内省之极工，是谓心斋。于《人间世》篇言之曰：颜回问心斋，仲尼曰："一若志无听之以耳而听之以心，无听之以心而听之以气。听止于耳，心止于符。气也者，虚而待物者也。惟道集虚。虚者，心斋也。心斋者，绝妄想而见性真也。"彼尝形容其状态曰："南郭子綦隐机而坐，仰天而嘘，嗒焉似丧其耦。颜成子游立侍乎前，曰：'何居乎？形固可使如槁木，而心固可使如死灰乎？'""孔子见老子，老子新沐，方将被发而干之，慹然似非人。孔子便而待之，少焉见，曰：'丘也眩与，其信然与？向者，先生形体掘若槁木，似遗物离人而立于独也。'老子曰：'吾游心于物之初。'"游于物之初，即心斋之作用也。其言修为之方，则曰："吾守之三日而后能外天下，又守之七日而后能外物，又守之九日而后能外生，外生而后能朝彻，朝彻而后能见独，见独而后能无古今，无古今而后人不死不生。"又曰："一年而野，二年而从，三年而通，四年而物，五年而来，六年而鬼入，七年而天成，八年而不知生不知死，九年而大妙。"盖相对世界，自物质及空间、时间两形式以外，本能所有。庄子所谓外物及无古今，即超绝物质及空间、时间，纯然绝对世界之观念。或言自三日以至九日，或言自一年以至九年，皆不过假设渐进之程度。惟前者述其工夫，后者述其效验而已。庄子所谓心斋，与佛家之禅相似。盖至是而南方思想，已与印度思想契合矣。

北方思想之驳论

庄子之思想如此，则其与北方思想，专以人为之礼教为调摄心性之作用者，固如冰炭之不相入矣。故于儒家所崇拜之帝王，多非难之。曰："三皇五帝之治天下也，名曰治之，乱莫甚焉，使人不得安其性命之情，而犹谓之圣人，不可耻乎！"又曰："昔者皇帝始以仁义撄人之心，尧舜于是乎股无胈，胫无毛，以养天下之形。愁其五藏，以为仁义，矜其血气，以规法度，然犹有不胜也。尧于是放驩兜于崇山，投三苗于三峗，流共工于幽都，此不胜天下也。大施及三王而天下大骇矣。下有桀跖，上有曾史，而儒墨毕起。于是乎喜怒相疑，愚知相欺，善否相非，诞信相讥，而天下衰矣。大德不同而性命烂漫矣。天下好知而百姓求竭矣。于是乎新锯制焉，绳墨杀焉，椎凿决焉，天下脊脊大乱，罪在撄人心。"其他全书中类此者至多。其意不外乎圣人尚智慧，设差别，以为争乱之媒而已。

排仁义

儒家所揭以为道德之标帜者，曰仁义。故庄子排之最力，曰：

"骈拇枝指，出乎性哉？而侈于德。附赘悬疣，出乎形哉？而侈于性。多方乎仁义而用之者，列乎五藏哉？而非道德之正也。性长非所断，性短非所续，无所去忧也。意仁义其非人情乎？彼仁人何其多忧也。且夫待钩墨规矩而正者，是削其性也。待绳约胶漆而固者，是侵其德也，屈折礼乐，呴俞仁义，以慰天下之心者，此失其常然也。常然者，天下诱然皆生而不知其所以生，同焉皆得而不知其所以得。故古今不二，不可亏也。则仁义又奚连连如胶漆纆索而游乎道德之间为哉！"盖儒家之仁义，本所以止乱。而自庄子观之，则因仁义而更以致乱，以其不顺乎人性也。

道德之推移

庄子之意，世所谓道德者，非有定实，常因时地而迁移。故曰："水行无若用舟，陆行无若用车。以舟之可行于水也，而推之于陆，则没世而不行寻常。古今非水陆耶？周鲁非舟车耶？今蕲行周于鲁，犹推舟于陆，劳而无功，必及于殃。夫礼义法度，应时而变者也。今取猨狙而衣以周公之服，彼必龁啮挽裂，尽去之而后慊。古今之异，犹猨狙之于周公也。"庄子此论，虽若失之过激，然儒家末流，以道德为一定不易，不研究时地之异同，而强欲纳人性于一冶之中者，不可不以庄子此言为药石也。

道德之价值

庄子见道德之随时地而迁移者，则以为其事本无一定之标准，徒由社会先觉者，借其临民之势力，而以意创定。凡民率而行之，沿袭既久，乃成习惯。苟循其本，则足知道德之本无价值，而率循之者，皆媚世之流也。故曰："孝子不谀其亲，忠臣不谀其君。君亲之所言而然，所行而善，世俗所谓不肖之臣子也。世俗之所谓然而然之，世俗之所谓善而善之，不谓之道谀之人耶！"

道德之利害

道德既为凡民之事，则于凡民之上，必不能保其同一之威严。故不惟大圣，即大盗亦得而利用之。故曰："将为胠箧探囊发匮之盗而为守备，则必摄缄滕，固扃鐍，此世俗之所谓知也。然而大盗至，则负匮揭箧探囊而趋，惟恐缄滕扃鐍之不固也。然则乡之所谓知者，不乃为大盗积者也。故尝试论之，世俗所谓知者，有不为大盗积者乎？所谓圣者，有不为大盗守者乎？何以知其然耶？昔者齐国所以立宗庙社稷，治邑屋州闾乡曲者，曷尝不法圣人哉？然而田成子一旦杀齐君而盗其国，所盗者岂独其国耶？并与其圣知之法而盗之。小国不敢非，大国不敢诛，十二世有齐国，则是不乃窃齐国并与其圣知之法，以守其盗贼之身乎？跖之徒问于跖曰：'盗亦有道乎？'跖曰：'何适而无有道耶！夫妄意室中之藏，圣也；入先，勇也；出后，义也；知可否，知也；分均，仁也。五者不备而能成大盗者，未之有也。'由是观之，善人不得圣人之道不立，跖不得圣人之道不行。天下之善人少而不善人多，则圣人之利天下也少，而害天下也多。圣人已死，则大盗不起。"庄子此论，盖鉴于周季拘牵名义之弊。所谓道德仁义者，徒为大盗之所利用。故欲去大盗，则必并其所利用者而去之，始为正本清源之道也。

结论

自尧舜时，始言礼教，历夏及商，至周而大备。其要旨在辨上下，自家庭以至朝庙，皆能少不凌长，贱不凌贵，则相安而无事矣。及其弊也，形式虽存，精神渐灭。强有力者，如田常、盗跖之属，决非礼教所能制。而彼乃转恃礼教以为钳制弱小之具。儒家欲救其弊，务修明礼教，使贵贱同纳于轨范。而道家反对之。以为当时礼法，自束缚人民自由以外，无他效力，不可不决而去之。在老子已有圣人不仁、刍狗万物之说，庄子更大廓其义。举唐、虞以来之政治，诋斥备至，津津于许由北人无择薄天下而不为之流。盖其消极之观察，在悉去政治风俗间种种赏罚毁誉之属，使人人不失其自由，则人各事其所事，各得其所得，而无事乎损人以利己，抑亦无事乎损己以利人，而相忘于善恶之差别矣。其积极之观察，则在世界之无常，人生之如梦，人能向实体世界之观念而进行，则不为此世界生死祸福之所动，而一切忮求恐怖之念皆去，更无所恃于礼教矣。其说在社会方面，近于今日最新之社会主义。在学理方面，近于最新之神道学。其理论多轶出伦理学界，而属于纯粹哲学。兹刺取其有关伦理者，而撮记其概略如上云。

农家

许行

周季农家之言，传者甚鲜。其有关于伦理学说者，惟许行之道。惟既为新进之徒陈相所传述，而又见于反对派孟子之书，其不尽真相，所不待言，然即此见于孟子之数语而寻绎之，亦有可以窥其学说之梗略者，故推论焉。

小传

许行，盖楚人。当滕文公时，率其徒数十人至焉。皆衣褐，綑屦织席以为食。

义务权利之平等

商鞅称神农之世，公耕而食，妇织而衣，刑政不用而治。《吕氏春秋》称神农之教曰："士有当年而不耕者，天下或受其饥；女有当年而不织者，天下或受其寒。"盖当农业初兴之时，其事实如此。许行本其事实而演绎以为学说，则为人人各尽其所能，毋或过俭；各取其所需，毋或过丰。故曰："贤者与民并耕而食，饔飧而治。今也滕有仓廪府库，则是厉民而以自养也。"彼与其徒以綑屦织席为业，未尝不明于通功易事之义。至孟子所谓劳心，所谓忧天下，则自许行观之，宁不如无为而治之为愈也。

齐物价

陈相曰："从许子之道，则市价不二。布帛长短同，麻缕丝絮轻重同，五谷多寡同，屦大小同，则贾皆相若。"盖其意以劳力为物价之根本，而资料则为公有，又专求实用而无取乎纷华靡丽之观，以辨上下而别等夷，故物价以数量相准，而不必问其精粗也。近世社会主义家，慨于工商业之盛兴，野人之麏集城市，为贫富悬绝之原因，则有反对物质文明，而持尚农返朴之说者，亦许行之流也。

结论

许行对于政治界之观念，与庄子同。其称神农，则亦犹道家之称黄帝，不屑齿及于尧舜以后之名教也。其为南方思想之一支甚明。孟子之攻陈相也，曰："陈良，楚产也。悦周公、仲尼之道，北学于中国，北方之学者，未能或之先也。"又曰："今也南蛮鴃舌之人，非先王之道，子倍子之师而学之。"是即南北思想不相容之现象也。然其时，南方思潮业已侵入北方，如齐之陈仲子，其主义甚类许行。仲子，齐之世家也。兄戴，盖禄万钟。仲子以兄之禄为不义之禄而不食之，以兄之室为不义之室而不居之，避兄离母，居于於陵，身织屦，妻辟纑，以易粟。孟子曰："仲子不义，与之齐国而弗受。"又曰："亡亲戚君臣上下。"其为粹然南方之思想无疑矣。

墨家

墨子

孔、老二氏，既代表南北思想，而其时又有北方思想之别派崛起，而与儒家言相抗者，是为墨子。韩非子曰："今之显学，儒墨也。"可以观墨学之势力矣。

小传

墨子，名翟，《史记》称为宋大夫。善守御，节用。其年次不详，盖稍后于孔子。庄子称其以绳墨自矫而备世之急。孟子称其摩顶放踵利天下为之。盖持兼爱之说而实行之者也。

学说之渊源

宋者，殷之后也。孔子之评殷人曰："殷人尊神，率民而事神，先鬼而后礼，先罚而后赏。"墨子之明鬼尊天，皆殷人因袭之思想。《汉书·艺文志》谓墨学出于清庙之守，亦其义也。孔子虽殷后，而生长于鲁，专明周礼。墨子仕宋，则依据殷道。是为儒、墨差别之大原因。至墨子节用、节葬诸义，则又兼采夏道。其书尝称道禹之功业，而谓公孟子曰："子法周而未法夏，子之古非古也。"亦其证也。

弟子

墨子之弟子甚多，其著者，有禽滑釐、随巢、胡非之属。与孟子论争者曰夷之，亦其一也。宋钘非攻，盖亦墨子之支别与？

有神论

墨子学说，以有神论为基础。《明鬼》一篇，所以述鬼神之种类及性质者至备。其言鬼之不可不明也，曰："三代圣王既没，天下失义，诸侯力正。夫君臣之不惠忠也，父子弟兄之不慈孝弟长贞良也，正长之不强于听治，贱人之不强于从事也。民之为淫暴寇乱盗贼，以兵刃毒药水火退无罪人乎道路率径，夺人车马衣裘以自利者，并作。由此始，是以天下乱。此其故何以然也？则皆以疑惑乎鬼神之有无之别，不明乎鬼神之能赏贤而罚暴也。今若使天下之人，借若信鬼神之能赏贤而罚暴也，则夫天下岂乱哉？今执无鬼者曰：'鬼神者固无有。'旦暮以为教诲乎天下之人，疑天下之众，使皆疑惑乎鬼神有无之别，是以天下乱。"然则墨子以罪恶之所由生为无神论，而因以明有神论之必要。是其说不本于宗教之信仰及哲学之思索，而仅为政治若社会应用而设。其说似太浅近，以其《法仪》诸篇推之，墨子盖有见于万物皆神，而天即为其统一者，因自昔崇拜自然之宗教而说之以学理者也。

法天

儒家之尊天也，直以天道为社会之法则，而于天之所以当尊，天道之所以可法，未遑详也。及墨子而始阐明其故，于《法仪》篇详之曰："天下从事者不可以无法仪，无法仪而其事能成者，无有也。虽至士之为将相者皆有法，虽至百工从事者亦皆有法。百工为方以矩，为圆以规，直以绳，正以县，无巧工不巧工，皆以此五者为法。巧者能中之；不巧者虽不能中，放依以从事，犹逾己。故百工从事皆有法所度。今大者治天下，其次治大国，而无法所度，此不若百工辩也。"然则吾人之所可以为法者何在？墨子曰："当皆法其父母奚若？天下之为父母者众，而仁者寡，若皆法其父母，此法不仁也。当皆法其学奚若？天下之为学者众，而仁者寡，若皆法其学，此法不仁也。当皆法其君奚若？天下之为君者众，而仁者寡。若皆法其君，此法不仁也。法不仁不可以为法。"夫父母者，彝伦之基本；学者，知识之源泉；君者，于现实界有绝对之威力。然而均不免于不仁，而不可以为法。盖既在此相对世界中，势不能有保其绝对之尊严者也。而吾人所法，要非有全知全能永保其绝对之尊严，而不与时地为推移者，不足以当之，然则非天而谁？故曰："莫若法天。天之行广而无私，其施厚而不德，其明久而不衰，故圣王法之。既以天为法，动作有为，必度于天。天之所欲则为之，天所不欲则止。"由是观之，墨子之于天，直以神灵视之，而不仅如儒家之视为理法矣。

天之爱人利人

人以天为法，则天意之好恶，即以决吾人之行止。夫天意果何在乎？墨子则承前文而言之曰："天何欲何恶？天必欲人之相爱相利，而不欲人之相恶相贼也。奚以知之？以其兼而爱之、兼而利之也。奚以知其兼爱之而兼利？以其兼而有之、兼而食之也。今天下无大小国，皆天之邑也。人无幼长贵贱，皆天之臣也。此以莫不刍牛羊豢犬猪，絜为酒醴粢盛以敬事天，此不为兼而有之、兼而食之耶？天苟兼而有之食之，夫奚说以不欲人之相爱相利也。故曰：爱人利人者，天必福之；恶人贼人者，天必祸之。曰杀不辜者，得不祥焉。夫奚说人为其相杀而天与祸乎？是以知天欲人相爱相利，而不欲人相恶相贼也。"

道德之法则

天之意在爱与利，则道德之法则，亦不得不然。墨子者，以爱与利为结合而不可离者也。故爱之本原，在近世伦理学家，谓其起于自爱，即起于自保其生之观念。而墨子之所见则不然。

兼爱

自爱之爱，与憎相对。充其量，不免至于屈人以伸己。于是互相冲突，而社会之纷乱由是起焉。故以济世为的者，不可不扩充为绝对之爱。绝对之爱，兼爱也，天意也。故曰："盗爱其室，不爱异室，故窃异室以利其室。贼爱其身，不爱人，故贼人以利其身。此何也？皆由不相爱。虽至大夫之相乱家，诸侯之相攻国者，亦然。大夫各爱其家，不爱异家，故乱异家以利其家。诸侯各爱其国，不爱异国，故攻异国以利其国。天下之乱物，具此而已矣。察此何自起，皆起不相爱。若使天下兼相爱，则国与国不相攻，家与家不相乱，盗贼无有，君臣父子皆能孝慈。若此则天下治。"

兼爱与别爱之利害

墨子既揭兼爱之原理，则又举兼爱、别爱之利害以证成之。曰："交别者，生天下之大害；交兼者，生天下之大利。是故别非也，兼是也。"又曰："有二士于此，其一执别，其一执兼。别士之言曰：'吾岂能为吾友之身若为吾身，为吾友之亲若为吾亲。'是故退睹其友，饥则不食，寒则不衣，疾病不侍养，死丧不葬埋。别士之言若此，行若此。兼士之言不然，行亦不然。曰：'吾闻为高士于天下者，必为其友之身若为其身，为其友之亲若为其亲。'是故退睹其友，饥则食之，寒则衣之，疾病侍养之，死丧葬埋之。兼士之言若此，行若此。"墨子又推之而为别君、兼君之事，其义略同。

行兼爱之道

兼爱之道，何由而能实行乎？墨子之所揭与儒家所言之忠恕同。曰："视人之国如其国，视人之家如其家，视人之身如其身。"

利与爱

爱者，道德之精神也，行为之动机也，而吾人之行为，不可不预期其效果。墨子则以利为道德之本质，于是其兼爱主义，同时为功利主义。其言曰："天者，兼爱之而兼利之。天之利人也，大于人之自利者。"又曰："天之爱人也，视圣人之爱人也薄；而其利人也，视圣人之利人也厚。大人之爱人也，视小人之爱人也薄；而其利人也，视小人之利人也厚。"其意以为道德者，必以利达其爱，若厚爱而薄利，则与薄于爱无异焉。此墨子之功利论也。

兼爱之调摄

兼爱者，社会固结之本质。然社会间人与人之关系，尝于不知不觉间，生亲疏之别。故孟子至以墨子之爱无差别为无父，以为兼爱之义，与亲疏之等不相容也。然如墨子之义，则两者并无所谓矛盾。其言曰："孝子之为亲度者，亦欲人之爱利其亲与？意欲人之恶贼其亲与？既欲人之爱利其亲也，则吾恶先从事，即得此，即必我先从事乎爱利人之亲，然后人报我以爱利吾亲也。诗曰：'无言而不仇，无德而不报，投我以桃，报之以李。'即此言爱人者必见爱，而恶人者必见恶也。"然则爱人之亲，正所以爱己之亲，岂得谓之无父耶？且墨子之对公输子也，曰："我钩之以爱，揣之以恭，弗钩以爱则不亲，弗揣以恭而速狎，狎而不亲，则速离。故交相爱，交相恭，犹若相利也。"然则墨子之兼爱，固自有其调摄之道矣。

勤俭

墨子欲达其兼爱之主义，则不可不务去争夺之原。争夺之原，恒在匮乏。匮乏之原，在于奢惰。故为《节用》篇以纠奢，而为非命说以明人事之当尽。又以厚葬久丧，与勤俭相违，特设《节葬》篇以纠之。而墨子及其弟子，则洵能实行其主义者也。

非攻

言兼爱则必非攻。然墨子非攻而不非守，故有《备城门》《备高临》诸篇，非如孟子所谓修其孝弟忠信，则可制梃而挞甲兵者也。

结论

墨子兼爱而法天，颇近于西方之基督教。其明鬼而节葬，亦含有尊灵魂、贱体魄之意。墨家巨子，有杀身以殉学者，亦颇类基督。然墨子，科学家也，实利家也。其所言名数质力诸理，多合于近世科学。其论证，则多用归纳法。按切人事，依据历史，其《尚同》《尚贤》诸篇，则在得明天子及诸贤士大夫以统一各国之政俗，而泯其争。此皆其异于宗教家者也。墨子偏尚质实，而不知美术有陶养性情之作用，故非乐，是其蔽也。其兼爱主义，则无可非者。孟子斥为无父，则门户之见而已。

法家

周之季世，北有孔孟，南有老庄，截然两方思潮循时势而发展。而墨家毗于北，农家毗于南，如骖之靳焉。然此两方思潮，虽簧鼓一世，而当时君相，方力征经营，以富强其国为鹄的，则于此两派，皆以为迂阔不切事情，而摈斥之。是时有折中南北学派，而洋洋然流演其中部之思潮，以应世用者，法家也。法家之言，以道为体，以儒为用。韩非子实集其大成。而其源则滥觞于孔老学说未立以前之政治家，是为管子。

管子

小传

管子，名夷吾，字仲，齐之颍上人。相齐桓公，通货积财，与俗同好恶，齐以富强，遂霸诸侯焉。

著书

管子所著书，汉世尚存八十六篇，今又亡其十篇。其书多杂以后学之所述，不尽出于管氏也。多言政治及理财，其关于伦理学原则者如下。

学说之起源

管子学说，所以不同于儒家者，历史地理，皆与其有影响。周之兴也，武王有乱臣十人，而以周公旦、太公望为首选。周公守圣贤之态度，好古尚文，以道德为政治之本。太公挟豪杰作用，长法兵，用权谋。故周公封鲁，太公封齐，而齐、鲁两国之政俗，大有径庭。《史记》曰："太公之就国也，道宿行迟，逆旅人曰：'吾闻之时难得而易失，客寝甚安，殆非就国者也。'太公闻之，夜衣而行，黎明至国。莱侯来伐，争营邱。太公至国，修政，因其俗，简其礼，通工商之业，便鱼盐之利，人民多归之，五月而报政。周公曰：'何疾也？'曰：'吾简君臣之礼，而从其俗之为也。'鲁公伯禽，受封之鲁，三年而后报政。周公曰：'何迟也？'伯禽曰：'变其俗，革其礼，丧三年而除之，故迟。'周公叹曰：'呜呼！鲁其北面事齐矣。'"鲁以亲亲上恩为施政之主义，齐以尊贤上功为立法之精神，历史传演，学者不能不受其影响。是以鲁国学者持道德说，而齐国学者持功利说。而齐为东方鱼盐之国，是时吴、楚二国，尚被摈为蛮夷。中国富源，齐而已。管子学说之行于齐，岂偶然耶！

理想之国家

有维持社会之观念者，必设一理想之国家以为鹄。如孔子以尧舜为至治之主，老庄则神游于黄帝以前之神话时代是也。而管子之所谓至治，则曰："人人相和睦，少相居，长相游，祭祀相福，死哀相恤，居处相乐，入则务本疾作以满仓廪，出则尽节死敌以安社稷，坟然如一父之儿，一家之实。"盖纯然以固结其人民使不愧为国家之分子者也。

道德与生计之关系

欲固结其人民奈何？曰养其道德。然管子之意，以为人民之所以不道德，非徒失教之故，而物质之匮乏，实为其大原因。欲教之，必先富之。故曰："仓廪实而知礼节，衣食足而知荣辱。"又曰："治国之道，必先富民。民富易治，民贫难治。何以知其然也？民富则安乡重家，而敬上畏罪，故易治。民贫则反之，故难治。故治国常富，而乱国常贫。"

上下之义务

管子以人民实行道德之难易，视其生计之丰歉。故言为政者务富其民，而为民者务勤其职。曰："农有常业，女有常事，一夫不耕，或受之饥；一妇不织，或受之寒。"此其所揭之第一义务也。由是而进以道德。其所谓重要之道德，曰礼义廉耻，谓为国之四维。管子盖注意于人心就恶之趋势，故所揭者，皆消极之道德也。

结论

管子之书，于道德起源及其实行之方法，均未遑及。然其所抉道德与生计之关系，则于伦理学界有重大之价值者也。

管子以后之中部思潮

管子之说，以生计为先河，以法治为保障，而后有以杜人民不道德之习惯，而不致贻害于国家，纯然功利主义也。其后又分为数派，亦颇受影响于地理云。

（一）为儒家之政治论所援引，而与北方思想结合者，如孟子虽鄙夷管子，而袭其道德生计相关之说。荀子之法治主义，亦宗之。其最著者为尸佼，其言曰："义必利，虽桀纣犹知义之必利也。"尸子鲁人，尝为商鞅师。

（二）纯然中部思潮，循管子之主义，随时势而发展，李悝之于魏，商鞅之于秦，是也。李悝尽地力，商鞅励农战，皆以富强为的，破周代好古右文之习惯者也，而商君以法律为全能，法家之名，由是立。且其思想历三晋而衍于西方。

（三）与南方思想接触，而化合于道家之说者，申不害之徒也。其主义君无为而臣务功利，是为术家。申子郑之遗臣，而仕于韩。郑与楚邻也。

当是时也，既以中部之思想为调人，而一合于北、一合于南矣。及战国之末，韩非子遂合三部之思潮而统一之。而周季思想家之运动，遂以是为归宿也。

尸子、申子，其书既佚，惟商君、韩非子之书具存。虽多言政治，而颇有伦理学说可以推阐，故具论之。

商君

小传

商君氏公孙，名鞅，受封于商，故号曰商君。君本卫庶公子，少好刑名之学。闻秦孝公求贤，西行，以强国之术说之，大得信任。定变法之令，重农战，抑亲贵，秦以富强。孝公卒，有谗君者，君被磔以死。秦袭君政策，卒并六国。君所著书凡二十五篇。

革新主义

管子，持通变主义者也。其于周制虽不屑因袭，而未尝大有所摧廓。其时周室虽衰，民志犹未漓也。及战国时代，时局大变，新说迭出。商君承管子之学说，遂一进而为革新主义。其言曰："前世不同教，何古是法？帝王不相复，何礼是循？伏羲神农，不教而诛。黄帝尧舜，诛而不恕。至于文武，各当时而立法，因事而制礼，礼法以时定，制令顺其宜，兵甲器备，各供其用。"故曰："治世者不二道，便国者不必古。汤武之王也，不循古而兴。商夏之亡也，不易礼而亡。"然则反古者未必非，而循礼者未足多，是也。又其驳甘龙之言曰："常人安于故俗，学者溺于所闻，两者以之居官守法可也，非所与论于法之外也。三代不同礼而王，五霸不同法而霸。智者作法，愚者制焉。贤者定法，不肖者拘焉。"商君之果断如此，实为当日思想革命之巨子。固不为时势所驱迫，而要之非有超人之特性者，不足以语此也。

旧道德之排斥

周末文胜，凡古人所标揭为道德者，类皆名存实亡，为干禄舞文之具，如庄子所谓儒以诗礼破家者是也。商君之革新主义，以国家为主体，即以人民对于国家之公德为无上之道德。而凡袭私德之名号，以间接致害于国家者，皆竭力排斥之。故曰："有礼，有乐，有诗，有书，有善，有修，有孝，有悌，有廉，有辨，有是十者，其国必削而至亡。"其言虽若过激，然当日虚诬吊诡之道德，非摧陷而廓清之，诚不足以有为也。

重刑

商君者，以人类为惟有营私背公之性质，非以国家无上之威权，逆其性而迫压之，则不能一其心力以集合为国家。故务在以刑齐民，而以赏为刑之附庸。曰："刑者，所以禁夺也。赏者，所以助禁也。故重罚轻赏，则上爱民而下为君死。反之，重赏而轻罚，则上不爱民，而下不为君死。故王者刑九而赏一，强国刑七而赏三，削国刑五而赏亦五。"商君之理想既如此，而假手于秦以实行之，不稍宽假。临渭而论刑，水为之赤。司马迁评为天资刻薄，谅哉。

尚信

商君言国家之治，在法、信、权三者。而其言普通社会之制裁，则惟信。秉政之始，尝悬赏徙木以示信，亦其见端也。盖彼既不认私人有自由行动之余地，而惟以服从于团体之制裁为义务，则舍信以外，无所谓根本之道德矣。

结论

商君，政治家也，其主义在以国家之威权裁制各人。故其言道德也，专尚公德，以为法律之补助，而持之已甚，几不留各人自由之余地。又其观察人性，专以趋恶之一方面为断，故尚刑而非乐，与管子之所谓令顺民心者相反。此则其天资刻薄之结果，而所以不免为道德界之罪人也。

韩非子

小传

韩非，韩之庶公子也。喜刑名法术之学。尝与李斯同学于荀卿，斯自以为不如也。韩非子见韩之削弱，屡上书韩王，不见用。使于秦，遂以策干始皇，始皇欲大用之，为李斯所谗，下狱，遂自杀。其所著书凡五十五篇，曰《韩子》。自宋以后，始加"非"字，以别于韩愈云。方始皇未见韩非子时，尝读其书而慕之。李斯为其同学而相秦，故非虽死，而其学说实大行于秦焉。

学说之大纲

韩非子者，集周季学者三大思潮之大成者也。其学说，以中部思潮之法治主义为中坚。严刑必罚，本子商君。其言君主尚无为，而不使臣下得窥其端倪，则本于南方思潮。其言君主自制法律，登进贤能，以治国家，则又受北方思潮之影响者。自孟、荀、尸、申后，三部思潮，已有互相吸引之势。韩非子生于韩，闻申不害之风，而又学于荀卿，其刻核之性质，又与商君相近。遂以中部思潮为根据，又甄择南北两派，取其足以应时势之急，为法治主义之助，而无相矛盾者，陶铸辟灌，成一家言。盖根于性癖，演于师承，而又受历史地理之影响者也。呜呼，岂偶然者！

性恶论

荀子言性恶，而商君之观察人性也，亦然。韩非子承荀、商之说，而以历史之事实证明之。曰："人主之患在信人。信人者，被制于人。人臣之于其君也，非有骨肉之亲也，缚于势而不得不事之耳。故人臣者，窥觇其君之心，无须臾之休，而人主乃怠傲以处其上，此世之所以有劫君弑主也。人主太信其子，则奸臣得乘子以成其私，故李兑傅赵王，而饿主父。人主太信其妻，则奸臣得乘妻以成其利，故优施傅骊姬而杀申生，立奚齐。夫以妻之近，子之亲，犹不可信，则其余尚可信乎？如是，则信者，祸之基也。其故何哉？曰：王良爱马，为其驰也。越王勾践爱人，为其战也。医者善吮人之伤，含人之血，非骨肉之亲也，驱于利也。故舆人成舆，欲人之富贵；匠人成棺，欲人之夭死；非舆人仁而匠人贼也。人不贵则舆不售，人不死则棺不买，情非憎人也，利在人之死也。故后妃夫人太子之党成，而欲君之死，君不死则势不重。情非憎君也，利在君之死也。故人君不可不加心于利己之死者。"

威势

人之自利也，循物竞争存之运会而发展，其势力之盛，无与敌者。同情诚道德之根本，而人群进化，未臻至善，欲恃道德以为成立社会之要素，辄不免为自利之风潮所摧荡。韩非子有见于此，故公言道德之无效，而以威势代之。故曰："母之爱子也，倍于父，而父令之行于子也十于母。吏之于民也无爱，而其令之行于民也万于父母。父母积爱而令穷，吏用威严而民听，严爱之策可决矣。"又曰："我以此知威势之足以禁暴，而德行之不足以止乱也。"又举事例以证之，曰："流涕而不欲刑者，仁也。然而不可不刑者，法也。先王屈于法而不听其泣，则仁之不足以为治明也。且民服势而不服义。仲尼，圣人也，以天下之大，而服从者仅七十人。鲁哀公，下主也，南面为君，而境内之民无不敢不臣者。今为说者，不知乘势，而务行仁义，而欲使人主为仲尼也。"

法律

虽然，威势者，非人主官吏滥用其强权之谓，而根本于法律者也。韩非子之所谓法，即荀卿之礼而加以偏重刑罚之义，其制定之权在人主。而法律既定，则虽人主亦不能以意出入之。故曰："绳直则枉木斫，准平则高科削，权衡悬则轻重平。释法术而心治，虽尧不能正一国；去规矩而度以妄意，则奚仲不能成一轮。"又曰："明主一于法而不求智。"

变通主义

荀卿之言礼也，曰法后王。（法后王即立新法，非如杨氏旧注以后王为文武也。）商君亦力言变法，韩非子承之。故曰："上古之世，民不能作家，有圣人教之造巢，以避群害，民喜而以为王。其后有圣人，教民火食。降至中古，天下大水，而鲧禹决渎。桀纣暴乱，而汤武征伐。今有构木钻燧于夏后氏之世者，必为鲧禹笑。有决渎于殷商之世者，必为汤武笑矣。"又曰："宋人耕田，田中有株，兔走而触株，折颈而死。其人遂舍耕而守株，期复得兔，兔不可复得，而身为宋国笑。"然则韩非子之所谓法，在明主循时势之需要而制定之，不可以泥古也。

重刑罚

商君、荀子皆主重刑，韩非子承之。曰："人不恃其身为善，而用其不得为非，恃人之自为善，境内不什数，使之不得为非，则一国可齐而治。夫必待自直之箭，则百世无箭。必待自圆之木，则千岁无轮。而世皆乘车射禽者，何耶？用檃括之道也。虽有不待檃括而自直之箭，自圆之木，良工不贵也。何则？乘者非一人，射者非一发也。不恃赏罚而恃自善之民，明君不贵也。有术之君，不随适然之善，而行必然之道。罚者，必然之道也。"且韩非子不特尚刑罚而已，而又尚重刑。其言曰："殷法刑弃灰于道者，断其手。子贡以为酷，问之仲尼，仲尼曰：'是知治道者也。夫弃灰于街，必掩人，掩人则人必怒，怒则必斗，斗则三族相灭，是残三族之道也，虽刑之可也。'且夫重罚者，人之所恶，而无弃灰，人之所易，使行其易者而无离于恶，治道也。"彼又言重刑一人，而得使众人无陷于恶，不失为仁。故曰："与之刑者，非所以恶民，而爱之本也。刑者，爱之首也。刑重则民静，然愚人不知，而以为暴。愚者固欲治，而恶其所以治者；皆恶危，而贵其所以危者。"

君主以外无自由

韩非子以君主为有绝对之自由，故曰："君不能禁下而自禁者曰劫，君不能节下而自节者曰乱。"至于君主以下，则一切人民，凡不范于法令之自由，皆严禁之。故伯夷、叔齐，世颂其高义者也。而韩非子则曰："如此臣者，不畏重诛，不利重赏，无益之臣也。"恬淡者，世之所引重也，而韩非子则以为可杀。曰："彼不事天子，不友诸侯，不求人，小不从人之求，是不可以赏罚劝禁者也。如无益之马，驱之不前，却之不止，左之不左，右之不右，如此者，不令之民也。"

以法律统一名誉

韩非子既不认人民于法律以外有自由之余地，于是自服从法律以外，亦无名誉之余地。故曰："世之不治者，非下之罪，而上失其道也。贵其所以乱，而贱其所以治。是故下之所欲，常相诡于上之所以为治。夫上令而纯信，谓为窭。守法而不变，谓之愚。畏罪者谓之怯。听吏者谓之陋。寡闻从令，完法之民也，世少之，谓之朴陋之民。力作而食，生利之民也，世少之，谓之寡能之民。重令畏事，尊上之民也，世少之，谓之怯慑之民。此贱守法而为善者也。反之而令有不听从，谓之勇。重厚自尊，谓之长者。行乖于世，谓之大人。贱爵禄不挠于上者，谓之杰士。是以乱法为高也。"又曰："父盗而子诉之官，官以其忠君曲父而杀之。由是观之，君之直臣者，父之暴子也。"又曰："汤武者，反君臣之义，乱后世之教者也。汤武，人臣也，弑其父而天下誉之。"然则韩非子之意，君主者，必举臣民之思想自由、言论自由而一切摧绝之者也。

排慈惠

韩非子本其重农尚战之政策，信赏必罚之作用，而演绎之，则慈善事业，不得不排斥。故曰："施与贫困者，此世之所谓仁义也。哀怜百姓不忍诛罚者，此世之所谓惠爱也。夫施与贫困，则功将何赏？不忍诛罚，则暴将何止？故天灾饥馑，不敢救之。何则？有功与无功同赏，夺力俭而与无功无能，不正义也。"

结论

韩非子袭商君之主义，而益详明其条理。其于儒家、道家之思想，虽稍稍有所采撷，然皆得其粗而遗其精。故韩非子者，虽有总揽三大思潮之观，而实商君之嫡系也。法律实以道德为根原，而彼乃以法律统摄道德，不复留有余地；且于人类所以集合社会，所以发生道理法律之理，漠不加察，乃以君主为法律道德之创造者。

故其揭明公德，虽足以救儒家之弊，而自君主以外，无所谓自由。且为君主者以术驭吏，以刑齐民，日以心斗，以为社会谋旦夕之平和。然外界之平和，虽若可以强制，而内界之扰扰益甚。秦用其说，而民不聊生，所谓万能之君主，亦卒无以自全其身家，非偶然也。故韩非子之说，虽有可取，而其根本主义，则直不容于伦理界者也。

结论

吾族之始建国也，以家族为模型。又以其一族之文明，同化异族，故一国犹一家也。一家之中，父兄更事多，常能以其所经验者指导子弟。一国之中，政府任事专，故亦能以其所经验者指导人民。父兄之责，在躬行道德以范子弟，而著其条目于家教，子弟有不帅教者责之。政府之责，在躬行道德，以范人民，而著其条目于礼，人民有不帅教者罚之。（孔子所谓道之以德、齐之以礼是也。古者未有道德法律之界说，凡条举件系者皆以礼名之。至《礼记》所谓礼不下庶人，则别一义也。）故政府犹父兄也，（惟父兄不德，子弟惟怨慕而已，如舜之号泣于旻天是也。政府不德，则人民得别有所拥戴以代之，如汤武之革命是也。然此皆变例。）人民常抱有秉承道德于政府之观念。而政府之所谓道德，虽推本自然教，近于动机论之理想，而所谓天命有礼，天讨有罪，则实毗于功利论也。当虞夏之世，天灾流行，实业未兴，政府不得不偏重功利。其时所揭者，曰正德利用厚生。利用厚生者，勤俭之德；正德者，中庸之德也（如皋陶所言之九德是也）。洎乎周代，家给人足，人类公性，不能以体魄之快乐自餍，恒欲进而求精神之幸福。周公承之，制礼作乐。礼之用方以智，乐之用圆而神。右文增美，尚礼让，斥奔竞。其建都于洛也，曰：使有德者易以兴，无德者易以亡。其尚公如此。盖于不知不识间，循时势之推移，偏毗于动机论，而排斥功利论矣。然此皆历史中递嬗之事实，而未立为学说也。管子鉴周治之弊而矫之，始立功利论。然其所谓下令如流水之源，令顺民心，则参以动机论者也。老子苦礼法之拘，而言大道，始立动机论。而其所持柔弱胜刚强之见，则犹未能脱功利论之范围也。商君、韩非子承管子之说，而立纯粹之功利论。庄子承老子之说，而立纯粹之动机论。是为周代伦理学界之大革命家。惟商、韩之功利论，偏重刑罚，仅有消极之作用。而政府万能，压束人民，不近人情，尤不合于我族历史所孳生之心理。故其说不能久行，而惟野心之政治家阴利用之。庄子之动机论，几超绝物质世界，而专求精神之幸福。非举当日一切家族社会国家之组织而悉改造之，不足以普及其学说，尤与吾族父兄政府之观念相冲突。故其说不特恒为政治家所排斥，而亦无以得普通人之信仰，惟遁世之士颇寻味之（汉之政治家言黄老、不言老庄以此）。其时学说，循历史之流委而组织之者，惟儒、墨二家。惟墨子绍述夏商，以挽周弊，其兼爱主义，虽可以质之百世而不惑，而其理论，则专以果效为言，纯然功利论之范围。又以鬼神之祸福胁诱之，于人类所以互相爱利之故，未之详也。而维循当日社会之组织，使人之克勤克俭，互相协助，以各保其生命，而亦不必有陶淑性情之作用。此必非文化已进之民族所能堪，故其说惟平凡之慈善家颇宗尚之（如汉之《太上感应》篇，虽托于神仙家，而实为墨学。明人所传之《阴骘篇》《功过格》等，皆其流也）。惟儒家之言，本周公遗意，而兼采唐虞夏商之古义以调燮之。理论实践，无在而不用折衷主义：推本性道，以励志士，先制恒产，乃教凡民，此折衷于动机论与功利论之间者也。以礼节奢，以乐易俗，此折衷于文质之间者也。子为父隐，而吏不挠法（如孟子言舜为天子，而瞽瞍杀人，则皋陶执之，舜亦不得而禁之），此折衷于公德私德之间者也。人民之道德，秉承于政府，而政府之变置，则又标准于民心，此折衷于政府人民之间者也。敬恭祭祀而不言神怪，此折衷于人鬼之间者也。虽其哲学之闳深，不及道家；法理之精核，不及法家；人类平等之观念，不及墨家。又其所谓折衷主义者，不以至精之名学为基本，时不免有依违背施之迹，故不免为近世学者所攻击。然周之季世，吾族承唐虞以来两千年之进化，而凝结以为社会心理者，实以此种观念为大多数。此其学说所以虽小挫于秦，而自汉以后，卒为吾族伦理界不祧之宗，以至于今日也。

第二章　汉唐继承时代

总说

汉唐间之学风

周季，处士横议，百家并兴，焚于秦，罢黜于汉，诸子之学说熸矣。儒术为汉所尊，而治经者收拾烬余，治故训不暇给。魏晋以降，又遭乱离，学者偷生其间，无远志，循时势所趋，为经儒，为文苑，或浅尝印度新思想，为清谈。唐兴，以科举之招，尤群趋于文苑。以伦理学言之，在此时期，学风最为颓靡。其能立一家言、占价值于伦理学界者无几焉。

儒教之托始

儒家言，纯然哲学家、政治家也。自汉武帝表章之，其后郡国立孔子庙，岁时致祭。学说有背孔子者，得以非圣无法罪之。于是儒家具有宗教之形式。汉儒以灾异之说，符谶之文，糅入经义。于是儒家言亦含有宗教之性质。是为后世儒教之名所自起。

道教之托始

道家言，纯然哲学家也。自周季，燕齐方士，本上古巫医杂糅之遗俗，而创为神仙家言，以道家有全性葆真之说，则援傅之以为理论。汉武罢黜百家，而独好神仙。则道家言益不得不寄生于神仙家以自全。于是演而为服食，浸而为符箓，而道教遂具宗教之形式，后世有道教之名焉。

佛教之流入

汉儒治经，疲于故训，不足以餍颖达之士；儒家大义，经新莽曹魏之依托，而使人怀疑。重以汉世外戚宦寺之祸，正直之士，多遭惨祸，而汉季人民，酷罹兵燹，激而生厌世之念。是时，适有佛教流入，其哲理契合老庄，而尤为邃博，足以餍思想家。其人生观有三世应报诸说，足以慰藉不聊生之民。其大乘义，有体象同界之说，又无忤于服从儒教之社会。故其教遂能以种种形式，流布于我国。虽有墟寺杀僧之暴主，庐居火书之建议，而不能灭焉。

二教并存而儒教终为伦理学正宗

道、释二家，虽皆占宗教之地位，而其理论方面，范围于哲学。其实践方面，则辟谷之方，出家之法，仅为少数人所信从。而其他送死之仪，祈祷之式，虽窜入于儒家礼法之中，然亦有增附而无冲突。故在此时期，虽确立三教并存之基础，而普通社会之伦理学，则犹是儒家言焉。

淮南子

汉初惩秦之败，而治尚黄老，是为中部思想之反动，而倾于南方思想。其时叔孙通采秦法，制朝仪。贾谊、晁错治法家，言治道。虽稍稍绎中部思潮之坠绪，其言多依违儒术，适足为武帝时独尊儒术之先驱。武帝以后，中部思潮，潜伏于北方思潮之中，而无可标揭。南部思潮，则萧然自处于政治界之外，而以其哲理调和于北方思想焉。汉宗室中，河间献王，王于北方，修经术，为北方思想之代表。而淮南王安王于南方，著书言道德及神仙黄白之术，为南方思想之代表焉。

小传

淮南王安，淮南王长之子也。长为文帝弟，以不轨失国，夭死。文帝三分其故地，以王其三子，而安为淮南王。安既之国，行阴德，拊循百姓，招致宾客方术之士数千人，以流名誉。景帝时，参与七国之乱，及败，遂自杀。

著书

安尝使其客苏飞、李尚、左吴、田由、雷被、毛被、晋昌等八人，及诸儒大山小山之徒，讲论道德。为内书二十一篇，为外书若干卷，又别为中篇八卷，言神仙黄白之术，亦二十余万言。其内书号曰"鸿烈"。高诱曰："鸿者大也，烈者明也，所以明大道也。"刘向校定之，名为《淮南内篇》，亦名《刘安子》。而其外书及中篇皆不传。

南北思想之调和

南北两思潮之大差别，在北人偏于实际，务证明政治道德之应用，南人偏于理想，好以世界观演绎为人生观之理论，皆不措意于差别界及无差别界之区畛，故常滋聚讼。苟循其本，固非不可以调和者。周之季，尝以中部思潮为绍介，而调和于应用一方面。及汉世，则又有于理论方面调和之者，淮南子、扬雄是也。淮南子有见于老庄哲学专论宇宙本体，而略于研究人性，故特揭性以为教学之中心，而谓发达其性，可以达到绝对界。此以南方思想为根据，而辅之以北方思想者也。扬雄有见于儒者之言虽本现象变化之规则，而推演之于人事，而于宇宙之本体，未遑研究，故撷取老庄哲学之宇宙观，以说明人性之所自。此以北方思想为根据，而辅之以南方思想者也。二者，取径不同，而其为南北思想理论界之调人，则一也。

道

淮南子以道为宇宙之代表，本于老庄；而以道为能调摄万有包含天则，则本于北方思想。其于本体、现象之间，差别界、无差别界之限，亦稍发其端倪。故于《原道训》言之曰："夫道者，覆天载地，廓四方，柝八极，高不可际，深不可测，包裹天地，禀授无形，虚流泉浡，冲而徐盈，混混滑滑，浊而徐清。故植之而塞天地，横之而弥四海，施之无穷而无朝夕，舒之而幎六合，卷之而不盈一握。约而能张，幽而能明，弱而能强，柔而能刚。横四维，含阴阳，纮宇宙，章三光。甚淖而潃，甚纤而微。山以之高，渊以之深，兽以之走，鸟以之飞，日月以之明，星历以之行，麟以之游，凤以之翔。泰古二皇，得道之柄，立于中央，神与化游，以抚四方。"虽然，道之作用，主于结合万有，而一切现象，为万物任意之运动，则皆消极者，而非积极者。故曰："夫有经纪条贯，得一之道，而连干枝万叶，是故贵有以行令，贱有以忘卑，贫有以乐业，困有以处危。所以然者何耶？无他，道之本体，虚静而均，使万物复归于同一之状态者也。"故曰："太上之道，生万物而不有，成化象而不宰，跂行喙息，蠉飞蠕动，待之而后生，而不之知德，待之而后死，而不之能怨。得以利而不能誉，用以败而不能非。收聚蓄积而不加富，布施禀授而不益贫。旋县而不可究，纤微而不可勤，累之而不高，堕之而不下，虽益之而不众，虽损之而不寡，虽斫之而不薄，虽杀之而不残，虽凿之而不深，虽填之而不浅。忽兮恍兮，不可为象。恍兮忽兮，用而不屈。幽兮冥兮，应于无形。遂兮洞兮，虚而不动。卷归刚柔，俯仰阴阳。"

性

道既虚净，人之性何独不然，所以扰之使不得虚静者，知也。虚静者天然，而知则人为也。故曰："人生而静，天之性也。感而后动，性之害也。物至而应之，知之动也。知与物接，而好憎生，好憎成形，知诱于外，而不能反己，天理灭矣。"于是圣人之所务，在保持其本性而勿失之。故又曰："达其道者不以人易天，外化物而内不失其情，至无而应其求，时聘而要其宿，小大修短，各有其是，万物之至也。腾踊肴乱，不失其数。"

性与道

合虚静者，老庄之理想也。然自昔南方思想家，不于宇宙间认有人类之价值，故不免外视人性。而北方思想家子思之流，则颇言性道之关系，如《中庸》诸篇是也。淮南子承之，而立性道符同之义，曰："清净恬愉，人之性也。"以道家之虚静，代中庸之诚，可谓巧于调节者。其《齐俗训》之言曰："率性而行之之为道，得于天性之谓德。"即《中庸》所谓"率性之为道，修道之为教"也。于是以性为纯粹具足之体，苟不为外物所蔽，则可以与道合一。故曰："夫素之质白，染之以涅则黑。缣之性黄，染之以丹则赤。人之性无邪，久湛于俗则易，易则忘本而合于若性。故日月欲明，浮云蔽之。河水欲清，沙石秽之。人性欲平，嗜欲害之。惟圣人能遗物而已。夫人乘船而惑，不知东西，见斗极而悟。性，人之斗极也，有以自见，则不失物之情；无以自见，则动而失营。"

修为之法

承子思之性论而立性善论者，孟子也。孟子揭修为之法，有积极、消极二义，养浩然之气及求放心是也。而淮南子既以性为纯粹具足之体，则有消极一义而已足。以为性者，无可附加，惟在去欲以反性而已。故曰："为治之本，务在安民。安民之本，在足用。足用之本，在无夺时。无夺时之本，在省事。省事之本，在节欲。节欲之本，在反性。反性之本，在去载。去载则虚，虚则平。平者，道之素也。虚者，道之命也。能有天下者，必不丧其家。能治其家者，必不遗其身。能修其身者，必不忘其心。能原其心者，必不亏其性。能全其性者，必不惑于道。"载者，浮华也，即外界诱惑之物，能刺激人之嗜欲者也。然淮南子亦以欲为人性所固有而不能绝对去之，故曰："圣人胜于心，众人胜于欲，君子行正气，小人行邪性。内便于性，外合于义，循理而动，不系于殉，正气也。重滋味，淫声色，发喜怒，不顾后患者，邪气也。邪与正相伤，欲与性相害，不可两立，一置则一废，故圣人损欲而从事于性。目好色，耳好声，口好味，接而悦之，不知利害，嗜欲也。食之而不宁于体，听之而不合于道，视之而不便于性，三宫交争，以义为制者，心也。痤疽非不痛也。饮毒药，非不苦也。然而为之者，便于身也。渴而饮水，非不快也。饥而大食，非不澹也。然而不为之者，害于性也。四者，口耳目鼻，不如取去，心为之制，各得其所。"由是观之，欲之不可胜也明矣。凡治身养性，节寝处，适饮食，和喜怒，便动静，得之在己，则邪气因而不生。又曰："情适于性，则欲不过节。"然则淮南子之意，固以为欲不能尽灭，惟有以节之，使不致生邪气以害性而已。盖欲之适性者，合于自然；其不适于性者，则不自然。自然之欲可存；而不自然之欲，不可不勉去之。

善即无为

淮南子以反性为修为之极则，故以无为为至善，曰：所谓善者，静而无为也。所为不善者，躁而多欲也。适情辞余，无所诱惑，循性保真而无变。故曰：为善易。越城郭，逾险塞，奸符节，盗管金，篡杀矫诬，非人之性也。故曰：为不善难。

理想之世界

淮南子之性善说，本以老庄之宇宙观为基础，故其理想之世界，与老庄同。曰："性失然后贵仁，道失然后贵义。是故仁义立而道德迁，礼乐饰则纯朴散，是非形则百姓呟，珠玉尊则天下争矣。凡四者，衰世之道也，末世之用也。"又曰："古者民童蒙，不知东西，貌不羡情，言不溢行，其衣致暖而无文，其兵戈铢而无刃，其歌乐而不转，其哭哀而无声。凿井而饮，耕田而食，无所施其美，亦不求得，亲戚不相毁誉，朋友不相怨德。及礼义之生，货财之贵，而诈伪萌兴，非誉相纷，怨德并行。于是乃有曾参孝己之美，生盗跖庄跷之邪。故有大路龙旂羽盖垂缕结驷连骑，则必有穿窬折楗抽箧逾备之奸；有诡文繁绣弱褐罗纨，则必有菅跻跐跐短褐不完。故高下之相倾也，短修之相形也，明矣。"其言固亦有倒果为因之失，然其意以社会之罪恶，起于不平等；又谓至治之世，无所施其美，亦不求得，则名言也。

性论之矛盾

淮南子书，成于众手，故其所持之性善说，虽如前述，而间有自相矛盾者。曰："身正性善，发愤而为仁，帽凭而为义，性命可说，不待学问而合于道者，尧舜文王也。沉湎耽荒，不可教以道者，丹朱商均也。曼颊皓齿，形夸骨徕，不待脂粉茅泽而可性说者，西施阳文也。嗟睐哆吶，籧篨戚施，虽粉白黛黑，不能为美者，嫫母㑊傀也。夫上不及尧舜，下不及商均，美不及西施，恶不及嫫母，是教训之所谕。"然则人类特殊之性，有偏于美恶两极而不可变，如美丑焉者，常人列于其间，则待教而为善，是即孔子所谓性相近，惟上知与下愚不移者也。淮南了又常列举尧、舜、禹、文王、皋陶、启、契、史皇、羿九人之特性而论之曰："是九贤者，千岁而一出，犹继踵而生，今无五圣之天奉，四俊之才难，而欲弃学循性，是犹释船而欲蹑水也。"然则常人又不可以循性，亦与其本义相违者也。

结论

淮南子之特长，在调和儒、道两家，而其学说，则大抵承前人所见而阐述之而已。其主持性善说，而不求其与性对待之欲之所自出，亦无以异于孟子也。

董仲舒

小传

董仲舒，广川人。少治春秋，景帝时，为博士。武帝时，以贤良应举，对策称旨。武帝复策之，仲舒又上三策，即所谓《天人策》也。历相江都王、胶西王，以病免，家居著书以终。

著书

《天人策》为仲舒名著，其第三策，请灭绝异学，统一国民思想，为武帝所采用，遂尊儒术为国教，是为伦理史之大纪念。其他所著书，有所谓《春秋繁露》《玉杯》《竹林》之属，其详已不可考。而传于世者号曰《春秋繁露》，盖后儒所缀集也。其间虽多有五行灾异之说，而关于伦理学说者，亦颇可考见云。

纯粹之动机论

仲舒之伦理学，专取动机论，而排斥功利说。故曰："正其义不谋其利，明其道不计其功。"此为宋儒所传诵，而大占势力于伦理学界者也。

天人之关系

仲舒立天人契合之说，本上古崇拜自然之宗教而敷张之。以为踪迹吾人之生系，自父母而祖父母而曾父母，又递推而上之，则不能不推本于天，然则人之父即天也。天者，不特为吾人理法之标准，而实有血族之关系，故吾人不可不敬之而法之。然则天之可法者何在耶？曰："天覆育万物，化生而养成之，察天之意，无穷之仁也。"天常以爱利为意，以养为事。又曰："天生之以孝悌，无孝悌则失其所以生。地养之以衣食，无衣食则失其所以养。人成之以礼乐，无礼乐则失其所以成。"言三才之道惟一，而宇宙究极之理想，不外乎道德也。由是以人为一小宇宙，而自然界之变异，无不与人事相应。盖其说颇近于墨子之有神论，而其言天以爱利为道，亦本于墨子也。

性

仲舒既以道德为宇宙全体之归宿，似当以人性为绝对之善，而其说乃不然。曰："禾虽出米，而禾未可以为米。性虽出善，而性未可以为善。茧虽有丝，而茧非丝。卵虽出雏，而卵非雏。故性非善也。性者，禾也，卵也，茧也。卵待覆而后为善雏，茧待练而后为善丝，性待教训而后能善。善者，教诲所使然也，非质朴之能至也。"然则性可以为善，而非即善也。故又驳性善说，曰："循三纲五纪，通八端之理，忠信而博爱，敦厚而好礼，乃可谓善，是圣人之善也。故孔子曰：'善人吾不得而见之，得见有恒者斯可矣。'由是观之，圣人之所谓善，亦未易也。善于禽兽，非可谓善也。"又曰："天地之所生谓之性情，情与性一也，瞑情亦性也。谓性善则情奈何？故圣人不谓性善以累其名。身之有性情也，犹之有阴阳也。"言人之性而无情，犹言天之阳而无阴也。仁、贪两者，皆自性出，必不可以一名之也。

性论之范围

仲舒以孔子有上知下愚不移之说，则从而为之辞曰："圣人之性，不可以名性，斗筲之性，亦不可以名性。性者，中民之性也。"是亦开性有三品说之端者也。

教

仲舒以性必待教而后善，然则教之者谁耶？曰：在王者，在圣人。盖即孔子之所谓上知不待教而善者也。故曰："天生之，地载之，圣人教之。君者，民之心也。民者，君之体也。心之所好，天必安之。君之所命，民必从之。故君民者，贵孝悌，好礼义，重仁廉，轻财利，躬亲职此于上，万民听而生善于下，故曰：先王以教化民。"

仁义

仲舒之言修身也，统以仁义，近于孟子。惟孟子以仁为固有之道德性，而以义为道德法则之认识，皆以心性之关系言之；而仲舒则自其对于人我之作用而言之，盖本其原始之字义以为说者也。曰："春秋之所始者，人与我也。所以治人与我者，仁与义也。仁以安人，义以正我，故仁之为言人也，义之为言我也，言名以别，仁之于人，义之于我，不可不察也。众人不察，乃反以仁自裕，以义设人，绝其处，逆其理，鲜不乱矣。"又曰："春秋为仁义之法，仁之法在爱人，不在爱我。义之法在正我，不在正人。我不自正，虽能正人，而义不予。不被泽于人，虽厚自爱，而仁不予。"

结论

仲舒之伦理学说，虽所传不具，而其性论，不毗于善恶之一偏，为汉唐诸儒所莫能外。其所持纯粹之动机论，为宋儒一二学派所自出，于伦理学界颇有重要之关系也。

扬雄

小传

扬雄，字子云，蜀之成都人。少好学，不为章句训诂，而博览，好深湛之思，为人简易清净，不汲汲于富贵。哀帝时，官至黄门郎。王莽时，被召为大夫。以天风七年卒，年七十一。

著书

雄尝治文学及言语学，作词赋及方言训纂篇等书。晚年，专治哲学，仿《易传》著《太玄》，仿《论语》著《法言》。《太玄》者，属于理论方面，论究宇宙现象之原理，及其进动之方式。《法言》者，属于实际方面，推究道德政治之法则。其伦理学说，大抵见于《法言》云。

玄

扬雄之伦理学说，与其哲学有密切之关系。而其哲学，则融会南北思潮而较淮南子更明晰更切实也。彼以宇宙本体为玄，即老庄之所谓道也。而又进论其动作之一方面，则本易象中现象变化之法则，而推阐为各现象公动之方式。故如其说，则物之各部分，与其全体，有同一之性质。宇宙间发生人类，人类之性，必同于宇宙之性。今以宇宙之本体为玄，则人各为一小玄体，而其性无不具有玄之特质矣。然则所谓玄者如何耶？曰："玄者，幽摘万物而不见形者也。资陶虚无而生规，揽神明而定摹，通古今以开类，摛措阴阳以发气，一判一合，天地备矣。天日回行，刚柔接矣。还复其所，始终定矣。一生一死，性命莹矣。仰以观象，俯以观情，察性知命，原始见终，三仪同科，厚薄相劘，圆者杌陧，方者啬吝，嘘者流体，啥者凝形。"盖玄之本体，虽为虚静，而其中包有实在之动力，故动而不失律。盖消长二力，并存于本体，而得保其均衡。故本体不失其为虚静，而两者之潜势力，亦常存而不失焉。

性

玄既如是，性亦宜然。故曰："天降生民，倥侗颛蒙。"谓乍观之，不过无我无知之状也。然玄之中，由阴阳之二动力互相摄而静定。则性之中，亦当有善恶之二分子，具同等之强度。如中性之水，非由蒸气所成，而由于酸碱两性之均衡也。故曰："人之性也，善恶混。修其善则为善人，修其恶则为恶人。气也者，适于善恶之马也。"雄所谓气，指一种冲动之能力，要亦发于性而非在性以外者也。然则雄之言性，盖折中孟子性善、荀子性恶二说而为之，而其玄论亦较孟、荀为圆足焉。

性与为

人性者，一小玄也。触于外力，则气动而生善恶。故人不可不善驭其气。于是修为之方法尚已。

修为之法

或问何如斯之谓人？曰：取四重，去四轻。何谓四重？曰：重言，重行，重貌，重好。言重则有法，行重则有德，貌重则有威，好重则有欢。何谓四轻？曰：言轻则招忧，行轻则招辜，貌轻则招辱，好轻则招淫。其言不能出孔子之范围。扬雄之学，于实践一方面，全袭儒家之旧。其言曰："老子之言道德也，吾有取焉。其槌提仁义，绝灭礼乐，吾无取焉。"可以观其概矣。

模范

雄以人各为一小玄，故修为之法，不可不得师，得其师，则久而与之类化矣。故曰："勤学不若求师。师者，人之模范也。"曰："螟蛉之子殪，而逢蜾蠃，祝之曰：类我类我，久则肖之矣。速矣哉！七十子之似仲尼也。或问人可铸与？曰：孔子尝铸颜回矣。"

结论

扬雄之学说，以性论为最善，而于性中潜力所由以发动之气，未尝说明其性质，是其性论之缺点也。

王充

汉代自董、扬以外，著书立言，若刘向之《说苑》《新序》，桓谭之《新论》，荀悦之《申鉴》，以至徐幹之《中论》，皆不愧为儒家言，而无甚创见。其抱革新之思想，而敢与普通社会奋斗者，王充也。

小传

王充，字仲任，上虞人。师事班彪，家贫无书，常游洛阳市肆，阅所卖书，遂博通众流百家之言。著《论衡》八十五篇，养性书十六篇。今所传者惟《论衡》云。

革新之思想

汉儒之普通思想，为学理进步之障者二：曰迷信，曰尊古。王充对于迷信，有《变虚》《异虚》《感虚》《福虚》《祸虚》《龙虚》《雷虚》《道虚》等篇。于一切阴阳灾异及神仙之说，掊击不遗余力，一以其所经验者为断，粹然经验派之哲学也。其对于尊古，则有《刺孟》《非韩》《问孔》诸篇。虽所举多无关宏旨，而要其不阿所好之精神，有可取者。

无意志之宇宙论

王充以人类为比例，以为凡有意志者必有表见其意志之机关，而宇宙则无此机关，则断为无意志。故曰："天地者，非有为者也。凡有为者有欲，而表之以口眼者也。今天者如云雾，地者其体土也。故天地无口眼，而亦无为。"

万物生于自然

宇宙本无意志，仅为浑然之元气，由其无意识之动，而天地万物，自然生焉。王充以此意驳天地生万物之旧说。曰："凡所谓生之者，必有手足。今云天地生之，而天地无有手足之理，故天地万物之生，自然也。"

气与形　形与气

天地万物，自然而生，物之生也，各禀有一定之气，而所以维持其气者，不可不有相当之形。形成于生初，而一生之运命及性质，皆由是而定焉。故曰："俱禀元气，或为禽兽，或独为人，或贵或贱，或贫或富，非天禀施有左右也。人物受性，有厚薄也。"又曰："器形既成，不可小大。人体已定，不可减增。用气为性，性成命定。体气与形骸相抱，生死与期节相须。"又曰："其命富者，筋力自强，命贵之人，才智自高。"（班彪尝作王命论，充师事彪，故亦言有命。）

骨相

人物之运命及性质，皆定于生初之形。故观其骨相，而其运命之吉凶，性质之美恶，皆得而知之。其所举因骨相而知性质之证例有曰：越王勾践长颈鸟喙，范蠡以为可以共忧患而不可与共安乐；秦始皇隆准长目鹰胸豺声，其性残酷而少恩云。

性

王充之言性也，综合前人之说而为之。彼以为孟子所指为善者，中人以上之性，如孔子之生而好礼是也。荀子所指为恶者，中人以下之性，少而无推让之心是也。至扬雄所谓善恶混者，则中人之性也。性何以有善恶？则以其禀气有厚薄多少之别。禀气尤厚尤多者，恬淡无为，独肖元气，是谓至德之人，老子是也。由是而递薄递少，则以渐不肖元气焉。盖王充本老庄之义，而以无为为上德云。

恶

王充以人性之有善恶，由于禀气有厚薄多少之别。此所谓恶，盖仅指其不能为善之消极方面言之，故以为禀气少薄之故。至于积极之恶，则又别举其原因焉。曰："万物有毒之性质者，由太阳之热气而来，如火烟入眼中，则眼伤。火者，太阳之热所变也。受此热气最甚者，在虫为蝮蛇蜂虿，在草为巴豆、冶葛，在鱼为鲑、鮠、鲵，在人为小人。"然则充之意，又以为元气中含有毒之分子，而以太阳之热气代表之也。

结论

王充之特见，在不信汉儒天人感应之说。其所言人之命运及性质与骨相相关，颇与近世唯物论以精神界之现象悉推本于生理者相类，在当时不可谓非卓识。惟彼欲以生初之形，定其一生之命运及性质，而不悟体育及智、德之教育，于变化体质及精神，皆有至大之势力，则其所短也。要之，充实为代表当时思想之一人，盖其时人心已厌倦于经学家天人感应五行灾异之说，又将由北方思潮而嬗于南方思想。故其时桓谭、冯衍皆不言谶，而王充有《变虚》《异虚》诸篇，且以老子为上德。由是而进，则南方思想愈炽，而魏晋清谈家兴焉。

清谈家之人生观

自汉以后，儒学既为伦理学界之律贯，虽不能人人实践，而无敢昌言以反对之者。不特政府保持之力，抑亦吾民族由习惯而为遗传性，又由遗传性而演为习惯，往复于儒教范围中，迭为因果，其根柢深固而不可摇也。其间偶有一反动之时代，显然以理论抗之者，为魏晋以后之清谈家。其时虽无成一家之言者，而于伦理学界，实为特别之波动。故钩稽事状，缀辑断语，而著其人生观之大略焉。

起源

清谈家之所以发生于魏晋以后者，其原因颇多：（一）经学之反动。汉儒治经，囿于诂训章句，牵于五行灾异，而引以应用于人事。积久而高明之士，颇厌其拘迁。（二）道德界信用之失。汉世以经明行修孝廉方正等科选举吏士，不免有行不副名者。而儒家所崇拜之尧舜周公，又迭经新莽魏文之假托，于是愤激者遂因而怀疑于历史之事实。（三）人生之危险。汉代外戚宦官，更迭用事。方正之士，频遭惨祸，而无救于危亡。由是兵乱相寻，贤愚贵贱，均有朝不保夕之势。于是维持社会之旧学说，不免视为赘疣。（四）南方思想潜势力之发展。汉武以后，儒家言虽因缘政府之力，占学界统一之权，而以其略于宇宙论之故，高明之士，无以自餍。故老庄哲学，终潜流于思想界而不灭。扬雄当儒学盛行时，而著书兼采老庄，是其证也。及王充时，潜流已稍稍发展。至于魏晋，则前之三因，已达极点，思想家不能不援老庄方外之观以自慰，而其流遂漫衍矣。（五）佛教之输入。当此思想界摇动之时，而印度之佛教，适乘机而输入，其于厌苦现世超度彼界之观念，尤为持之有故而言之成理。于是大为南方思想之助力，而清谈家之人生观出焉。

要素

清谈家之思想，非截然舍儒而合于道、佛也，彼盖灭裂而杂糅之。彼以道家之无为主义为本，而于佛教则仅取其厌世思想，于儒家则留其阶级思想（阶级思想者，源于上古时百姓、黎民之分，孔孟则谓之君子、小人，经秦而其迹已泯。然人类不平等之思想，遗传而不灭，观东晋以后之言门第可知也。及有命论。夏道尊命，其义历商周而不灭。孔子虽号罕言命，而常有有命、知命、俟命之语。惟儒家言命，其使人克尽义务，而不为境界所移。汉世不遇之士，则藉以寄其怨愤。至王充则引以合于道家之无为主义，则清谈家所本也）。有阶级思想，而道、佛两家之人类平等观，儒、佛两家之利他主义，皆以为不相容而去之。有厌世思想，则儒家之克己，道家之清净，以至佛教之苦行，皆以为徒自拘苦而去之。有命论及无为主义，则儒家之积善，佛教之济度，又以为不相容而去之。于是其所余之观念，自等也，厌世也，有命而无可为也，遂集合而为苟生之唯我论，得以伪列子之（《杨朱》篇代表之《杨朱》篇虽未能确指为何人所作，然以其理论与清谈家之言行正相符合，故假定为清谈家之学说）。略叙其说于下：

人生之无常

《杨朱》篇曰："百年者，寿之大齐，得百年者千不得一。设有其一，孩抱以逮昏老，夜眠之所弭者或居其半，昼觉之所遗者又几居其半，痛疾哀苦亡失忧惧又或居其半，量十数年之中，逍遥自得，无介焉之虑者，曾几何时！人之生也，奚为哉？奚乐哉？"曰："十年亦死，百年亦死，生为尧舜，死则腐骨，生为桀纣，死亦腐骨，一而已矣。"言人生至短且弱，无足有为也。阮籍之《大人先生传》，用意略同。曰："天地之永固，非世欲之所及。往者天在下，地在上，反覆颠倒，未之安固，焉能不失律度？天固地动，山陷川起，云散震坏，六合失理，汝又焉得择地而行，趋步商羽。往者祥气争存，万物死虑，支体不从，身为泥土，根拔枝除，咸失其所，汝又安得束身修行，磬折抱鼓。李牧功而身死，伯宗忠而世绝，进求利以丧身，营爵赏则家灭，汝又焉得挟金玉万亿，祗奉君上而全妻子乎？"要之，以有命为前提，而以无为为结论而已。

从欲

彼所谓无为者，谓无所为而为之者也。无所为而为之，则如何？曰："视吾力之所能至，以达吾意之所向而已。"《杨朱》篇曰："太古之人，知生之暂来，而死之暂去，故从心而不违自然。"又曰："恣耳之所欲听，恣目之所欲视，恣鼻之所欲向，恣口之所欲言，恣体之所欲安，恣意之所欲行。耳所欲闻者音声，而不得听之，谓之阏聪。目所欲见者美色，而不得见之，谓之阏明。鼻所欲向者椒兰，而不得嗅之，谓之阏颤。口所欲道者是非，而不得言之，谓之阏智。体所欲安者美厚，而不得从之，谓之阏适。意所欲为者放逸，而不得行之，谓之阏往。凡是诸阏，废虐之主。去废虐之主，则熙熙然以俟死，一日、一月、一年、十年，吾所谓养也（即养生）。拘于废虐之主，缘而不舍，戚戚然以久生，虽至百年、千年、万年，非吾所谓养也。"又设为事例以明之曰："子产相郑，其兄公孙朝好酒，弟公孙穆好色。方朝之纵于酒也，不知世道之安危，人理之悔吝，室内之有亡，亲族之亲疏，存亡之哀乐，水火兵刃，虽交于前而不知。方穆之耽于色也，屏亲昵，绝交游。子产戒之。朝、穆二人对曰：'凡生难遇而死易及，以难遇之生，俟易及之死，孰当念哉？而欲尊礼义以夸人，矫情性以招名，吾以此为不若死。'而欲尽一生之欢，穷当年之乐，惟患腹溢而口不得恣饮，力惫而不得肆情于色，岂暇忧名声之丑、性命之危哉！"清谈家中，如阮籍、刘伶、毕卓之纵酒，王澄、谢鲲等之以任放为达，不以醉裸为非，皆由此等理想而演绎之者也。

排圣哲

《杨朱》篇曰："天下之美，归之舜禹周孔。天下之恶，归之桀纣。然而舜者，天民之穷毒者也。禹者，天民之忧苦者也。周公者，天民之危惧者也。孔子者，天民之遑遽者也。凡彼四圣，生无一日之欢，死有万世之名，名固非实之所取也；虽称之而不知，虽赏之而不知，与株块奚以异？桀者，天民之逸荡者也。纣者，天民之放纵者也。之二凶者，生有从欲之欢，死有愚暴之名，实固非名之所与也；虽毁之而不知，虽称之而不知，与株块奚以异？"此等思想，盖为汉魏晋间篡弑之历史所激而成者。如庄子感于田横之盗齐，而言圣人之言仁义适为大盗积者也。嵇康自言尝非汤武而薄周孔，亦其义也。此等问题，苟以社会之大，历史之久，比较而探究之，自有其解决之道，如孟子、庄子是也。而清谈家则仅以一人及人之一生为范围，于是求其说而不可得，则不得不委之于命，由怀疑而武断，促进其厌世之思想，惟从欲以自放而已矣。

旧道德之放弃

《杨朱》篇曰："忠不足以安君，而适足以危身。义不足以利物，而适足以害生。安上不由忠而忠名灭，利物不由义而义名绝，君臣皆安物而不兼利，古之道也。"此等思想，亦迫于正士不见容而发，然亦由怀疑而武断，而出于放弃一切旧道德之一途。阮籍曰："礼岂为我辈设！"即此义也。曹操之枉奏孔融也，曰："融与白衣祢衡，跌荡放言，云：父之于子，当有何亲？论其本意，实为情欲发耳。子之于母，亦复奚为？譬如寄物瓶中，出则离矣。"此等语，相传为路粹所虚构，然使路粹不生丁〔于〕是时，则亦不能忽有此意识。又如谢安曰："子弟亦何预人事，而欲使其佳。"谢玄云："如芝兰不树，欲其生于庭阶耳。"此亦足以窥当时思想界之一斑也。

不为恶

彼等无在而不用其消极主义，故放弃道德，不为善也，而亦不肯为恶。范滂之罹祸也，语其子曰："吾欲使汝为恶，则恶不可为，使汝为美，则我不为恶。"盖此等消极思想，已萌芽于汉季之清流矣。《杨朱》篇曰："生民之不得休息者，四事之故：一曰寿，二曰名，三曰位，四曰货。为是四者，畏鬼，畏人，畏威，畏形，此之谓遁人。可杀可活，制命者在外，不逆命，何羡寿。不矜贵，何羡名。不要势，何羡位。不贪富，何羡货。此之谓顺民。"又曰："不见田父乎，晨出夜入，自以性之恒，啜菽茹藿，自以味之极，肌肉粗厚，筋节蜷急，一朝处以柔毛纩幕，荐以粱肉兰桔，则心痛体烦，而内热生病。使商鲁之君，处田父之地，亦不盈一时而惫，故野人之安，野人之美也，天下莫过焉。"彼等由有命论、无为论而演绎之，则为安分知足之观念。故所谓从欲焉者，初非纵欲而为非也。

排自杀

厌世家易发自杀之意识，而彼等持无为论，则亦反对自杀。《杨朱》篇曰："孟孙阳曰：若是，则速亡愈于久生。践锋刃，入汤火，则得志矣。杨子曰：不然，生则废而任之，究其所欲，以放于尽，无不废焉，无不任焉，何遽欲识速干其间耶？"（佛教本禁自杀，清谈家殆亦受其影响。）

不侵人之唯我论

凡利己主义，不免损人，而彼等所持，则利己而并不侵人，为纯粹之无为论。故曰：古之人损一毫以利天下，不与也。悉天下以奉一人，不取也。人人不损一毫，人人不利天下，则天下自治。

反对派之意见

方清谈之盛行，亦有一二反对之者。如晋武帝时，傅玄上疏曰："先王之御天下也，教化隆于上，清议行于下，近者魏武好法术，天下贵刑名。魏文慕通达，天下贱守节。其后纲维不摄，放诞盈朝，遂使天下无复清议。"惠帝时，裴颁作《崇有论》曰：利欲虽当节制，而不可绝去，人事须当节，而不可全无。今也，谈者恐有形之累，盛称虚无之美，终薄综世之务，贱内利之用，悖吉凶之礼，忽容止之表，渎长幼之序，混贵贱之级，无所不至。夫万物之性，以有为引，心者非事，而制事必由心，不可谓心为无也。匠者非器，而制器必须匠，不可谓非有匠也。由是观之，济有者皆有也，人类既有，虚无何益哉。其言非不切著，而限于常识，不足以动清谈家思想之基础，故未能有济也。

结论

清谈家之思想，至为浅薄无聊，必非有合群性之人类所能耐，故未久而熸。其于儒家伦理学说之根据，初未能有所震撼也。

韩愈

方清谈之盛，南方学者，如王勃之流，尝援老庄以说经。而北方学者，如徐遵明、李铉辈，皆笃守汉儒诂训章句之学，至隋唐而未沫。齐陈以降，南方学者，倦于清谈，则竟趋于文苑，要之皆无关于学理者也。隋之时，龙门王通，始以绍述北方之思想自任，尝仿孔子作《王氏六经》，皆不传，传者有《中论》，其弟子所辑，以当孔氏之《论语》者也。其言皆夸大无精义，其根本思想，曰执中。其调和异教之见解，曰三教一致。然皆标举题目，而未有特别之说明也。唐中叶以后，南阳韩愈，慨六朝以来之文章，体格之卑靡，内容之浅薄，欲导源于群经诸子以革新之。于是始从事于学理之探究，而为宋代理学之先驱焉。

小传

韩愈，字退之，南阳人。年八岁，始读书。及长，尽通六经百家之学。贞元八年，擢进士第，历官至吏部侍郎，其间屡以直谏被贬黜。宪宗时，上迎佛骨表，其最著者也。穆宗时卒，谥曰文。

儒教论

愈之意，儒教者，因人类普通之性质，而自然发展，于伦理之法则，已无间然，决不容舍是而他求者也。故曰："夫先王之教何也？博爱之谓仁，行而宜之之谓义，由是而之焉之谓道，足于己无待于外之谓德。""其文诗书易春秋，其法礼乐刑政，其民士农工商，其位君臣父子师友宾主昆弟夫妇，其服麻丝，其居宫室，其食粟米蔬果鱼肉，其道也易明，其教也易行。是故以之为己则顺而祥，以之为人则爱而公，以之为心则和而平，以之为天下国家，则处之而无不当。是故生得其情，死尽其常，郊而天神假，庙而人鬼假。"其叙述可谓简而能赅，然第即迹象而言，初无关乎学理也。

排老庄

愈既以儒家为正宗，则不得不排老庄。其所以排之者曰："今其言曰，圣人不死，大盗不止。剖斗折衡，而民不争。呜呼！其亦不思而已矣。使无圣人，则人类灭久矣。何则？无羽毛鳞甲以居寒热也。"又曰："今其言曰：易不为太古之无事，是责冬之裘者，日曷不易之以葛；责饥之食者，日曷不易之以饮也。"又曰："老子之小仁义也，其所见者小也。彼以煦煦为仁，孑孑为义，其小之也固宜。"又曰："凡吾所谓道德，合仁与义而言之也，天下之公言也。老子之所谓道德，去仁与义而言之也，一人之私言也。"皆对于南方思想之消极一方面，而以常识攻击之；至其根本思想，及积极一方面，则未遑及也。

排佛教

王通之论佛也，曰：佛者，圣人也。其教，西方之教也。在中国则泥，轩车不可以通于越，冠冕不可以之胡，言其与中国之历史风土不相容也。韩愈之所以排佛者，亦同此义，而附加以轻侮之意。曰："今其法曰，必弃而君臣，去而父子，禁而相生相养之道，以求所谓清净寂灭。呜呼！其亦幸而于三代之后，不见黜于禹汤文武周公孔子也。"盖愈之所排，佛教之形式而已。

性

愈之立说稍合于学理之范围者，性论也。其言曰："性有三品，上者善而已，中者可导而上下者也，下者恶而已。孟子之言性也，曰：人之性善。荀子之言性也，曰：人之性恶。杨子之言性也，人之性善恶混。夫始也善而进于恶，始也恶而进于善，始也善恶混，而今也为善恶，皆举其中而遗其上下，得其一而失其二者也。"又曰："所以为性者五：曰仁，曰礼，曰信，曰义，曰智。上者主一而行四，中者少有其一而亦少反之，其于四也混，下者反一而悖四。"其说亦以孔子性相近及上下不移之言为本，与董仲舒同。而所以规定之者，较为明晰。至其以五常为人性之要素，而为三品之性，定所含要素之分量，则并无证据，臆说而已。

情

愈以性与情有先天、后天之别，故曰："性者，与生俱生者也。情者，接物而生者也。"又以情亦有三品，随性而为上中下。曰："所以为情者七：曰喜，曰怒，曰哀，曰惧，曰爱，曰恶，曰欲。上者，七情动而处其中。中者有所甚，有所亡，虽然，求合其中者也。下者，亡且甚，直情而行者也。"如其言，则性情殆有体用之关系。故其品相因而为高下，然愈固未能明言其所由也。

结论

韩愈，文人也，非学者也。其作《原道》也，曰："尧以是传之舜，舜以是传之禹，禹以是传之汤，汤以是传之文武周公，文武周公传之孔子，孔子传之孟轲，轲之死不得其传也。"隐然以传者自任。然其立说，多敷衍门面，而绝无精深之义。其功之不可没者，在尊孟子以继孔子，而标举性情道德仁义之名，揭排斥老佛之帜，使世人知是等问题，皆有特别研究之价值，而所谓经学者，非徒诵习经训之谓焉。

李翱

小传

李翱，字习之，韩愈之弟子也。贞元十四年，登进士第，历官至山南节度使，会昌中，殁于其地。

学说之大要

翱尝作《复性书》三篇，其大旨谓性善情恶，而情者性之动也。故贤者当绝情而复性。

性

翱之言性也，曰："性者，所以使人为圣人者也。寂然不动，广大清明，照感天地，遂通天地之故。行止语默，无不处其极，其动也中节。"又曰："诚者，圣人性之。"又曰："清明之性，鉴于天地，非由外来也。"其义皆本于中庸，故欧阳修尝谓始读《复性书》，以为《中庸》之义疏而已。

性情之关系

虽然，翱更进而论吾人心意中性情二者之并存及冲突。曰："人之所以为圣人者，性也。人之所以惑其性者，情也。喜怒哀惧爱恶欲，七者，皆情之为也。情昏则性迁，非性之过也。水之浑也，其流不清。火之烟也，其光不明。然则性本无恶，因情而后有恶。情者，常蔽性而使之钝其作用者也。"与《淮南子》所谓"久生而静，天之性；感而后动，性之害"相类。翱于是进而说复性之法曰："不虑不思，则情不生，情不生乃为正思。"又曰："圣人，人之先觉也。觉则明，不然则惑，惑则昏，故当觉。"则不特远取庄子外物而朝彻，实乃近袭佛教之去无明而归真如也。

情之起源

性由天禀，而情何自起哉？翱以为情者性之附属物也。曰："无性则情不生，情者，由性而生者也。情不自情，因性而为情；性不自性，因情以明性。"

至静

翱之言曰："圣人岂无情哉？情有善有不善。"又曰："不虑不思，则情不生。虽然，不可失之于静，静则必有动，动则必有静，有动静而不息，乃为情。当静之时，知心之无所思者，是斋戒其心也，知本与无思，动静皆离，寂然不动，是至静也。"彼盖以本体为性，以性之发动一方面为情，故性者，超绝相对之动静，而为至静，亦即超绝相对之善恶，而为至善。及其发动而为情，则有相对之动静，而即有相对之善恶。故人当斋戒其心，以复归于至静至善之境，是为复性。

结 论

翱之说，取径于中庸，参考庄子，而归宿于佛教。既非创见，而持论亦稍暧昧。然翱承韩愈后，扫门面之谈，从诸种教义中，细绎其根本思想，而著为一贯之论，不可谓非学说进步之一征也。

结论

自汉至唐，于伦理学界，卓然成一家言者，寥寥可数。独尊儒术者，汉有董仲舒，唐有韩愈。吸收异说者，汉有淮南、扬雄，唐有李翱，其价值大略相等。大抵汉之学者，为先秦诸子之余波。唐之学者，为有宋理学之椎轮而已。魏晋之间，佛说输入，本有激冲思想界之势力，徒以其出世之见，与吾族之历史极不相容，而当时颖达之士，如清谈家，又徒取其消极之义，而不能为其积极一方面之助力，是以佛氏教义之入吾国也，于哲学界增一种研究之材料，于社会间增一穷而无告者之蘧庐，于平民心理增一来世应报之观念，于审察仪式中窜入礼谶布施之条目，其势力虽不可消灭，而要之吾人家族及各种社会之组织，初不因是而摇动也。

第三章　宋明理学时代

总说

有宋理学之起源

魏晋以降，苦于汉儒经学之拘腐，而遁为清谈。齐梁以降，歉于清谈之简单，而缛为诗文。唐中叶以后，又餍于体格靡丽内容浅薄之诗文，又趋于质实，则不得不反而求诸经训。虽然，其时学者，既已濡染于佛老二家闳大幽渺之教义，势不能复局于诂训章句之范围，而必于儒家言中，辟一闳大幽渺之境，始有以自展，而且可以与佛老相抗。此所以竞趋于心性之理论，而理学由是盛焉。

朱陆之异同

宋之理学，创始于邵、周、张诸子，而确立于二程。二程以后，学者又各以性之所近，递相传演，而至朱、陆二子，遂截然分派。朱子偏于道问学，尚墨守古义，近于荀子。陆子偏于尊德性，尚自由思想，近于孟子。朱学平实，能使社会中各种阶级修私德，安名分，故当其及身，虽尝受攻评，而自明以后，顿为政治家所提倡，其势力或弥漫全国。然承学者之思想，卒不敢溢于其范围之外。陆学则至明之王阳明而益光大焉。

动机论之成立

朱陆两派，虽有尊德性、道问学之差别，而其所研究之对象，则皆为动机论。董仲舒之言曰："正其义不谋其利，明其道不计其功。"张南轩之言曰："学者潜心孔孟，必求其门而入，以为莫先于明义利之辨，盖圣贤，无所为而然也。有所为而然者，皆人欲之私，而非天理之所存，此义利之分也。自未知省察者言之，终日之间，鲜不为利矣，非特名位货殖而后为利也。意之所向，一涉于有所为，虽有浅深之不同，而其为徇己自私，则一而已矣。"此皆极端之动机论，而朱、陆两派所公认者也。

功利论之别出

孔孟之言，本折衷于动机、功利之间，而极端动机论之流弊，势不免于自杀其竞争生存之力。故儒者或激于时局之颠危，则亦恒溢出而为功利论。吕东莱、陈龙川、叶水心之属，愤宋之积弱，则叹理学之繁琐，而昌言经制。颜习斋痛明之俄亡，则并诋朱、陆两派之空疏，而与其徒李恕谷、王昆绳辈研究礼乐兵农，是皆儒家之功利论也。惟其人皆亟于应用，而略于学理，故是编未及详叙焉。

儒教之凝成

自汉武帝以后，儒教虽具有国教之仪式及性质，而与社会心理尚无致密之关系。（观晋以后，普通人佞佛求仙之风，如是其盛，苟其先已有普及之儒教，则其时人心之对于佛教，必将如今人之对于基督教矣。）其普通人之行习，所以能不大违于儒教者，历史之遗传，法令之约束为之耳。及宋而理学之儒辈出，讲学授徒，几遍中国。其人率本其所服膺之动机论，而演绎之于日用常行之私德，又卒能克苦躬行，以为规范，得社会之信用。其后，政府又专以经义贡士，而尤注意于朱注之《大学》《中庸》《论语》《孟子》四书。于是稍稍聪颖之士，皆自幼寝馈于是。达而在上，则益增其说于法令之中；穷而在下，则长书院，设私塾，掌学校教育之权。或为文士，编述小说剧本，行社会教育之事。遂使十室之邑，三家之村，其子弟苟有从师读书者，则无不以四书为读本。而其间一知半解互相传述之语，虽不识字者，亦皆耳熟而详之。虽间有苛细拘苦之事，非普通人所能耐，然清议既成，则非至顽悍者，不敢显与之悖，或阴违之而阳从之，或不能以之律己，而亦能以之绳人，盖自是始确立为普及之宗教焉。斯则宋明理学之功也。

思想之限制

宋儒理学，虽无不旁采佛老，而终能立凝成儒教之功者，以其真能以信从教主之仪式对于孔子也。彼等于孔门诸子，以至孟子，皆不能无微词，而于孔子之言，则不特不敢稍违，而亦不敢稍加以拟议，如有子所谓夫子有为而言者。又其所是非，则一以孔子之言为准。故其互相排斥也，初未尝持名学之例以相绳，曰：知〔如〕是则不可通也，如是则自相矛盾也。惟以宗教之律相绳，曰：如是则与孔子之说相背也，如是则近禅也。其笃信也如此，故其思想皆有制限。其理论界，则以性善、性恶之界而止。至于善恶之界说若标准，则皆若无庸置喙，故往往以无善无恶与善为同一，而初不自觉其牴牾。其于实践方面，则以为家族及各种社会之组织，自昔已然，惟其间互相交际之道，如何而能无背于孔子。是为研究之对象，初未尝有稍萌改革之思想者也。

王荆公

宋代学者，以邵康节为首，同时有司马温公及王荆公，皆以政治家著，又以特别之学风，立于思想系统之外者也。温公仿扬雄之太玄作潜虚，以数理解释宇宙，无关于伦理学，故略之。荆公之性论，则持平之见，足为前代诸性论之结局。特叙于下：

小传

王荆公，名安石，字介甫，荆公者，其封号也。临川人。神宗时被擢为参知政事，厉行新法。当时正人多反对之者，遂起党狱，为世诟病。元祐元年，以左仆射观文殿大学士卒，年六十六。其所著有新经义学说及诗文集等。今节叙其性论及礼论之大要于下：

性情之均一

自来学者，多判性情为二事，而于情之所自出，恒苦无说以处之。荆公曰："性情一也。世之论者曰性善情恶，是徒识性情之名，而不知性情之实者也。喜怒哀乐好恶欲，未发于外而存于心者，性也；发于外而见于行者，情也。性者情之本，情者性之用，故吾曰性情一也。"彼盖以性情者，不过本体方面与动作方面之别

093

称，而并非二事。性纯则情亦纯，情固未可灭也。何则？无情则直无动作，非吾人生存之状态也。故曰："君子之所以为君子者，无非情也。小人之所以为小人者，无非情也。"

善恶

性情皆纯，则何以有君子小人及善恶之别乎？无他，善恶之名，非可以加之性情，待性情发动之效果，见于行为，评量其合理与否，而后得加以善恶之名焉。故曰："喜怒哀乐爱恶欲，七者，人生而有之，接于物而后动。动而当理者，圣也，贤也；不当于理者，小人也。"彼徒见情发于外，为外物所累，而遂入于恶也。因曰："情恶也，害性者情也。是曾不察情之发于外，为外物所感，而亦尝入于善乎？"如其说，则性情非可以善恶论，而善恶之标准，则在理。其所谓理，在应时处位之关系，而无不适当云尔。

情非恶之证明

彼又引圣人之事，以证情之非恶。曰："舜之圣也，象喜亦喜，使可喜而不喜，岂足以为舜哉？文王之圣也，王赫斯怒，使可怒而不怒，岂足以为文王哉？举二者以明之，其余可知。使无情，虽曰性善，何以自明哉？诚如今论者之说，以无情为善，是木石也。性情者，犹弓矢之相待而为用，若夫善恶，则犹之中与不中也。"

礼论

荀子道性恶，故以礼为矫性之具。荆公言性情无善恶，而其发于行为也，可以善，可以恶，故以礼为导人于善之具。其言曰："夫木斫之而为器，马服之而为驾，非生而能然也，劫之于外而服之以力者也。然圣人不舍木而为器，不舍马而为驾，固因其天资之材也。今人生而有严父爱母之心，圣人因人之欲而为之制；故其制，虽有以强人，而乃顺其性之所欲也。圣人苟不为之礼，则天下盖有慢父而疾母者，是亦可谓无失其性者也。夫狙猿之形，非不若人也，绳之以尊卑，而节之以揖让，彼将趋深山大麓而走耳。虽畏之以威而驯之以化，其可服也，乃以为天性无是而化于伪也。然则狙猿亦可为礼耶？"故曰："礼者，始于天而成于人，天无是而人欲为之，吾盖未之见也。"

结论

荆公以政治文章著，非纯粹之思想家，然其言性情非可以善恶名，而别求善恶之标准于外，实为汉唐诸儒所未见及，可为有卓识者矣。

邵康节

小传

邵康节，名雍，字尧夫，河南人。尝师北海李之才，受河图光天象数之学，妙契神悟，自得者多。屡被举，不之自。熙宁十年卒，年六十七。元祐中，赐谥康节。著有《观物篇》《渔樵问答》《伊川击壤集》《先天图》《皇极经世书》等。

宇宙论

康节之宇宙论，仿《易》及《太玄》，以数为基本，循世界时间之阅历，而论其循环之法则，以及于万物之化生。其有关伦理学说者，论人类发生之源者是也。其略如下：

动静二力

动静二力者，发生宇宙现象，而且有以调摄之者也。动者为阴阳，静者为刚柔。阴阳为天，刚柔为地。天有寒暑昼夜，感于事物之性情状态。地有雨风露雪，应于事物之走飞草木。性情形体，与走飞草木相合，而为动植之感应，万物由是生焉。性情形态之走飞草木，应于声色气味；走飞草木之性情形态，应于耳目口鼻。物者有色声气味而已，人者有耳目口鼻，故人者，总摄万物而得其灵者也。

物人凡圣之别

康节言万物化成之理如是，于是进而论人、物之别，及凡人与圣人之别。曰："人所以为万物之灵者，耳目口鼻，能收万物之声色气味。声色气味，万物之体也。耳目鼻口，万人之用也。体无定用，惟变是用。用无定体，惟化是体，用之交也。人物之道，于是备矣。然人亦物也，圣亦人也。有一物之物，有十物之物，有百物之物，有千物、万物、亿物、兆物之物，生一物之物而当兆物之物者，非人耶？有一人之人，有十人之人，有百人之人，有千人、万人、亿人、兆人之人，生一人之人而当兆人之人者，非圣耶？足以知人者物之至，圣人者，人之至也。人之至者，谓其能以一心观万心，以一身观万身，以一世观万世，能以心代天意，口代天言，手代天工，身代天事。是以能上识天时，下尽地理，中尽物情而通照人事，能弥纶天地，出入造化，进退古今，表里人物者也。"如其说，则圣人者，包含万有，无物我之别，解脱差别界之观念，而入于万物一体之平等界者也。

学

然则人何由而能为圣人乎？曰：学。康节之言学也，曰："学不际天人，不可以谓之学。"又曰："学不至于乐，不可以谓之学。"彼以学之极致，在四经，《易》《书》《诗》《春秋》是也。曰："昊天之尽物，圣人之尽民，皆有四府。昊天之四府，春、夏、秋、冬之谓也，升降于阴阳之间。圣人之四府，《易》《书》《诗》《春秋》之谓也，升降于礼乐之间。意言象数者，《易》之理。仁义礼智者，《书》之言。性情形体者，《诗》之根。圣贤才术者，《春秋》之事。谓之心，谓之用。《易》由皇帝王伯，《书》应虞夏殷周，《诗》关文武周公，《春秋》系秦晋齐楚。谓之体，谓之迹。心迹体用四者相合，而得为圣人。其中同中有异，异中有同，异同相乘，而得万世之法则。"

慎独

康节之意，非徒以讲习为学也。故曰："君子之学，以润身为本，其治人应物，皆余事也。"又曰："凡人之善恶，形于言，发于行，人始得而知之。但萌诸心，发诸虑，鬼神得而知之。是君子所以慎独也。"又曰："人之神，即天地之神，人之自欺，即所以欺天地，可不慎与？"又言慎独之效曰："能从天理而动者，造化在我，其对于他物也，我不被物而能物物。"又曰："任我者情，情则蔽，蔽则昏。因物者性，性则神，神则明。潜天潜地，行而无不至，而不为阴阳所摄者，神也。"

神

彼所谓神者何耶？即复归于性之状态也。故曰："神无方而性则质也。"又曰："神无所不在，至人与他心通者，其本一也。道与一，神之强名也。"以神为神者，至言也。然则彼所谓神，即老子之所谓道也。

性情

康节以复性为主义，故以情为性之反动者。曰："月者日之影，情者性之影也。心为性而胆为情，性为神而情为鬼也。"

结论

康节之宇宙论，以一人为小宇宙，本于汉儒。一切以象数说之，虽不免有拘墟之失，而其言由物而人，由人而圣人，颇合于进化之理。其以神为无差别之代表，而以慎独而复性，为由差别界而达无差别之作用。则其语虽一本儒家，而其意旨则皆庄佛之心传也。

周濂溪

小传

周濂溪，名敦颐，字茂叔，道州营道人。景祐三年，始官洪州分宁县主簿，历官至知南康郡，因家于庐山莲花峰下，以营道故居濂溪名之。熙宁六年卒，年五十七。黄庭坚评其人品，如光风霁月。晚年，闲居乐道，不除窗前之草，曰："与自家生意一般。"二程师事之，濂溪常使寻孔颜之乐何在。所著有《太极图》《太极图说》《通书》等。

太极论

濂溪之言伦理也，本于性论，而实与其宇宙论合，故述濂溪之学，自太极论始。其言曰："无极而太极，太极动而生阳，动极而静，静而生阴，静极复动，一动一静，互为其根，分阴分阳，两仪立焉。五行一阴阳也，阴阳一太极也，太极本无极也。五行之生也，各一其性。无极之真，二五之精，妙合而凝，乾道成男，坤道成女。二气交感，化合万物，万物生之而变化无穷。人得其秀而最灵，生而发神知，五性感动，而善恶分。圣人定之以中正仁义，主静而立其极。'圣人与天地合其德，与日月合其明，与四时合其序，与鬼神合其吉凶。'君子修之吉，小人悖之凶。故曰：立天之道，曰阴与阳，立地之道，曰柔与刚，立人之道，曰仁与义。"又曰："原始要终，故知死生之说，大哉，易其至矣乎。"其大旨以人类之起源，不外乎太极，而圣人则以人而合德于太极者也。

性与诚

濂溪以性为诚，本于中庸。惟其所谓诚，专自静止一方面考察之。故曰："诚者，圣人之本。'大哉乾元，万物资始'，诚之原也。'乾道变化，各正性命'，诚既立矣，纯粹至善。故曰：一阴一阳之谓道，继之者善也，成之者性也。元亨者诚之通，利贞者诚之复，大哉易！其性命之源乎？"又曰："诚者，五常之本，百行之原也，静无而动有，至正而明达者也。五常百行，非诚则为邪暗塞。故诚则无事，至易而行难。"由是观之，性之本质为诚，超越善恶，与太极同体者也。

善恶

然则善恶何由起耶？曰：起于几。故曰："诚无为，几善恶，爱曰仁，宜曰义，理曰礼，通曰智，守曰信。性而安之之谓圣，执之之谓贤，发微而不可见，充周而不可穷之谓神。"

几与神

濂溪以行为最初极微之动机为几，而以诚、几之间自然中节之作用为神。故曰："寂然不动者诚也，感而遂动者神也，动而未形于有无之间者几也。诚精故明，神应故妙，几微故幽，诚神几谓之圣人。"

仁义中正

惟圣故神，苟非圣人，则不可不注意于动机，而一以圣人之道为准。故曰："动而正曰道，用而和曰德，匪仁匪义匪礼匪智匪信，悉邪也。邪者动之辱也，故君子慎动。"又曰："圣人之道，仁义中正而已。守之则贵，行之则利。廓之而配乎天地，岂不易简哉？岂为难知哉？不守不行不廓而已。"

修为之法

吾人所以慎动而循仁义中正之道者，当如何耶？濂溪立积极之法，曰思，曰洪范。曰："思曰睿，睿作圣，几动于此，而诚动于彼，思而无不通者，圣人也。非思不能通微，非睿不能无不通。故思者，圣功之本，吉凶之几也。"又立消极之法，曰无欲。曰："无欲则静虚而动直，静灵则明，明则通。动直则公，公则溥。明通公溥，庶矣哉！"

结论

濂溪由宇宙论而演绎以为伦理说，与康节同。惟康节说之以数，而濂溪则说之以理。说以数者，非动其基础，不能加以补正。说以理者，得截其一二部分而更变之。是以康节之学，后人以象数派外视之；而濂溪之学，遂孳生思想界种种问题也。濂溪之伦理说，大端本诸中庸，以几为善恶所由分，是其创见。而以人物之别，为在得气之精粗，则后儒所祖述者也。

张横渠

小传

张横渠名载，字子厚。世居大梁，父卒于官，因家于凤翔郡县之横渠镇。少喜谈兵，范仲淹授以《中庸》，乃翻然志道，求诸释老，无所得，乃反求诸六经。及见二程，语道学之要，乃悉弃异学。嘉祐中，举进士，官至知太常礼院。熙宁十年卒，年五十八。所著有《正蒙》《经学理窟》《易说》《语录》《西铭》《东铭》等。

太虚

横渠尝求道于佛老，而于老子由无生有之说，佛氏以山河大地为见病之说，俱不之信。以为宇宙之本体为太虚，无始无终者也。其所含最凝散之二动力，是为阴阳，由阴阳而发生种种现象。现象虽无一雷同，而其发生之源则一。故曰："两不立则一不可见，一不可见则两之用息，虚实也，动静也，聚散也，清浊也，其容一也。"又曰："造化之所成，无一物相肖者。"横渠由是而立理一分殊之观念。

理一分殊

横渠既于宇宙论立理一分殊之观念，则应用之于伦理学。其《西铭》之言曰："乾称父，坤称母，予兹藐焉；乃浑然中处，天地之塞，吾其体；天地之帅，吾其性。民吾同胞，物吾与也。大君者，吾父母宗子，其大臣，宗子之家相也。尊高年，所以长其长。慈孤弱，所以幼其幼。圣，其合德；贤，其秀也。凡天下之病癃、残疾、悍独、鳏寡，皆吾兄弟之颠连而无告者也。”

天地之性与气质之性

天地之塞，吾其体，亦即万人之体也。天地之帅，吾其性，亦即万人之性也。然而人类有贤愚善恶之别，何故？横渠于是分性为二，谓为天地之性与气质之性，曰："形而后有性质之性，能反之，则天地之性存，故气质之性，君子不性焉。"其意谓天地之性，万人所同，如太虚然，理一也。气质之性，则起于成形以后，如太虚之有气，气有阴阳，有清浊。故气质之性，有贤愚善恶之不同，所谓分殊也。虽然，阴阳者，虽若相反而实相成，故太虚演为阴阳，而阴阳得复归于太虚。至于气之清浊，人之贤愚善恶，则相反矣。比而论之，颇不合于论理。

心性之别

从前学者，多并心性为一谈，横渠则别而言之。曰："物与知觉合，有心之名。"又曰："心者统性情者也。"盖以心为吾人精神界全体之统名，而性则自心之本体言之也。

虚心

横渠以心为统性与知，而以知附属于气质之性，故其修为之的，不在屑屑求知，而在反于天地之性，是谓合心于太虚。故曰："太虚者，心之实也。"又曰："不可以闻见为心，若以闻见为心，天下之物，不可一一闻见，是小其心也，但当合心于太虚而已。心虚则公平，公平则是非较然可见，当为不当为之事，自可知也。"

变化气质

横渠既以合心于太虚为修为之极功，而又以人心不能合于太虚之故，实为气质之性所累，故立变化气质之说。曰："气质恶者，学即能移，今之人多使气。"又曰："学至成性，则气无由胜。"又曰："为学之大益，在自能变化气质。不尔，则卒无所发明，不得见圣人之奥，故学者先当变化气质。"变化气质，与虚心相表里。

礼

横渠持理一分殊之理论，故重秩序。又于天地之性以外，别揭气质之性，已兼取荀子之性恶论，故重礼。其言曰："生有先后，所以为天序。小大高下相形，是为天秩。天之生物也有序，物之成形也有秩。知序然故经正，知秩然故礼行。"彼既持此理论，而又能行以提倡之，治家接物，大要正己以感人。其教门下，先就其易，主日常动作，必合于礼。程明道尝评之曰："横渠教人以礼，固激于时势，虽然，只管正容谨节，宛然如吃木札，使人久而生嫌厌之情。"此足以观其守礼之笃矣。

结论

横渠之宇宙论，可谓持之有理。而其由阴阳而演为清浊，又由清浊而演为贤愚善恶，遂不免违于论理。其言理一分殊，言天地之性与气质之性，皆为创见。然其致力之处，偏重分殊，遂不免横据阶级之见。至谓学者舍礼义而无所猷为，与下民一致，又偏重气质之性。至谓天质善者，不足为功，勤于矫恶矫情，方为功，皆与其"民吾同胞"及"人皆有天地之性"之说不能无矛盾也。

程明道

小传

程明道名颢，字伯淳，河南人。十五岁，偕其弟伊川就学于周濂溪，由是慨然弃科举之业，有求道之志。逾冠，被调为鄠县主簿。晚年，监汝州酒税。以元丰八年卒，年五十四。其为人克实有道，和粹之气，盎于面背，门人交友，从之数十年，未尝见其忿厉之容。方王荆公执政时，明道方官监察御史里行，与议事，荆公厉色待之。明道徐曰："天下事非一家之私议，愿平气以听。"荆公亦为之愧屈。于其卒也，文彦博采众议表其墓曰：明道先生。其学说见于门弟子所辑之语录。

性善论之原理

邵、周、张诸子，皆致力于宇宙论与伦理说之关系，至程子而始专致力于伦理学说。其言性也，本孟子之性善说，而引易象之文以为原理。曰："生生之谓易，是天之所以为道也。"天只是以生为道，继此生理者只是善，便有一元的意思。元者善之长，万物皆有春意，便是。继之者善也，成之者性也，成却待万物自成其性须得。又曰："一阴一阳之谓道。"自然之道也，有道则有用。元者善之长也，成之者，却只是性，各正性命也。故曰："仁者见之谓之仁，智者见之谓之智。"又曰："生之谓性。"人生而静以上，不能说示，说之为性时，便已不是性。凡说人性，只是继之者

104

善也。孟子云，人之性善是也。夫所谓继之者善，犹水之流而就下也。又曰："生之谓性，性即气，气即性，生之谓也。"其措语虽多不甚明了，然推其大意，则谓性之本体，殆本无善恶之可言。至即其动作之方面而言之，则不外乎生生，即人无不欲自生，而亦未尝有必不欲他人之生者，本无所谓不善，而与天地生之道相合，故谓继之者善也。

善恶

生之谓性，本无所谓不善，而世固有所谓恶者何故？明道曰，天下之善恶，皆天理，谓之恶者，本非恶，但或过或不及，便如此，如杨墨之类。其意谓善恶之所由名，仅指行为时之或过或不及而言，与王荆公之说相同。又曰："人生气禀以上，于理不能无善恶，虽然，性中元非两物相对而生。"又以水之清浊喻之曰："皆水也，有流至海而不浊者，有流未远而浊多者，或少者。清浊虽不同，而不能以浊者为非水。如此，则人不可不加以澄治之功。故用力敏勇者疾清，用力缓急者迟清。及其清，则只是原初之水也，非将清者来换却浊者，亦非将浊者取出，置之一隅。水之清如性之善。是故善恶者，非在性中两物相对而各自出来也。"此其措语，虽亦不甚明了，其所谓气禀，几与横渠所谓气质之性相类，然惟其本意，则仍以善恶为发而中节与不中节之形容词。盖人类虽同禀生生之气，而既具各别之形体，又处于各别之时地，则自爱其生之心，不免太过，而爱人之生之心，恒不免不及，如水流因所经之地而不免渐浊，是不能不谓之恶，而要不得谓人性中具有实体之恶也，故曰性中元非有善恶两物相对而出也。

仁

生生为善，即我之生与人之生无所歧视也。是即《论语》之所谓仁，所谓忠恕。故明道曰："学者先须识仁。仁者，浑然与物同体，义礼智信，皆仁也。"又曰："医家以手足痿痹为不仁，此言最善名状。仁者，以天地万物为一体，无非己也。手足不仁时，身体之气不贯，故博施济众，为圣人之功用，仁至难言。"又曰："若夫至仁，天地为一身，而天地之间，品物万形，为四肢百体，夫人岂有视四肢百体而不爱者哉？圣人仁之至也，独能体斯心而已。"

敬

然则体仁之道，将如何？曰敬。明道之所谓敬，非检束其身之谓，而涵养其心之谓也。故曰："只闻人说善言者，为敬其心也。故视而不见，听而不闻，主于一也。主于内，则外不失敬，便心虚故也。必有事焉不忘，不要施之重，便不好，敬其心，乃至不接视听，此学者之事也。始学岂可不自此去，至圣人则自从心所欲，不逾矩。"又曰："敬即便是礼，无己可克。"又曰："主一无适，敬以直内，便有浩然之气。"

忘内外

明道循当时学者措语之习惯，虽然常言人欲，言私心私意，而其本意则不过以恶为发而不中节之形容词，故其所注意者皆积极而非消极。尝曰："所谓定者，动亦定，静亦定，无将迎，无内外。苟以外物为外，牵己而从之，是以己之性为有内外也。且以己之性为随物于外，则当其在外时，何者为在中耶？有意于绝外诱者，不知性无内外也。"又曰："夫天地之常，以其心普万物而无心，圣人之常，以其情顺万事而无情。故君子之学，莫若廓然而大公，物来而顺应。苟规规于外诱之除，将见灭于东而生于西，非惟日之不足，顾其端无穷，不可得而除也。"又曰："与其非外而是内，不若内外之两忘，两忘则澄然无事矣。无事则定，定则明，明则尚何应物之为累哉？圣人之喜，以物之当喜；圣人之怒，以物之当怒。是圣人之喜怒，不系于心而系于物也，是则圣人岂不应于物哉？乌得以从外者为非，而更求在内者为是也。"

诚

明道既不以力除外诱为然，而所以涵养其心者，亦不以防检为事。尝述孟子勿助长之义，而以反身而诚互证之。曰："学者须先识仁。仁者，浑然与物同体，识得此理，以诚敬存之而已，不须防检，不须穷索。若心懈则有防，心苟不懈，何防之有？理有未得，故须穷索；存久自明，安待穷索？此道与物无对，大不足以明之。天地之用皆我之用。孟子言万物皆备于我，须反身而诚，乃为大乐。若反身未诚，则犹是二物有对，以己合彼，终未有之，又安得乐？必有事焉而勿正，心勿忘，勿助长，未尝致纤毫之力，此其存之之道。若存得便含有得，盖良知良能元不丧失，以昔日习心未除，故须存习此心，久则可夺旧习。"又曰："性与天道，非自得者不知，有安排布置者，皆非自得。"

结论

明道学说，其精义，始终一贯，自成系统，其大端本于孟子，而以其所心得补正而发挥之。其言善恶也，取中节不中节之义，与王荆公同。其言仁也，谓合于自然生生之理，而融自爱他爱为一义。其言修为也，惟主涵养心性，而不取防检穷索之法。可谓有乐道之趣，而无拘墟之见者矣。

程伊川

小传

程伊川，名颐，字正叔，明道之弟也。少明道一岁。年十七，尝伏阙上书，其后屡被举，不就。哲宗时，擢为崇政殿说书，以严正见惮，见劾而罢。徽宗时，被邪说诐行惑乱众听之谤，下河南府推究。逐学徒，隶党籍。大观元年卒，年七十五。其学说见于《易传》及语录。

伊川与明道之异同

伊川与明道，虽为兄弟，而明道温厚，伊川严正，其性质皎然不同，故其所持之主义，遂不能一致。虽其间互通之学说甚多，而揭其特具之见较之，则显为二派。如明道以性即气，而伊川则以性即理，又特严理气之辨。明道主忘内外，而伊川特重寡欲。明道重自得，而伊川尚穷理。盖明道者，粹然孟子学派；伊川者，虽亦依违孟学，而实荀子之学派也。其后由明道而递演之，则为象山、阳明；由伊川而递演之，则为晦庵。所谓学焉而各得其性之所近者也。

理气与性才之关系

伊川亦主孟子性中有善之说，而归其恶之源于才。故曰："性出于天，才出于气，气清则才清，气浊则才浊。才则有不善，性则无不善。"又曰："性无不善，而有不善者，才也。性即是理，理则自尧舜至于途人，一也。才禀于气，气有清浊。禀其清者为贤，禀其浊者为愚。"其大意与横渠言天地之性、气质之性相类，惟名号不同耳。

心

伊川以心与性为一致。故曰："在天为命，在义为理，在人为性，主于身为心。"其言性也，曰："性即理，所谓理性是也。天下之理，原无不善。喜怒哀乐之未发，何尝不善？发而中节，往往无不善；发而不中节，然后为不善。"是以性为喜怒哀乐未发之境也。其言心也，曰："冲漠无朕，万象森然已具，未应不是先，已应不是后，如百尺之木，自根本至枝叶，皆是一贯。"或问以赤子之心为已发，是否？曰："已发而去道未远。"曰："大人不失赤子之心若何？"曰："取其纯一而近道。"曰："赤子之心，与圣人之心若何？"曰："圣人之心，如明镜止水。"是亦以喜怒哀乐未发之境为心之本体也。

养气寡欲

伊川以心性本无所谓不善，乃喜怒哀乐之发而不中节，始有不善。其所以发而不中节之故，则由其气禀之浊而多欲。故曰："孟子所以养气者，养之至则清明纯全，昏塞之患去。"或曰养心，或云养气，何耶？曰："养心者无害而已，养气者在有帅。"又言养气之道在寡欲，曰："致知在所养，养知莫过寡欲二字。"其所言养气，已与《孟子》同名而异实，及依违《大学》，则又易之以养知，是皆迁就古书文词之故。至其本意，则不过谓寡欲则可以易气之浊者而为清，而渐达于明镜止水之境也。

敬与义

明道以敬为修为之法，伊川同之，而又本《易传》敬以直内、义以方外之语，于敬之外，尤注重集义。曰："敬只是持己之道，义便知有是有非。从理而行，是义也。若只守一个之敬，而不知集义，却是都无事。且如欲为孝，不成只守一个孝字而已，须是知所以为孝之道，当如何奉侍，当如何温清，然后能尽孝道。"

穷理

伊川所言集义，即谓实践伦理之经验，而假孟子之言以名之。其自为说者，名之曰穷理。而又条举三法：一曰读书，讲明义理；二曰论古今之物，分其是非；三曰应事物而处其当。又分智为二种，而排斥闻见之智，曰："闻见之智，非德性之智，物交物而知之，非内也，今之所谓博物多能者是也。德性之智，不借闻见。"其意盖以读书论古应事而资以清明德性者，为德性之智。其专门之考古学历史经济家，则斥为闻见之智也。

知与行

伊川又言须是识在行之先。譬如行路，须得先照。又谓勉强合道而行动者，决不能永续。人性本善，循理而行，顺也。是故烛理明则自然乐于循理而行动，是为知行合一说之权舆。

结论

伊川学说，盖注重于实践一方面。故于命理心性之属，仅以异名同实之义应付之。而于恶之所由来，曰才，曰气，曰欲，亦不复详为之分析。至于修为之法，则较前人为详，而为朱学所自出也。

程门大弟子

程门弟子

历事二程者为多，而各得其性之所近。其间特性最著而特有影响于后学者为谢上蔡、杨龟山二人。上蔡毗于尊德性，绍明道而启象山。龟山毗于道问学，述伊川而递传以至考亭者也。

上蔡小传

谢上蔡，名良佐，字显道，寿州上蔡人。初务记问，夸赅博。及事明道，明道曰："贤所记何多，抑可谓玩物丧志耶？"上蔡赧然。明道曰："是即恻隐之心也。"因劝以无徒学言语，而静坐修炼。上蔡以元丰元年登进士第，其后历官州郡。徽宗时，坐口语，废为庶民。著《论语说》，其语录三篇，则朱晦庵所辑也。

其学说

上蔡以仁为心之本体，曰："心者何，仁而已。"又曰："人心著，与天地一般，只为私意自小，任理因物而己无与焉者，天而已。"于是言致力之德，曰穷理，曰持敬。其言穷理也，曰："物物皆有理，穷理则知天之所为，知天之所为，则与天为一，穷理之至，自然不勉而中，不思而得，从容中道。"词理必物物而穷之与？曰："必穷其大者，理一而已，一处理穷，则触处皆是。恕其穷理之本与？"其言致敬也，曰："近道莫若静，斋戒以神明其德，天下之至静也。"又曰："敬者是常惺惺而法心斋。"

龟山小传

杨龟山，名时，字中立，南剑将乐人。熙宁元年，举进士，后历官州郡及侍讲。绍兴五年卒，年八十三。龟山初事明道，明道殁，事伊川，二程皆甚重之。尝读横渠《西铭》，而疑其近于兼爱，及闻伊川理一分殊之辨而豁然。其学说见于《龟山集》及其语录。

其学说

龟山言人生之准的在圣人，而其致力也，在致知格物。曰："学者以致知格物为先，知未至，虽欲择言而固执之，未必当于道也。鼎镬陷阱之不可蹈，人皆知之，而世人亦无敢蹈之者，知之审也。致身下流，天下之恶皆归之，与鼎镬陷阱何异？而或蹈之而不避者，未真知之也。若真知为不善，如蹈鼎镬陷阱，则谁为不善耶？"是其说近于经验论。然彼所谓经验者，乃在研求六经。故曰："六经者，圣人之微言，道之所存也。道之深奥，虽不可以言传，而欲求圣贤之所以为圣贤者，舍六经于何求之？学者当精思之，力行之，默会于意言之表，则庶几矣。"

结论

上蔡之言穷理，龟山之言格致，其意略同。而上蔡以恕为穷理之本，龟山以研究六经为格致之主，是显有主观、客观之别，是即二程之异点，而亦朱、陆学派之所由差别也。

朱晦庵

小传

龟山一传而为罗豫章，再传而为李延平，三传而为朱晦庵。

伊川之学派，于是大成焉。晦庵名熹，字元晦，一字仲晦，晦庵其自号也。其先徽州婺源人，父松，为尤溪尉，寓溪南，生熹。晚迁建阳之考亭。年十八，登进士，其后历主簿提举及提点刑狱等官，及历奉外祠。虽屡以伪学被劾，而进习不辍。庆元六年卒，年七十一。高宗谥之曰文。理宗之世，追封信国公。门人黄幹状其行曰："其色庄，其言厉，其行舒而恭，其坐端而直。其闲居也，未明而起，深衣幅巾方履，拜家庙以及先圣。退而坐书室，案必正，书籍器用必整。其饮食也，羹食行列有定位，匙箸举措有定所。倦而休也，瞑目端坐。休而起也，整步徐行。中夜而寝，寤则拥衾而坐，或至达旦。威仪容止之则，自少至老，祁寒盛暑，造次颠沛，未尝须臾离也。"著书甚多，如大学、中庸章句或问，《论语集注》《孟子集注》《易本义》《诗集传》《太极图解》《通书解》《正蒙解》《近思录》，及其文集、语录，皆有关于伦理学说者也。

理气

晦庵本伊川理气之辨，而以理当濂溪之太极，故曰：由其横于万物之深底而见叶，曰太极。由其与气相对而见叶，曰理。又以形上、形下为理气之别，而谓其不可以时之前后论。曰："理者，形而上之道，所以生万物之原理也。气者，形而下之器，率理而铸型之质料也。"又曰："理非别为一物而存，存于气之中而已。"又曰："有此理便有此气。"但理是本，于是又取伊川理一分殊之义，以为理一而气殊。曰万物统一于太极，而物物各具一太极。曰："物物虽各有理，而总只是一理。"曰：理虽无差别，而气有种种之别，有清爽者，有昏浊者，难以一一枚举。曰：此即万物之所以差别，然一一无不有太极，其状即如宝珠之在水中。在圣贤之中，如在清水中，其精光自然发现。其在至愚不肖之中，如在浊水中，非澄去泥沙，其光不可见也。

性

由理气之辨，而演绎之以言性，于是取横渠之说，而立本然之性与气质之性之别。本然之性，纯理也，无差别者也。气质之性，则因所禀之气之清浊，而不能无偏。乃又本汉儒五行五德相配之说，以证明之。曰："得木气重者，恻隐之心常多，而羞恶辞让是非之心，为之塞而不得发。得金气重者，羞恶之心常多，而恻隐辞让是非之心，为之塞而不得发。火、水亦然。故气质之性完全者，与阴阳合德，五性全备而中正，圣人是也。"然彼又以本然之性与气质之性密接，故曰："气质之心，虽是形体，然无形质，则本然之性无所以安置自己之地位，如一勺之水，非有物盛之，则水无所归著。"是以论气质之性，势不得不杂理与气言之。

心情欲

伊川曰："在人为性，主于身为心。"晦庵亦取其义，而又取横渠之义以心为性情之统名，故曰："心，统性情者也。由心之方面见之，心者，寂然不动。由情之方面见之，感而遂动。"又曰："心之未动时，性也。心之已动时，情也。欲是由情发来者，而欲有善恶。"又曰："心如水，性犹水之静，情则水之流，欲则水之波澜，但波澜有好底，有不好底。如我欲仁，是欲之好底。欲之不好底，则一向奔驰出去，若波涛翻浪。如是，则情为性之附属物，而欲则又为情之附属物。"故彼以恻隐等四端为性，以喜怒等七者为情，而谓七情由四端发，如哀惧发自恻隐，怒恶发自羞恶之类，然又谓不可分七情以配四端，七情自贯通四端云。

人心道心

既以心为性情之统名，则心之有理气两方面，与性同。于是引以说古书之道心人心，以发于理者为道心，而发于气者为人心。故曰："道心是义理上发出来底，人心是人身上发出来底。虽圣人不能无人心，如饥食渴饮之类。虽小人不能无道心，如恻隐之心是。"又谓圣人之教，在以道心为一身之主宰，使人心屈从其命令。如人心者，决不得灭却，亦不可灭却者也。

穷理

晦庵言修为之法，第一在穷理，穷理即大学所谓格物致知也。故曰："格物十事，格得其九通透，即一事未通透，不妨。一事只格得九分，一分不通透，最不可，须穷到十分处。"至其言穷理之法，则全在读书。于是言读书之法曰："读书之法，在循序而渐进。熟读而精思。字求其训，句索其旨。未得于前，则不敢求其后，未通乎此，则不敢志予彼。先须熟读，使其言皆若出于吾之口，继以精思，使其意皆若出于吾心。"

养心

至其言养心之法，曰，存夜气。本于孟子。谓夜气静时，即良心有光明之时，若当吾思念义理观察人伦之时，则夜气自然增长，良心愈放其光明来，于是辅之以静坐。静坐之说，本于李延平。延平言道理须是日中理会，夜里却去静坐思量，方始有得。其说本与存夜气相表里，故晦庵取之，而又为之界说曰："静坐非如坐禅入定，断绝思虑，只收敛此心，使毋走于烦思虑而已。此心湛然无事，自然专心，及其有事，随事应事，事已时复湛然。"由是又本程氏主一为敬之义而言专心，曰："心一有所用，则心有所主，只看如今。才读书，则心便主于读书；才写字，则心便主于写字。若是悠悠荡荡，未有不入于邪僻者。"

结论

宋之有晦庵，犹周之有孔子，皆吾族道德之集成者也。孔子以前，道德之理想，表著于言行而已。至孔子而始演述为学说。孔子以后，道德之学说，虽亦号折中孔子，而尚在乍离乍合之间。至晦庵而始以其所见之孔教，整齐而厘订之，使有一定之范围。盖孔子之道，在董仲舒时代，不过具有宗教之形式。而至朱晦庵时代，始确立宗教之威权也。晦庵学术，近以横渠、伊川为本，而附益之以濂溪、明道。远以荀卿为本，而用语则多取孟子。于是用以训释孔子之言，而成立有宋以后之孔教。彼于孔子以前之说，务以诂训沟通之，使无与孔教有所龃龉；于孔子以后之学说若人物，则一以孔教进退之。彼其研究之勤，著述之富，徒党之众，既为自昔儒者所不及，而其为说也，矫恶过于乐善，方外过于直内，独断过于怀疑，拘名义过于得实理，尊秩序过于求均衡，尚保守过于求革新，现在之和平过于未来之希望。此为古昔北方思想之嫡嗣，与吾族大多数之习惯性相投合，而尤便于有权势者之所利用，此其所以得凭借科举之势力而盛行于明以后也。

陆象山

儒家之言，至朱晦庵而凝成为宗教，既具论于前章矣。顾世界之事，常不能有独而无对。故当朱学成立之始，而有陆象山；当朱学盛行之后，而有王阳明。虽其得社会信用不及朱学之悠久，而当其发展之时，其势几足以倾朱学而有余焉。大抵朱学毗于横渠、伊川，而陆、王毗于濂溪、明道；朱学毗于荀，陆、王毗于孟。以周季之思潮比例之，朱学纯然为北方思想，而陆、王则毗于南方思想者也。

小传

陆象山，名九渊，字子静，自号存斋，金谿人。父名贺，象山其季子也。乾道八年，登进士第，历官至知荆门军。以绍熙三年卒，年五十四。嘉定十年，赐谥文安。象山三四岁时，尝问其父，天地何所穷际。及总角，闻人诵伊川之语，若被伤者，曰："伊川之言，何其不类孔子、孟子耶？"读古书至宇宙二字，解曰："四方上下为宇，往古来今曰宙。"忽大省，曰："宇宙内之事，乃己分内事，己分内之事，乃宇宙内事。"又曰："宇宙即是吾心，吾心即是宇宙。东海有圣人出，此心同，此理同焉。西海有圣人出，此心同，此理同焉。南海、北海有圣人出，此心同，此理同焉。千百世之上，有圣人出，此心同，此理同焉。千百世之下，有圣人出，此心同，此理同焉。"淳熙间，自京师归，学者甚盛，每诣城邑，环坐两三百人，至不能容。寻结茅象山，学徒大集，案籍逾数千人。或劝著书，象山曰："六经注我，我注六经。"又曰："学苟知道，则六经皆我注脚也。"所著有《象山集》。

朱陆之论争

自朱、陆异派，及门互相诋诮。淳熙二年，东莱集江浙诸友于信州鹅湖寺以决之，既莅会，象山、晦庵互相辩难，连日不能决。晦庵曰："人各有所见，不如取决于后世。"其后彼此通书，又互有冲突。其间关于太极图说者，大抵名义之异同，无关宏旨。至于伦理学说之异同，则晦庵之见，以为象山尊心，乃禅家余派，学者当先求圣贤之遗言于书中。而修身之法，自洒扫应对始。象山则以晦庵之学为逐末，以为学问之道，不在外而在内，不在古人之文字而在其精神，故尝诘晦庵以尧舜曾读何书焉。

心即理

象山不认有天理人欲与道心人心之别，故曰："心即理。"又曰："心一也，人安有二心。"又曰："天理人欲之分，论极有病，自《礼记》有此言，而后人袭之，记曰，人生而静，天之性也，感于物而动，性之欲也。若是，则动亦是，静亦是，岂有天理人欲之分？动若不是，则静亦不是，岂有动静之间哉？"彼以古书有人心惟危、道心惟微之语，则为之说曰："自人而言则曰惟危，自道而言则曰惟微。如其说，则古书之言，亦不过由两旁面而观察之，非真有二心也。"又曰："心一理也，理亦一理也，至当归一，精义无二，此心此理，不容有二。"又曰："孟子所谓不虑而知者，其良知也，不学而能者，其良能也，我固有之，非由外铄我也。"

纯粹之唯心论

象山以心即理，而其言宇宙也，则曰：塞宇宙一理耳。又曰，万物皆备于我，只要明理而已，然则宇宙即理，理即心，皆一而非二也。

气质与私欲

象山既不认有理欲之别，而其说时亦有蹈袭前儒者。曰："气质偏弱，则耳目之官，不思而蔽于物，物交物则引之而已矣。由是向之所谓忠信者，流而放辟邪侈，而不能自反矣。当是时，其心之所主，无非物欲而已矣。"又曰："气有所蒙，物有所蔽，势有所迁，习有所移，往而不返，迷而不解，于是为愚为不肖，于彝伦则斁，于天命则悖。"又曰："人之病道者二，一资，二渐习。"然宇宙一理，则必无不善，而何以有此不善之资及渐习，象山固未暇研究也。

思

象山进而论修为之方，则尊思。曰："义理之在人心，实天之所与而不可泯灭者也。彼其受蔽于物，而至于悖理违义，盖亦弗思焉耳。诚能反而思之，则是非取舍，盖有隐然而动，判然而明，决然而无疑者矣。"又曰："学问之功，切磋之始，必有自疑之兆，及其至也，必有自克之实。"

先立其大

然则所思者何在？曰："人当先理会所以为人，深思痛省，枉自汩没，虚过日月，朋友讲学，未说到这里，若不知人之所以为人，而与之讲学，遗其大而言其细；便是放饭流歠而问无齿决。若能知其大，虽轻，自然反轻归厚，因举一人恣情纵欲，一旦知尊德乐道，便明白洁直。"又曰："近有议吾者，曰：'除了先立乎其大者一句，无伎俩。'吾闻之，曰：诚然。又曰：凡物必有本末，吾之教人，大概使其本常重，不为末所累。"

诚

象山于实践方面，则揭一诚字。尝曰："古人皆明实理做实事。"又曰："呜呼！循顶至踵，皆父母之遗骸，俯仰天地之间，惧不能朝夕求寡愧怍，亦得与闻乎孟子所谓塞天地吾夫子人为贵之说与？"又引《中庸》之言以证明之曰："诚者非自成己而已也，所以成物也。成己仁也，成物知也，性之德也，合外内之道也。"

结论

象山理论既以心理与宇宙为一，而又言气质，言物欲，又不研究其所由来，于不知不觉之间，由一元论而蜕为二元论，与孟子同病，亦由其所注意者，全在积极一方面故也。其思想之自由，工夫之简易，人生观之平等，使学者无墨守古书拘牵末节之失，而自求进步，诚有足多者焉。

杨慈湖

象山谓塞宇宙一理耳，然宇宙之观象，不赘一词。得慈湖之说，而宇宙即理之说益明。

小传

杨慈湖，名简，字敬中，慈溪人。乾道五年，第进士，调当阳主簿，寻历诸官，以大中大夫致仕。宝庆二年卒，年八十六，谥文元。慈湖官当阳时，始遇象山。象山数提本心二字，慈湖问何谓本心，象山曰："君今日所听者扇讼，扇讼者必有一是一非，若见得孰者为非，即决定某甲为是，某甲为非，非本心而何？"慈湖闻之，忽觉其心澄然清明，亟问曰："如是而已乎？"象山厉声答曰："更有何者？"慈湖退而拱坐达旦，质明，纳拜，称弟子焉。慈湖所著有《己易》《启蔽》二书。

己易

慈湖著《己易》，以为宇宙不外乎我心，故宇宙现象之变化，不外乎我心之变化。故曰："易者己也，非他也。以易为书，不以易为己不可也。以易为天地之变化，不以易为己之变化，不可也。天地者，我之天地；变化者，我之变化，非他物也。"又曰："吾之性，澄然清明而非物；吾之性，洞然无际而非量。天者，吾性之象；地者，吾性中之形。"故曰："在天成象，在地成形，皆我所为也。混融无内外，贯通无异种。"又曰："天地之心，果可得而见乎？果不可得而见乎？果动乎？果未动乎？特未察之而已。似动而未尝移，似变而未尝改，不改不移，谓之寂然不动可也，谓之无思虑可也，谓之不病而速不行而至可也，是天下之动也，是天下之至赜也。"又曰："吾未见天地人之有三也，三者形也，一者性也，亦曰道也，又曰易也，名言之不用，而其实一体也。"

结论

象山谓宇宙内事即己分内事，其所见固与慈湖同。惟象山之说，多就伦理方面指点，不甚注意于宇宙论。慈湖之说，足以补象山之所未及矣。

王阳明

陆学自慈湖以后，几无传人。而朱学则自季宋，而元，而明，流行益广，其间亦复名儒辈出。而其学说，则无甚创见，其他循声附和者，率不免流于支离烦琐。而重以科举之招，益滋言行凿枘之弊。物极则反，明之中叶，王阳明出，中兴陆学，而思想界之气象又一新焉。

小传

王阳明，名守仁，字伯安，余姚人。少年尝筑堂于会稽山之洞中，其后门人为建阳明书院于绍兴，故以阳明称焉。阳明以弘治十二年中进士，尝平漳南横水诸寇，破叛藩宸濠，平广西叛蛮，历官至左都御史，封新建伯。嘉靖七年卒，年五十七。隆庆中，赠新建侯，谥文成。阳明天资绝人，年十八，谒娄一斋，慨然为圣人可学而至。尝遍读考亭之书，循序格物，终觉心物判而为二，不得入，于是出入于佛老之间。武宗时，被谪为贵州龙场驿丞，其地在万山丛树之中，蛇虺魍魉虫毒瘴疠之所萃，备尝辛苦，动心忍性。因念圣人处此，更有何道。遂悟格物致知之旨，以为圣人之道，吾性自足，不假外求。自是遂尽去枝叶，一意本源焉。所著有《阳明全集》《阳明全书》。

心即理

心即理，象山之说也。阳明更疏通而证明之曰："理一而已。以其理之凝聚言之谓之性，以其凝聚之主宰言之谓之心，以其主宰之发动言之谓之意，以其发动之明觉言之谓之知，以其明觉之感应言之谓之物。故就物而言之谓之格，就知而言之谓之致，就意而言之谓之诚，就心而言之谓之正。正者正此心也，诚者诚此心也，致者致此心也，格者格此心也，皆谓穷理以尽性也。天下无性外之理，无性外之物。学之不明，皆由世之儒者认心为外，认物为外，而不知义内之说也。"

知行合一

朱学泥于循序渐进之义，曰必先求圣贤之言于遗书。曰自洒扫应对进退始。其弊也，使人迟疑观望，而不敢勇于进取。阳明于是矫之以知行合一之说。曰："知是行之始，行是知之成，知外无行，行外无知。"又曰："知之真切笃实处便是行，行之明觉精密处便是知。若行不能明觉精密，便是冥行，便是'学而不思则罔'；若知不能真切笃实，便是妄想，便是'思而不学则殆'。"又曰："《大学》言如好好色，见好色属知，好好色属行。见色时即是好。非见而后立志去好也。今人却谓必先知而后行，且讲习讨论以求知。俟知得真时，去行，故遂终身不行，亦遂终身不知。"盖阳明之所谓知，专以德性之智言之，与寻常所谓知识不同；而其所谓行，则就动机言之，如大学之所谓意。然则即知即行，良非虚言也。

致良知

阳明心理合一，而以孟子之所谓良知代表之。又主知行合一，而以《大学》之所谓致知代表之。于是合而言之，曰致良知。其言良知也，曰："天命之性，粹然至善，其灵明不昧者，皆其至善之发见，乃明德之本体，而所谓良知者也。"又曰："未发之中，即良知也。无前后内外，而浑然一体者也。"又曰："虽妄念之发，而良知未尝不在；虽昏塞之极，而良知未尝不明。"于是进而言致知，则包诚意格物而言之，曰："今欲别善恶以诚其意，惟在致其良知之所知焉尔。何则？意念之发，吾心之良知，既知其为善矣，使其不能诚有以好之，而复背而去之，则是以善为恶，自昧其知善之良知矣。意念之所发，吾之良知，既知其为不善矣，使其不能诚有以恶之，而复蹈而为之，则是以恶为善，而自昧其知恶之良知矣。若是，则虽曰知之，犹不知也。意其可得而诚乎？今于良知所知之善恶者，无不诚好而诚恶之，则不自欺其良知而意可诚矣。"又曰："于其良知所知之善者，即其意之所在之物而实为之，无有乎不尽。于其良知所知之恶者，即其意之所在之物而实去之，无有乎不尽。然后物无不格，而吾良知之所知者，吾有亏缺障蔽，而得以极其至矣。"是其说，统格物诚意于致知，而不外乎知行合一之义也。

仁

阳明之言良知也，曰："人的良知，就是草木瓦石的良知。若草木瓦石无人的良知，不可以为草木瓦石矣。岂惟草木瓦石为然，天地无人的良知，亦不可以为天地矣。"是即心理合一之义，谓宇宙即良知也。于是言其致良知之极功，亦必普及宇宙，阳明以仁字代表之。曰："是故见孺子之入井，而必有怵惕恻隐之心焉，是其仁之与孺子而为一体也；孺子犹同类者也，见鸟兽之哀鸣觳觫而必有不忍之心焉，是其仁之与鸟兽而为一体也；鸟兽犹有知觉者也，见草木之摧折，而必有悯惜之心焉，是其仁之与草木而为一体也；草木犹有生意者也，见瓦石之毁坏，而必有顾惜之心焉，是其仁之与瓦石而为一体也。是其一体之仁也。虽小人之心，亦必有之。是本根于天命之性，而自然灵昭不昧者也。"又曰："故明明德，必在于亲民，而亲民乃所以明其明德也。是故亲吾之父，以及人之父，以及天下人之父，而后吾之仁实与吾之父、人之父与天下人之父而为一体矣。实与之为一体，而后孝之明德始明矣。亲吾兄，以及人之兄，以及天下人之兄，而后吾之仁，实与吾之兄、人之兄与天下人之兄而为一体矣。实与之为一体，而后弟之明德始明矣。君臣也，夫妇也，朋友也，以至于山川鬼神草木鸟兽也，莫不实有以亲之，以达吾一体之仁，然后吾之明德始无不明，而真能以天地万物为一体矣。"

结论

阳明以至敏之天才，至富之阅历，至深之研究，由博返约，直指本原，排斥一切拘牵文义区画阶级之习，发挥陆氏心理一致之义，而辅以知行合一之说。孔子所谓我欲仁斯仁至，孟子所谓人皆可以为尧舜焉者，得阳明之说而其理益明。虽其依违古书之文字，针对末学之弊习，所揭言说，不必尽合于论理，然彼所注意者，本不在是。苟寻其本义，则其所以矫末学末流之弊，促思想之自由，而励实践之勇气者，其功固昭然不可掩也。

结论

自宋及明，名儒辈出，以学说觗理之，朱、陆两派之舞台而已。濂溪、横渠，开二程之先，由明道历上蔡而递演之，于是有象山学派；由伊川历龟山而递演之，于是有晦庵学派。象山之学，得

125

阳明而益光大；晦庵之学，则薪传虽不绝，而未有能扩张其范围者也。朱学近于经验论，而其所谓经验者，不在事实，而在古书，故其末流，不免依傍圣贤而流于独断。陆学近乎师心，而以其不胶成见，又常持物我同体、知行合一之义，乃转有以通情而达理，故常足以救朱学末流之弊也。惟陆学以思想自由之故，不免轶出本教之范围。如阳明之后，有王龙溪一派，遂昌言禅悦，递传而至李卓吾，则遂公言不以孔子之是非为是非，而卒遭焚书杀身之祸。自是陆、王之学，益为反对派所诟病，以其与吾族尊古之习惯不相投也。朱学逊言谨行，确守宗教之范围，而于其范围中，尤注重于为下不悖之义，故常有以自全。然自本朝有讲学之禁，而学者社会，亦颇倦于搬运文学之性理学，于是遁而为考据。其实仍朱学尊经笃古之流派，惟益缩其范围，而专研诂训名物。又推崇汉儒，以傲宋明诸儒之空疏，益无新思想之发展，而与伦理学无关矣。阳明以后，惟戴东原，咨嗟于宋学流弊生心害政，而发挥孟子之说以纠之，不愧为一思想家。其他若黄梨洲，若俞理初，则于实践伦理一方面，亦有取薶蕴已久之古义而发明之者，故叙其概于下：

附录

戴东原学说

戴东原 名震，休宁人。卒于乾隆四十二年，年五十五。其所著书关于伦理学者，有《原善》及《孟子字义疏证》。

其学说 东原之特识，在窥破宋学流弊，而又能以论理学之方式证明之。其言曰："六经孔孟之言，以及传记群籍，理字不多见。今虽至愚之人，悖戾恣睢，其处断一事，责诘一人，莫不辄曰理者。自宋以来，始相习成俗，则以理为如有物焉。得于天而具于心，因以心之意见当之也。于是负其气，挟其势位，加以口给者，理伸；力弱气慑，口不能道辞者，理屈。"又曰："自宋儒立理欲之辨，谓不出于理，则出于欲，不出于欲，则出于理。于是虽视人之饥寒号呼男女哀怨以至垂死冀生，无非人欲。空指一绝情欲之感，为天理之本然，存之于心，及其应事，幸而偶中，非曲体事情求如此以安之也。不幸而事情未明，执其意见，方自信天理非人欲，而小之一人受其祸，大之天下国家受其祸。"又曰："今之治人者，视古圣贤体民之情，遂民之欲，多出于鄙细隐曲，不措诸意，不足为怪，而及其责以理也，不难举旷世之高节，著于义而罪之。尊者以理责卑，长者以理责幼，贵者以理责贱，虽失谓之顺。卑者、幼者、贱者以理争之，虽得谓之逆。于是下之人，不能以天下之同情天下所同欲达之于上，上以理责其下，而在下之罪，人人不胜指数。人死于法，犹有怜之者；死于理，其谁怜之！"又曰："理欲之辨立，举凡饥寒愁怨饮食男女常情隐曲之感，则名之曰人欲。故终身见欲之难制，且自信不出于欲，则思无愧怍，意见所非，则谓其人自绝于理。"又曰："既截然分理欲为二，治己以不出于欲为理，治人亦必以不出于欲为理。举凡民之饥寒愁怨饮食男女常情隐曲之感，咸视为人欲之甚轻者矣。轻其所轻，乃吾重天理也，公义也。言虽美而用之治人则祸其人。至于下以欺伪应乎上，则曰人之不善，此理欲之辨，适以穷天下之人，尽转移为欺伪之人，为祸何可胜言也哉！"其言可谓深切而著明矣。

至其建设一方面，则以孟子为本，而博引孟子以前之古书佐证之。其大旨，谓天道者，阴阳五行也。人之生也，分于阴阳五行以为性，是以有血气心知，有血气，是以有欲，有心知，是以有情有知。给于欲者，声色臭味也，而因有爱畏。发乎情者，喜怒哀乐也，而因有惨舒。辨于知者，美丑是非也，而因有好恶。是东原以欲、情、知三者为性之原质也。然则善恶何自而起？东原之意，在天以生生为道，在人亦然。仁者，生生之德也。是故在欲则专欲为恶，同欲为善。在情则过不及为恶，中节为善。而其条理则得之于知。故曰："人之生也，莫病于无以遂其生，欲遂其生，亦遂人之生，仁也。欲遂其生，至于戕贼人之生而不顾者，不仁也。不仁实始于欲遂其生之心，使其无此欲，必无不仁矣。然使其无此欲，则于天下之人生道始促，亦将漠然视之，己不必遂其生，其遂人之生，无是情也。"又曰："在己与人，皆谓之情，无过情无不及情之谓理。理者，情之不爽失也，未有情不得而理得者。凡有所施于人，反躬而静思之，人以此施于我，能受之乎？凡有所责于人，反躬而静思之，人以此责于我，能尽之乎？以我絜之人，则理明。"又曰："生养之道，存乎欲者也。感通之道，存乎情者也。二者自然之符，天下之事举矣。尽善恶之极致，存乎巧者也，宰御之权，由斯而出。尽是非之极致，存乎智者也，贤圣之德，由斯而备。二者亦自然之符，精之以底于必然，天下之能举矣。"又曰："有是身，故有声色臭味之欲。有是身，而君臣父子夫妇昆弟朋友之伦具，故有喜怒哀乐之情。惟有欲有情而又有知，然后欲得遂也，情得达也。天下之事，使欲之得遂，情之得达，斯已矣。惟人之知，小之能尽美丑之极致，大之能尽是非之极致，然后遂己之欲者，广之能遂人之欲；达己之情者，广之能达人之情。道德之盛，使人之欲无不遂，人之情无不达，斯已矣。"

凡东原学说之优点有三：（一）心理之分析。自昔儒者，多言性情之关系，而情欲之别，殆不甚措意，于知亦然。东原始以欲、情、知三者为性之原质，与西洋心理学家分心之能力为意志、感情、知识三部者同。其于知之中又分巧、智两种，则亦美学、哲学不同之理也。（二）情欲之制限。王荆公、程明道，皆以善恶为即情之中节与否，而于中节之标准何在，未之言。至于欲，则自来言绝欲者，固近于厌世之义，而非有生命者所能实行。即言寡欲者，亦不能质言其多寡之标准。至东原而始以人之欲为己之欲之界，以人之情为己之情之界，与西洋功利派之伦理学所谓人各自由而以他人之自由为界同。（三）至善之状态。庄子之心斋，佛氏之涅槃，皆以超绝现世为至善之境。至儒家言，则以此世界为范围。先儒虽侈言胞与民物万物一体之义，而竟无以名言其状况，东原则由前义而引申之。则所谓至善者，即在使人人得遂其欲，得达其情，其义即孔子所谓仁恕，不但其理颠扑不破，而其致力之处，亦可谓至易而至简者矣。

凡此皆非汉宋诸儒所见及，而其立说之有条贯，有首尾，则尤其得力于名数之学者也。（乾嘉间之汉学，实以言语学兼论理学，不过范围较隘耳。）惟群经之言，虽大义不离乎儒家，而其名词之内容，不必一一与孔孟所用者无稍出入，东原囿于当时汉学之习，又以与社会崇拜之宋儒为敌，势不得有所依傍。故其全书，既依托于孟

129

子，而又取群经之言一一比附，务使与孟子无稍异同，其间遂亦不免有牵强附会之失，而其时又不得物质科学之助力，故于血气与心知之关系，人物之所以异度，人性之所以分于阴阳五行，皆不能言之成理，此则其缺点也。东原以后，阮文达作《性命古训》《论语仁论》，焦理堂作《论语通释》，皆东原一派，然未能出东原之范围也。

黄梨洲学说

黄梨洲 名宗羲，余姚人，明之遗民也。卒于康熙三十四年，年八十六。著书甚多。兹所论叙，为其《明夷待访录》中之《原君》《原臣》两篇。

其学说 周以上，言君民之关系者，周公建洛邑曰："有德易以兴，无德易以亡。"孟子曰："民为贵，社稷次之，君为轻。"言君臣之关系者，晏平仲曰："君为社稷死亡则死亡之，若为己死而为己亡，非其所暱，谁敢任之。"孟子曰："贵戚之卿，谏而不听，则易位；易姓之卿，谏而不听，则去之。"其义皆与西洋政体不甚相远。自荀卿、韩非，有极端尊君权之说，而为秦汉所采用，古义渐失。至韩愈作《原道》，遂曰："君者，出令者也。臣者，行君之令而致之于民者也。民者，出粟米丝麻、作器皿、通货财以事其上者也。"其推文王之意以作羑里操，曰："臣罪当诛兮，天王圣明。"皆与古义不合。自唐以后，亦无有据古义以正之者；正之者自梨洲始。

其《原君》也，曰："有生之初，人各自私也，人各自利也，天下有公利而莫或兴之，有公害而莫或除之；有人君者出，不以一己之利为利，而使天下受其利，不以一己之害为害，而使天下释其害。后之为人君者不然，以为天下利害之权，皆出于我，我以天下之利尽归于己，以天下之害尽归于人，亦无不可，使天下之人，不敢自私，不敢自利。以我之大私为天下之公，始而惭焉，久而安焉，视天下为莫大之产业，传之子孙，受享无穷。此无他，古者以天下为主，君为客，凡君之所毕世而经营者，为天下也。今也以君为主，天下为客，凡天下之无地而得安宁者，为君也。"

其《原臣》也，曰："臣道如何而后可？曰：缘夫天下之大，非一人之所能治，而分治以群工，故我之出而仕也，为天下，非为君也，为万民，非为一姓也。世之为臣者，昧于此义，以为臣为君而设者也，君分吾以天下而后治之，君授吾以人民而后牧之，轻天下人民为人君囊中之私物。今以四方之劳扰，民生之憔悴，足以危吾君也，不得不讲治之救之之术。苟无系于社稷之存亡，则四方之劳扰，民生之憔悴，虽有诚臣，亦且以为纤介之疾也。"又曰："盖天下之治乱，不在一姓之存亡，而在万民之忧乐。是故桀纣之亡，乃所以为治也；秦政蒙古之兴，乃所以为乱也；晋宋齐梁之兴亡，无与于治乱者也。为臣者，轻视斯民之水火，即能辅君而兴，从君而亡，其于臣道固未尝不背也。"在今日国家学学说既由泰西输入，君臣之原理，如梨洲所论者，固已为人之所共晓。然在当日，则不得不推为特识矣。

俞理初学说

俞理初　名正燮，黟县人。卒于道光二十年，年六十。所著有《癸巳类稿》及《存稿》。

其学说 夫野蛮人与文明人之大别何在乎？曰：人格之观念之轻重而已。野蛮人之人格观念轻，故其对于他人也，以畏强凌弱为习惯；文明人之人格观念重，则其对于他人也，以抗强扶弱为习惯。抗强所以保己之人格，而扶弱则所以保他人之人格也。

人类中妇女弱于男子，而其有人格则同。各种民族，诚皆不免有以妇女为劫掠品、卖买品之一阶级。然在泰西，其宗教中有万人同等之义，故一夫一妻之制早定。而中古骑士，勇于公战而谨事妇女，已实行抗强扶弱之美德。故至今日，而尊重妇女人格，实为男子之义务矣。我国夫妇之伦，本已脱掠卖时代，而近于一夫一妇之制，惟尚有妾媵之设。而所谓贞操焉者，乃专为妇女之义务，而无与于男子。至所谓妇女之道德，卑顺也，不妒忌也，无一非消极者。自宋以后，凡事舍情而言理。如伊川者，且目寡妇之再醮为失节，而谓饿死事小、失节事大，于是妇女益陷于穷而无告之地位矣。

理初独潜心于此问题。其对于裹足之陋习，有《书旧唐书舆服志后》，历考古昔妇人履舄之式，及裹足之风所自起，而断之曰："古有丁男丁女，裹足则失丁女，阴弱则两仪不完。""又出古舞屩贱服，女贱则男贱。"其《节妇说》曰："礼郊特牲云：一与之齐，终身不改，故夫死不嫁。《后汉书·曹世叔传》云：夫有再娶之义，妇无二适之文。故曰：夫者天也。按妇无二适之文，固也，男亦无再娶之仪。圣人所以不定此仪者，如礼不下庶人，刑不上大夫，非谓庶人不行礼，大夫不怀刑也。自礼意不明，苛求妇人，遂为偏义。古礼夫妇合体同尊卑，乃或卑其妻。古言终身不改，身则男女同也。七事出妻，乃七改矣；妻改再娶，乃八改矣。男子理义无涯涘，而深文以罔妇人，是无耻之论也。"又曰："再嫁者不当非之，不再嫁者敬礼之斯可矣。"其《妒非女人恶德论》曰："妒在士君子为义德，谓女人妒为恶德者，非通论也。夫妇之道，言致一也。夫买妾而妻不妒，则是恝也，恝则家道坏矣。易曰：三人行则损一人，一人行则得其友，言致一也，是夫妇之道也。"又作《贞女说》，斥世俗迫女守贞之非。曰："呜呼！男儿以忠义自责则可耳，妇女贞烈，岂是男子荣耀也？"又尝考乐户及女乐之沿革，而以本朝之书去其籍为廓清天地，为舒愤懑。又历考娼妓之历史，而为〔谓〕此皆无告之民，凡苛待之者谓之虐无告。凡此种种问题，皆前人所不经意。至理初，始以其至公至平之见，博考而慎断之。虽其所论，尚未能为根本之解决，而亦未能组成学理之系统，然要不得不节取其意见，而认为至有价值之学说矣。

余论

要而论之，我国伦理学说，以先秦为极盛，与西洋学说之滥觞于希腊无异。顾西洋学说，则与时俱进，虽希腊古义，尚为不祧之宗，而要之后山者之繁博而精核，则迥非古人所及矣。而我国学说，则自汉以后，虽亦思想家辈出，而自清谈家之浅薄利己论外，虽亦多出入佛老，而其大旨不能出儒家之范围。且于儒家言中，孔孟已发之大义，亦不能无所湮没。即前所叙述者观之，以晦庵之勤学，象山、阳明之敏悟，东原之精思，而所得乃止于此，是何故哉？（一）无自然科学以为之基础。先秦惟子墨子颇治科学，而汉以后则绝迹。（二）无论理学以为思想言论之规则。先秦有名家，即荀、墨二子亦兼治名学，汉以后此学绝矣。（三）政治宗教学问之结合。（四）无异国之学说以相比较。佛教虽闳深，而其厌世出家之法，与我国实践伦理太相远，故不能有大影响。此其所以自汉以来，历两千年，而学说之进步仅仅也。然如梨洲、东原、理初诸家，则已渐脱有宋以来理学之羁绊，是殆为自由思想之先声。迩者名数质力之学，习者渐多，思想自由，言论自由，业为朝野所公认。而西洋学说，亦以渐输入。然则吾国之伦理学界，其将由是而发展其新思想也，盖无疑也。

第二篇

国／人／修／身／教／科／书

人之生也，不能无所为，而为其所当为者，是谓道德。道德者，非可以猝然而袭取也，必也有理想，有方法。修身一科，即所以示其方法者也。

上篇

第一章　修己

总论

道德

人之生也，不能无所为，而为其所当为者，是谓道德。道德者，非可以猝然而袭取也，必也有理想，有方法。修身一科，即所以示其方法者也。

修己之道

夫事必有序，道德之条目，其为吾人所当为者同，而所以行之之方法，则不能无先后。其所谓先务者，修己之道是也。

行之于社会　行之于国家

吾国圣人，以孝为百行之本，小之一人之私德，大之国民之公义，无不由是而推演之者，故曰惟孝友于兄弟，施于有政，由是而行之于社会，则宜尽力于职分之所在，而于他人之生命若财产若名誉，皆护惜之，不可有所侵毁。行有余力，则又当博爱及众，而勉进公益，由是而行之于国家，则于法律之所定，命令之所布，皆当恪守而勿违。而有事之时，又当致身于国，公而忘私，以尽国民之义务，是皆道德之教所范围，为吾人所不可不勉者也。

夫道德之方面，虽各各不同，而行之则在己。知之而不行，犹不知也；知其当行矣，而未有所以行此之素养，犹不能行也。怀邪心者，无以行正义；贪私利者，无以图公益。未有自欺而能忠于人，自侮而能敬于人者。故道德之教，虽统各方面以为言，而其本则在乎修己。

康强　知能　德性

修己之道不一，而以康强其身为第一义。身不康强，虽有美意，无自而达也。康矣强矣，而不能启其知识，练其技能，则奚择于牛马；故又不可以不求知能。知识富矣，技能精矣，而不率之以德性，则适以长恶而遂非，故又不可以不养德性。是故修己之道，体育、知育、德育三者，不可以偏废也。

体育

修己以体育为本　身不康强不能尽孝　身不康强不能尽忠

凡德道以修己为本，而修己之道，又以体育为本。

忠孝，人伦之大道也，非康健之身，无以行之。人之事父母也，服劳奉养，惟力是视，羸弱而不能供职，虽有孝思奚益？况其以疾病贻父母忧乎？其于国也亦然。国民之义务，莫大于兵役，非强有力者，应征而不及格，临阵而不能战，其何能忠？且非特忠孝也。一切道德，殆皆非羸弱之人所能实行者。苟欲实践道德，宣力国家，以尽人生之天职，其必自体育始矣。

体育与智育之关系

且体育与智育之关系，尤为密切。西哲有言：康强之精神，必寓于康强之身体。不我欺也。苟非狂易，未有学焉而不能知，习焉而不能熟者。其能否成立，视体魄如何耳。也尝有抱非常之才，且亦富于春秋，徒以体魄孱弱，力不逮志，奄然与凡庸伍者，甚至或盛年废学，或中道夭逝，尤可悲焉。

身体康强与家族、社会、国家之关系

夫人之一身，本不容以自私，盖人未有能遗世而独立者。无父母则无我身，子女之天职，与生俱来。其他兄弟夫妇朋友之间，亦各以其相对之地位，而各有应尽之本务。而吾身之康强与否，即关于本务之尽否，故人之一身，对于家族若社会若国家，皆有善自摄卫之责。使傲然曰：我身之不康强，我自受之，于人无与焉。斯则大谬不然者也。

卫生之概要

人之幼也，卫生之道，宜受命于父兄。及十三四岁，则当躬自注意矣。请述其概：一曰节其饮食；二曰洁其体肤及衣服；三曰时其运动；四曰时其寝息；五曰快其精神。

饮食过量之害

少壮之人，所以损其身体者，率由于饮食之无节。虽当身体长育之时，饮食之量，本不能以老人为例，然过量之忌则一也。使于饱食以后，尚歆于旨味而恣食之，则其损于身体，所不待言。且既知饮食过量之为害，而一时为食欲所迫，不及自制，且致养成不能节欲之习惯，其害尤大，不可以不慎也。

杂食果饵之害

少年每喜于闲暇之时，杂食果饵，以致减损其定时之餐饭，是亦一弊习。医家谓成人之胃病，率基于是。是乌可以不戒欤？

饮酒之害　吸烟之害　节制食欲

酒与烟，皆害多而利少。饮酒渐醉，则精神为之惑乱，而不能自节。能慎之于始而不饮，则无虑矣。吸烟多始于游戏，及其习惯，则成癖而不能废。故少年尤当戒之。烟含毒性，卷烟一枚，其所含毒分，足以毙雀二十尾。其毒性之剧如此，吸者之受害可知矣。

凡人之习惯，恒得以他习惯代之。饮食之过量，亦一习惯耳。以节制食欲之法矫之，而渐成习惯，则旧习不难尽去也。

清洁

清洁为卫生之第一义，而自清洁其体肤始。世未有体肤既洁，而甘服垢污之衣者。体肤衣服洁矣，则房室庭园，自不能任其芜秽，由是集清洁之家而为村落为市邑，则不徒足以保人身之康强，而一切传染病，亦以免焉。

且身体衣服之清洁，不徒益以卫生而已，又足以优美其仪容，而养成善良之习惯，其裨益于精神者，亦复不浅。盖身体之不洁，如蒙秽然，以是接人，亦不敬之一端。而好洁之人，动作率有秩序，用意亦复缜密，习与性成，则有以助勤勉精明之美德。借形体以范精神，亦缮性之良法也。

运动

运动亦卫生之要义也。所以助肠胃之消化，促血液之循环，而爽朗其精神者也。凡终日静坐偃卧而怠于运动者，身心辄为之不快，驯致食欲渐减，血色渐衰，而元气亦因以消耗。是故终日劳心之人，尤不可以不运动。运动之时间，虽若靡费，而转为勤勉者所不可吝，此亦犹劳作者之不能无休息也。

游散 游历

凡人精神抑郁之时，触物感事，无一当意，大为学业进步之阻力。此虽半由于性癖，而身体机关之不调和，亦足以致之。时而游散山野，呼吸新鲜空气，则身心忽为之一快，而精进之力顿增。当春夏假期，游历国中名胜之区，此最有益于精神者也。

运动不可无节

是故运动者，所以助身体机关之作用，而为勉力学业之预备，非所以恣意而纵情也。故运动如饮食然，亦不可以无节。而学校青年，于蹴鞠竞渡之属，投其所好，则不惜注全力以赴之，因而毁伤身体，或酿成疾病者，盖亦有之，此则失运动之本意矣。

睡眠

凡劳动者，皆不可以无休息。睡眠，休息之大者也，宜无失时，而少壮尤甚。世或有勤学太过，夜以继日者，是不可不戒也。睡眠不足，则身体为之衰弱，而驯致疾病，即幸免于是，而其事亦无足取。何则？睡眠不足者，精力既疲，即使终日研求，其所得或尚不及起居有时者之半，徒自苦耳。惟睡眠过度，则亦足以酿惰弱之习，是亦不可不知者。

精神

精神者，人身之主动力也。精神不快，则眠食不适，而血气为之枯竭，形容为之憔悴，驯以成疾，是亦卫生之大忌也。夫顺逆无常，哀乐迭生，诚人生之常事，然吾人务当开豁其胸襟，清明其神志，即有不如意事，亦当随机顺应，而不使留滞于意识之中，则足以涵养精神，而使之无害于康强矣。

自杀之罪　杀身成仁

康强身体之道，大略如是。夫吾人之所以斤斤于是者，岂欲私吾身哉？诚以吾身者，因对于家族若社会若国家，而有当尽之义务者也。乃昧者，或以情欲之感，睚眦之忿，自杀其身，罪莫大焉。彼或以一切罪恶得因自杀而消灭，是亦以私情没公义者。惟志士仁人，杀身成仁，则诚人生之本务，平日所以爱惜吾身者，正为此耳。彼或以衣食不给，且自问无益于世，乃以一死自谢，此则情有可悯，而其薄志弱行，亦可鄙也。人生至此，要当百折不挠，排艰阻而为之，精神一到，何事不成？见险而止者，非夫也。

习惯

习惯为第二之天性　习惯不可不慎

习惯者，第二之天性也。其感化性格之力，犹朋友之于人也。人心随时而动，应物而移，执毫而思书，操缦而欲弹，凡人皆然，而在血气未定之时为尤甚。其于平日亲炙之事物，不知不觉，浸润其精神，而与之为至密之关系，所谓习与性成者也。故习惯之不可不慎，与朋友同。

北美洲罪人　道德之本在卑近

江河成于涓流，习惯成于细故。昔北美洲有一罪人，临刑慨然曰：吾所以罹兹罪者，由少时每日不能决然蚤起故耳。夫蚤起与否，小事也，而此之不决，养成因循苟且之习，则一切去恶从善之事，其不决也犹是，是其所以陷于刑戮也。是故事不在小，苟其反复数四，养成习惯，则其影响至大，其于善否之间，乌可以不慎乎？第使平日注意于善否之界，而养成其去彼就此之习惯，则将不待勉强，而自进于道德。道德之本，固不在高远而在卑近也。自洒扫应对进退，以及其他一事一物一动一静之间，无非道德之所在。彼夫道德之标目，曰正义，曰勇往，曰勤勉，曰忍耐，要皆不外乎习惯耳。

礼仪能造就习惯

礼仪者，交际之要，而大有造就习惯之力。夫心能正体，体亦能制心。是以平日端容貌，正颜色，顺辞气，则妄念无自而萌，而言行之忠信笃敬，有不期然而然者。孔子对颜渊之问仁，而告以非礼勿视，非礼勿听，非礼勿言，非礼勿动。由礼而正心，诚圣人之微旨也。彼昧者，动以礼仪为虚饰，袒裼披猖，号为率真，而不知威仪之不摄，心亦随之而化，渐摩既久，则放僻邪侈，不可收拾，不亦谬乎。

勤勉

勤勉为良习惯　怠惰为众恶之母

勤勉者，良习惯之一也。凡人所勉之事，不能一致，要在各因其地位境遇，而尽力于其职分，是亦为涵养德性者所不可缺也。凡勤勉职业，则习于顺应之道，与节制之义，而精细寻耐诸德，亦相因而来。盖人性之受害，莫甚于怠惰。怠惰者，众恶之母。古人称小人闲居为不善，盖以此也。不惟小人也，虽在善人，苟其饱食终日，无所事事，则必由佚乐而流于游惰。于是鄙猥之情，邪僻之念，乘间窃发，驯致滋蔓而难图矣。此学者所当戒也。

幸福由勤勉而生

人之一生，凡德行才能功业名誉财产，及其他一切幸福，未有不勤勉而可坐致者。人生之价值，视其事业而不在年寿。尝有年登期耄，而悉在醉生梦死之中，人皆忘其为寿。亦有中年丧逝，而树立卓然，人转忘其为夭者。是即勤勉与不勤勉之别也。夫桃梨李栗，不去其皮，不得食其实。不勤勉者，虽小利亦无自而得。自昔成大业，享盛名，孰非有过人之勤力者乎？世非无以积瘁丧其身者，然较之汨没于佚乐者，仅十之一二耳。勤勉之效，盖可睹矣。

自制

情欲　节制情欲

自制者，节制情欲之谓也。情欲本非恶名，且高尚之志操，伟大之事业，亦多有发源于此者。然情欲如骏马然，有善走之力，而不能自择其所向，使不加控御，而任其奔逸，则不免陷于沟壑，撞于岩墙，甚或以是而丧其生焉。情欲亦然，苟不以明清之理性，与坚定之意志节制之，其害有不可胜言者。不特一人而已，苟举国民而为情欲之奴隶，则夫政体之改良，学艺之进步，皆不可得而期，而国家之前途，不可问矣。此自制之所以为要也。

自制之目有三：节体欲，一也；制欲望，二也；抑热情，三也。

体欲

饥渴之欲，使人知以时饮食，而荣养其身体。其于保全生命，振作气力，所关甚大。然耽于厚味而不知餍饫，则不特妨害身体，且将汩没其性灵，昏惰其志气，以酿成放佚奢侈之习。况如沉湎于酒，荒淫于色，贻害尤大，皆不可不以自制之力预禁之。

欲望

欲望者，尚名誉，求财产，赴快乐之类是也。人无欲望，即生涯甚觉无谓。故欲望之不能无，与体欲同，而其过度之害亦如之。

骄之害　谄之害

豹死留皮，人死留名，尚名誉者，人之美德也。然急于闻达，而不顾其他，则流弊所至，非骄则谄。骄者，务扬己而抑人，则必强不知以为知，施施然拒人于千里之外，徒使智日昏，学日退，而虚名终不可以久假。即使学识果已绝人，充其骄矜之气，或且凌父兄而傲长上，悖亦甚矣。谄者，务屈身以徇俗，则且为无非无刺之行，以雷同于污世，虽足窃一时之名，而不免为识者所窃笑，是皆不能自制之咎也。

用财之道　鄙吝之弊　奢侈之弊

小之一身独立之幸福，大之国家富强之基础，无不有借于财产。财产之增殖，诚人生所不可忽也。然世人徒知增殖财产，而不知所以用之之道，则虽藏镪百万，徒为守钱虏耳。而骄之者，又或靡费金钱，以纵耳目之欲，是皆非中庸之道也。盖财产之所以可贵，为其有利己利人之用耳。使徒事蓄积，而不知所以用之，则无益于己，亦无裨于人，与赤贫者何异？且积而不用者，其于亲戚之穷乏，故旧之饥寒，皆将坐视而不救，不特爱怜之情浸薄，而且廉耻之心无存。当与而不与，必且不当取而取，私买窃贼之赃，重取债家之息，凡丧心害理之事，皆将行之无忌，而驯致不齿于人类。此鄙吝之弊，诚不可不戒也。顾知鄙吝之当戒矣，而矫枉过正，义取而悖与，寡得而多费，则且有丧产破家之祸。既不能自保其独立之品位，而于忠孝慈善之德，虽欲不放弃而不能，成效无存，百行俱废，此奢侈之弊，亦不必逊于鄙吝也。二者实皆欲望过度之所致，折二者之衷，而中庸之道出焉，谓之节俭。

寡欲则不为物役

节俭者，自奉有节之谓也。人之处世也，既有贵贱上下之别，则所以持其品位而全其本务者，固各有其度，不可以执一而律之，要在适如其地位境遇之所宜，而不逾其度耳。饮食不必多，足以果腹而已；舆服不必善，足以备礼而已。绍述祖业，勤勉不怠，以其所得，搏节而用之，则家有余财，而可以恤他人之不幸。为善如此，不亦乐乎？且节俭者必寡欲，寡欲则不为物役，然后可以养德性，而完人道矣。

奢俭与国家之关系　善享快乐

家人皆节俭，则一家齐；国人皆节俭，则一国安。盖人人以节俭之故，而赀产丰裕，则各安其堵，敬其业，爱国之念，油然而生。否则奢侈之风弥漫，人人滥费无节，将救贫之不暇，而遑恤国家？且国家以人民为分子，亦安有人民皆穷，而国家不疲苶者。自古国家，以人民之节俭兴，而以其奢侈败者，何可胜数！如罗马之类是已。爱快乐，忌苦痛，人之情也；人之行事，半为其所驱迫，起居动作，衣服饮食，盖鲜不由此者。凡人情可以徐练，而不可以骤禁。昔之宗教家，常有背快乐而就刻苦者，适足以戕贼心情，而非必有裨于道德。人苟善享快乐，适得其宜，亦乌可厚非者。其活泼精神，鼓舞志气，乃足为勤勉之助。惟荡者流而不返，遂至放弃百事，斯则不可不戒耳。

不快莫甚于欲望过度

快乐之适度，言之非艰，而行之维艰，惟时时注意，勿使太甚，则庶几无大过矣。古人有言：欢乐极兮哀情多。世间不快之事，莫甚于欲望之过度者。当此之时，不特无活泼精神、振作志气之力，而且足以招疲劳，增疏懒，甚且悖德非礼之行，由此而起焉。世之堕品行而冒刑辟者，每由于快乐之太过，可不慎欤！

人，感情之动物也，遇一事物，而有至剧之感动，则情为之移，不遑顾虑，至忍掷对己对人一切之本务，而务达其目的，是谓热情。热情既现，苟非息心静气，以求其是非利害之所在，而有以节制之，则纵心以往，恒不免陷身于罪戾，此亦非热情之罪，而不善用者之责也。利用热情，而统制之以道理，则犹利用蒸气，而承受以精巧之机关，其势力之强大，莫能御之。

忿怒

热情之种类多矣，而以忿怒为最烈。盛怒而欲泄，则死且不避，与病狂无异。是以忿怒者之行事，其贻害身家而悔恨不及者，常十之八九焉。

怯弱之行　养成忍耐之力

忿怒亦非恶德，受侮辱于人，而不敢与之校，是怯弱之行，而正义之士所耻也。当怒而怒，亦君子所有事。然而逞忿一朝不顾亲戚，不恕故旧，辜恩谊，背理性以酿暴乱之举，而贻终身之祸者，世多有之。宜及少时养成忍耐之力，即或怒不可忍，亦必先平心而察之，如是则自无失当之忿怒，而诟詈斗殴之举，庶乎免矣。

对人之道

忍耐者，交际之要道也。人心之不同如其面，苟于不合吾意者而辄怒之，则必至父子不亲，夫妇反目，兄弟相阋，而朋友亦有凶终隙末之失，非自取其咎乎？故对人之道，可以情恕者恕之，可以理遣者遣之。孔子曰："躬自厚而薄责于人。"即所以养成忍耐之美德者也。

傲慢　嫉妒

忿怒之次曰傲慢，曰嫉妒，亦不可不戒也。傲慢者，挟己之长，而务以凌人；嫉妒者，见己之短，而转以尤人，此皆非实事求是之道也。夫盛德高才，诚于中则形于外。虽其人抑然不自满，而接其威仪者，畏之象之，自不容已。若乃不循其本，而摹拟剽窃以自炫，则可以欺一时，而不能持久，其凌蔑他人，适以自暴其鄙劣耳。至若他人之才识闻望，有过于我，我爱之重之，察我所不如者而企及之可也。不此之务，而重以嫉妒，于我何益？其愚可笑，其心尤可鄙也。

情欲之不可不制，大略如是。顾制之之道，当如何乎？情欲之盛也，往往非理义之力所能支，非利害之说所能破，而惟有以情制情之一策焉。

以情制情

以情制情之道奈何？当忿怒之时，则品弄丝竹以和之；当抑郁之时，则登临山水以解之，于是心旷神怡，爽然若失，回忆忿怒抑郁之态，且自觉其无谓焉。

制情之善法

情欲之炽也，如燎原之火，不可向迩，而移时则自衰，此其常态也。故自制之道，在养成忍耐之习惯。当情欲炽盛之时，忍耐力之强弱，常为人生祸福之所系，所争在顷刻间耳。昔有某氏者，性卞急，方盛怒时，恒将有非礼之言动，几不能自持，则口占数名，自一至百，以抑制之。其用意至善，可以为法也。

勇敢

人生学业非轻易得之

勇敢者，所以使人耐艰难者也。人生学业，无一可以轻易得之者。当艰难之境而不屈不沮，必达而后已，则勇敢之效也。

勇敢不在体力

所谓勇敢者，非体力之谓也。如以体力，则牛马且胜于人。人之勇敢，必其含智德之原质者，恒于其完本务彰真理之时见之。曾子曰：自反而缩，虽千万人，吾往矣。是则勇敢之本义也。

苏格拉底　百里诺　加里沙

求之历史，自昔社会人文之进步，得力于勇敢者为多，盖其事或为豪强所把持，或为流俗所习惯，非排万难而力支之，则不能有为。故当其冲者，非不屈权势之道德家，则必不徇嬖幸之爱国家，非不阿世论之思想家，则必不溺私欲之事业家。其人率皆发强刚毅，不戁不悚。其所见为善为真者，虽遇何等艰难，决不为之气沮。不观希腊哲人苏格拉底乎？彼所持哲理，举世非之而不顾，被异端左道之名而不惜，至仰毒以死而不改其操，至今伟之。又不观意大利硕学百里诺及加里沙乎？百氏痛斥当代伪学，遂被焚死。其就戮也，从容顾法吏曰：公等今论余以死，余知公等之恐怖，盖有甚于余者。加氏始倡地动说，当时教会怒其戾教旨，下之狱，而加氏不为之屈。是皆学者所传为美谈者也。若而人者，非特学识过人，其殉于所信而百折不回，诚有足多者。虽其身穷死于缧绁之中，而声名洋溢，传之百世而不衰，岂与夫屈节回志，忽理义而徇流俗者，同日而语哉？

逆境

人之生也，有顺境，即不能无逆境。逆境之中，跋前疐后，进退维谷，非以勇敢之气持之，无由转祸而为福，变险而为夷也。且勇敢亦非待逆境而始著，当平和无事之时，亦能表见而有余。如壹于职业，安于本分，不诱惑于外界之非违，皆是也。

不能果断之咎

人之染恶德而招祸害者，恒由于不果断。知其当为也，而不敢为；知其不可不为也，而亦不敢为。诱于名利而丧其是非之心，皆不能果断之咎也。至乃虚炫才学，矫饰德行，以欺世而凌人，则又由其无安于本分之勇，而入此歧途耳。

独立　独立非离群索居　独立非矫情立异　真独立

勇敢之最著者为独立。独立者，自尽其职而不倚赖于人是也。

人之立于地也，恃己之足，其立于世也亦然。以己之心思虑之，以己之意志行之，以己之资力营养之，必如是而后为独立，亦必如是而后得谓之人也。夫独立，非离群索居之谓。人之生也，集而为家族，为社会，为国家，乌能不互相扶持，互相挹注，以共图团体之幸福。而要其交互关系之中，自一人之方面言之，各尽其对于团体之责任，不失其为独立也。独立亦非矫情立异之谓。不问其事之曲直利害，而一切拂人之性以为快，是顽冥耳。与夫不问曲直利害，而一切徇人意以为之者奚择焉。惟不存成见，而以其良知为衡，理义所在，虽刍荛之言，犹虚己而纳之，否则虽王公之命令，贤哲之绪论，亦拒之而不惮，是之谓真独立。

独立之要有三：一曰自存；二曰自信；三曰自决。

自存

生计者，万事之基本也。人苟非独立而生存，则其他皆无足道。自力不足，庇他人而糊口者，其卑屈固无足言；至若窥人鼻息，而以其一颦一笑为忧喜，信人之所信而不敢疑，好人之所好而不敢忤，是亦一赘物耳。是皆不能自存故也。

自信

人于一事，既见其理之所以然而信之，虽则事变万状，苟其所以然之理如故，则吾之所信亦如故，是谓自信。在昔旷世大儒，所以发明真理者，固由其学识宏远，要亦其自信之笃，不为权力所移，不为俗论所动，故历久而其理大明耳。

自决

凡人当判决事理之时，而俯仰随人，不敢自主，此亦无独立心之现象也。夫智见所不及，非不可咨询于师友，惟临事迟疑，随人作计，则鄙劣之尤焉。

要之无独立心之人，恒不知自重。既不自重，则亦不知重人，此其所以损品位而伤德义者大矣。苟合全国之人而悉无独立心，乃冀其国家之独立而巩固，得乎？

义勇

勇敢而协于义，谓之义勇。暴虎冯河，盗贼犹且能之，此血气之勇，何足选也。无适无莫，义之与比，毁誉不足以淆之，死生不足以胁之，则义勇之谓也。

国民之义务

义勇之中，以贡于国家者为最大。人之处斯国也，其生命，其财产，其名誉，能不为人所侵毁。而仰事俯畜，各适其适者，无一非国家之赐，且亦非仅吾一人之关系，实承之于祖先，而又将传之于子孙，以至无穷者也。故国家之急难，视一人之急难，不啻倍蓰而已。于是时也，吾即舍吾之生命财产，及其一切以殉之，苟利国家，非所惜也，是国民之义务也。使其人学识虽高，名位虽崇，而国家有事之时，首鼠两端，不敢有为，则大节既亏，万事瓦裂，腾笑当时，遗羞后世，深可惧也。是以平日必持炼意志，养成见义勇为之习惯，则能尽国民之责任，而无负于国家矣。

然使义与非义，非其知识所能别，则虽有尚义之志，而所行辄与之相畔，是则学问不足，而知识未进也。故人不可以不修学。

修学

知识与道德之关系

身体壮佼，仪容伟岸，可以为贤乎？未也。居室崇闳，被服锦绣，可以为美乎？未也。人而无知识，则不能有为，虽矜饰其表，而鄙陋龌龊之状，宁可掩乎？

知识与道德，有至密之关系。道德之名尚矣，要其归，则不外避恶而行善。苟无知识以辨善恶，则何以知恶之不当为，而善之当行乎？知善之当行而行之，知恶之不当为而不为，是之谓真道德。世之不忠不孝、无礼无义、纵情而亡身者，其人非必皆恶逆悖戾也，多由于知识不足，而不能辨别善恶故耳。

寻常道德，有寻常知识之人，即能行之。其高尚者，非知识高尚之人，不能行也。是以自昔立身行道，为百世师者，必在旷世超俗之人，如孔子是已。

知识人事之本

知识者，人事之基本也。人事之种类至繁，而无一不有赖于知识。近世人文大开，风气日新，无论何等事业，其有待于知识也益殷。是以人无贵贱，未有可以不就学者。且知识所以高尚吾人之品格也，知识深远，则言行自然温雅而动人歆慕。盖是非之理，既已了然，则其发于言行者，自无所凝滞，所谓诚于中形于外也。彼知识不足者，目能睹日月，而不能见理义之光；有物质界之感触，而无精神界之欣合，有近忧而无远虑。胸襟之隘如是，其言行又乌能免于卑陋欤？

知识与国家之关系

知识之启发也，必由修学。修学者，务博而精者也。自人文进化，而国家之贫富强弱，与其国民学问之深浅为比例。彼欧美诸国，所以日辟百里，虎视一世者，实由其国中硕学专家，以理学工学之知识，开殖产兴业之端，锲而不已，成此实效。是故文明国所恃以竞争者，非武力而智力也。方今海外各国，交际频繁，智力之竞争，日益激烈。为国民者，乌可不勇猛精进，旁求知识，以造就为国家有用之才乎？

耐久　物愈贵得愈难

修学之道有二：曰耐久；曰爱时。

锦绣所以饰身也，学术所以饰心也。锦绣之美，有时而敝；学术之益，终身享之，后世诵之，其可贵也如此。凡物愈贵，则得之愈难，曾学术之贵，而可以浅涉得之乎？是故修学者，不可以不耐久。

古今硕学之耐久

凡少年修学者，其始鲜或不勤，未几而惰气乘之，有不暇自省其功候之如何，而咨嗟于学业之难成者。岂知古今硕学，大抵抱非常之才，而又能精进不已，始克抵于大成，况在寻常之人，能不劳而获乎？而不能耐久者，乃欲以穷年莫殚之功，责效于旬日，见其未效，则中道而废，如弃敝屣然。如是，则虽薄技微能，为庸众所可跂者，亦且百涉而无一就，况于专门学艺，其理义之精深，范围之博大，非专心致志，不厌不倦，必不能窥其涯涘，而乃卤莽灭裂，欲一蹴而几之，不亦妄乎？

爱时

庄生有言：吾生也有涯，而知也无涯，夫以有涯之生，修无涯之学，固常苦不及矣。自非惜分寸光阴，不使稍縻于无益，鲜有能达其志者。故学者尤不可以不爱时。

朱子之言

少壮之时，于修学为宜，以其心气尚虚，成见不存也。及是时而勉之，所积之智，或其终身应用而有余。否则以有用之时间，养成放僻之习惯，虽中年悔悟，痛自策励，其所得盖亦仅矣。朱子有言曰：勿谓今日不学而有来日；勿谓今年不学而有来年，日月逝矣，岁不延吾，呜呼老矣，是谁之愆？其言深切著明，凡少年不可不三复也。

盗时之贼

时之不可不爱如此，是故人不特自爱其时，尤当为人爱时。尝有诣友终日，游谈不经，荒其职业，是谓盗时之贼，学者所宜戒也。

读书为有效

修学者，固在入塾就师，而尤以读书为有效。盖良师不易得，借令得之，而亲炙之时，自有际限，要不如书籍之惠我无穷也。

读书宜择有益者

人文渐开，则书籍渐富，历代学者之著述，汗牛充栋，固非一人之财力所能尽致，而亦非一人之日力所能遍读，故不可不择其有益于我者而读之。读无益之书，与不读等，修学者宜致意焉。

修普通学者以课程为本　修专门学者当择合程度之书

凡修普通学者，宜以平日课程为本，而读书以助之。苟课程所受，研究未完，而漫焉多读杂书，虽则有所得，亦泛滥而无归宿。且课程以外之事，亦有先后之序，此则修专门学者，尤当注意。苟不自量其知识之程度，取高远之书而读之，以不知为知，沿讹袭谬，有损而无益，即有一知半解，沾沾自喜，而亦终身无会通之望矣。夫书无高卑，苟了彻其义，则虽至卑近者，亦自有无穷之兴味。否则徒震于高尚之名，而以不求甚解者读之，何益？行远自迩，登高自卑，读书之道，亦犹是也。未见之书，询于师友而抉择之，则自无不合程度之虑矣。

朋友之益

修学者得良师，得佳书，不患无进步矣。而又有资于朋友，休沐之日，同志相会，凡师训所未及者，书义之可疑者，各以所见，讨论而阐发之，其互相为益者甚大。有志于学者，其务择友哉。

非善疑不能得真信　真知识　怀疑之过

学问之成立在信，而学问之进步则在疑。非善疑者，不能得真信也。读古人之书，闻师友之言，必内按诸心，求其所以然之故。或不能得，则辗转推求，必逮心知其意，毫无疑义而后已，是之谓真知识。若乃人云亦云，而无独得之见解，则虽博闻多识，犹书篋耳，无所谓知识也。至若预存成见，凡他人之说，不求其所以然，而一切与之反对，则又怀疑之过，殆不知学问为何物者。盖疑义者，学问之作用，非学问之目的也。

修德

德性

人之所以异于禽兽者，以其有德性耳。当为而为之之谓德，为诸德之源；而使吾人以行德为乐者之谓德性。体力也，知能也，皆实行道德者之所资。然使不率之以德性，则犹有精兵而不以良将将之，于是刚强之体力，适以资横暴；卓越之知能，或以助奸恶，岂不惜软？

德性之基本，一言以蔽之曰：循良知。一举一动，循良知所指，而不挟一毫私意于其间，则庶乎无大过，而可以为有德之人矣。今略举德性之概要如下：

信义

德性之中，最普及于行为者，曰信义。信义者，实事求是，而不以利害生死之关系枉其道也。社会百事，无不由信义而成立。苟蔑弃信义之人，遍于国中，则一国之名教风纪，扫地尽矣。孔子曰："言忠信，行笃敬，虽蛮貊之邦行矣。"言信义之可尚也。人苟以信义接人，毫无自私自利之见，而推赤心于腹中，虽暴戾之徒，不敢忤焉。否则不顾理义，务挟诈术以遇人，则虽温厚笃实者，亦往往报我以无礼。西方之谚曰：正直者，上乘之机略。此之谓也。世尝有牢笼人心之伪君子，率不过取售一时，及一旦败露，则人亦不与之齿矣。

妄语

人信义之门，在不妄语而无爽约。少年癖嗜新奇，往往背事理真相，而构造虚伪之言，冀以耸人耳目。行之既久，则虽非戏谑谈

156

笑之时，而不知不觉，动参妄语，其言遂不能取信于他人。盖其言真伪相半，是否之间，甚难判别，诚不如不信之为愈也。故妄语不可以不戒。

爽约　意久之爽约　通信以解约　立约宜慎

凡失信于发言之时者为妄语，而失信于发言以后为爽约。二者皆丧失信用之道也。有约而不践，则与之约者，必致糜费时间，贻误事机，而大受其累。故其事苟至再至三，则人将相戒不敢与共事矣。如是，则虽置身人世，而枯寂无聊，直与独栖沙漠无异，非自苦之尤乎？顾世亦有本无爽约之心，而迫于意外之事，使之不得不如是者。如与友人有游散之约，而猝遇父兄罹疾，此其轻重缓急之间，不言可喻，苟舍父兄之急，而局局于小信，则反为悖德，诚不能弃此而就彼。然后起之事，苟非促促无须臾暇者，亦当通信于所约之友，而告以其故，斯则虽不践言，未为罪也。又有既经要约，旋悟其事之非理，而不便遂行者，亦以解约为是。此其爽约之罪，乃原因于始事之不慎。故立约之初，必确见其事理之不谬，而自审材力之所能及，而后决定焉。中庸曰："言顾行，行顾言。"此之谓也。

慎言

言为心声，而人之处世，要不能称心而谈，无所顾忌，苟不问何地何时，与夫相对者之为何人，而辄以己意喋喋言之，则不免取厌于人。且或炫己之长，揭人之短，则于己既为失德，于人亦适以招怨。至乃讦人阴私，称人旧恶，使听者无地自容，则言出而祸随者，比比见之。人亦何苦逞一时之快，而自取其咎乎？

恭俭

交际之道，莫要于恭俭。恭俭者，不放肆，不僭滥之谓也。人间积不相能之故，恒起于一时之恶感，应对酬酢之间，往往有以傲慢之容色，轻薄之辞气，而激成凶隙者。在施者未必有意以此侮人，而要其平日不恭不俭之习惯，有以致之。欲矫其弊，必循恭俭，事尊长，交朋友，所不待言。而于始相见者，尤当注意。即其人过失昭著而不受尽言，亦不宜以意气相临，第和色以谕之，婉言以导之，赤心以感动之，如是而不从者鲜矣。不然，则倨傲偃蹇，君子以为不可与言，而小人以为鄙己，蓄怨积愤，鲜不藉端而开衅者，是不可以不慎也。

恭俭所以保声名富贵

不观事父母者乎？婉容愉色以奉朝夕，虽食不重肉，衣不重帛，父母乐之；或其色不愉，容不婉，虽锦衣玉食，未足以悦父母也。交际之道亦然，苟容貌辞令，不失恭俭之旨，则其他虽简，而人不以为忤，否则即铺张扬厉，亦无效耳。

名位愈高，则不恭不俭之态易萌，而及其开罪于人也，得祸亦尤烈。故恭俭者，即所以长保其声名富贵之道也。

卑屈　谦逊

恭俭与卑屈异。卑屈之可鄙，与恭俭之可尚，适相反焉。盖独立自主之心，为人生所须臾不可离者。屈志枉道以迎合人，附和雷同，阉然媚世，是皆卑屈，非恭俭也。谦逊者，恭俭之一端，而要其人格之所系，则未有可以受屈于人者。宜让而让，宜守而守，则恭俭者所有事也。

礼仪

礼仪，所以表恭俭也，而恭俭则不仅在声色笑貌之间，诚意积于中，而德辉发于外，不可以伪为也。且礼仪与国俗及时世为推移，其意虽同，而其迹或大异，是亦不可不知也。

恭俭之要，在能容人。人心不同，苟以异己而辄排之，则非合群之道矣。且人非圣人，谁能无过？过而不改，乃成罪恶。逆耳之言，尤当平心而察之，是亦恭俭之效也。

交友

朋友之关系

人情喜群居而恶离索，故内则有家室，而外则有朋友。朋友者，所以为人损痛苦而益欢乐者也。虽至快之事，苟不得同志者共赏之，则其趣有限；当抑郁无聊之际，得一良友慰其寂寞，而同其忧戚，则胸襟豁然，前后殆若两人。至于远游羁旅之时，兄弟戚族，不遑我顾，则所需于朋友者尤切焉。

朋友相规

朋友者，能救吾之过失者也。凡人不能无偏见，而意气用事，则往往不遑自返，斯时得直谅之友，忠告而善导之，则有憬然自悟其非者，其受益孰大焉。

朋友相助

朋友又能成人之善而济其患。人之营业，鲜有能以独力成之者，方今交通利便，学艺日新，通功易事之道愈密，欲兴一业，尤不能不合众志以成之。则所需于朋友之助力者，自因之而益广。至于猝遇疾病，或值变故，所以慰藉而保护之者，自亲戚家人而外，非朋友其谁望耶？

朋友之有益于我也如是。西哲以朋友为在外之我，洵至言哉。人而无友，则虽身在社会之中，而胸中之岑寂无聊，曾何异于独居沙漠耶？

择交宜慎

古人有言，不知其人，观其所与。朋友之关系如此，则择交不可以不慎也。凡朋友相识之始，或以乡贯职业，互有关系；或以德行才器，素相钦慕，本不必同出一途。而所以订交者，要不为一时得失之见，而以久要不渝为本旨。若乃任性滥交，不顾其后，无端而为胶漆，无端而为冰炭，则是以交谊为儿戏耳。若而人者，终其身不能得朋友之益矣。

信义

既订交矣，则不可以不守信义。信义者，朋友之第一本务也。苟无信义，则猜忌之见，无端而生，凶终隙末之事，率起于是。惟信义之交，则无自而离间之也。

规谏朋友之道　听朋友之规劝

朋友有过，宜以诚意从容而言之，即不见从，或且以非理加我，则亦姑恕宥之，而徐俟其悔悟。世有历数友人过失，不少假借，或因而愤争者，是非所以全友谊也。而听言之时，则虽受切直之言，或非人所能堪，而亦当温容倾听，审思其理之所在，盖不问其言之得当与否，而其情要可感也。若乃自讳其过而忌直言，则又何异于讳疾而忌医耶？

经营实业从借朋友　讨论学问必借朋友

夫朋友有成美之益，既如前述，则相为友者，不可以不实行其义。有如农工实业，非集巨资合群策不能成立者，宜各尽其能力之所及，协而图之。及其行也，互持契约，各守权限，无相诈也，无相诿也，则彼此各享其利矣。非特实业也，学问亦然。方今文化大开，各科学术，无不理论精微，范围博大，有非一人之精力所能周者。且分科至繁，而其间乃互有至密之关系。若专修一科，而不及其他，则孤陋而无藉，合各科而兼习焉，则又泛滥而无所归宿，是以能集同志之友，分门治之，互相讨论，各以其所长相补助，则学业始可抵于大成矣。

共患难

虽然，此皆共安乐之事也，可与共安乐，而不可与共患难，非朋友也。朋友之道，在扶困济危，虽自掷其财产名誉而不顾。否则如柳子厚所言，平日相征逐、相慕悦，誓不相背负；及一旦临小利害若毛发，辄去之若浼者，人生又何贵有朋友耶？

屈私从公

朋友如有悖逆之征，则宜尽力谏阻，不可以交谊而曲徇之。又如职司所在，公而忘私，亦不得以朋友之请谒若关系，而有所假借。申友谊而屈公权，是国家之罪人也。朋友之交，私德也；国家之务，公德也。二者不能并存，则不能不屈私德以从公德。此则国民所当服膺者也。

从师

欲成才德必须从师

凡人之所以为人者，在德与才。而成德达才，必有其道。经验，一也；读书，二也；从师受业，三也。经验为一切知识及德行之渊源，而为之者，不可不先有辨别事理之能力。书籍记远方及古昔之事迹，及各家学说，大有裨于学行，而非粗谙各科大旨，及能甄别普通事理之是非者，亦读之而茫然。是以从师受业，实为先务。师也者，授吾以经验及读书之方法，而养成其自由抉择之能力者也。

师代父母任教育

人之幼也，保育于父母。及稍长，则苦于家庭教育之不完备，乃入学亲师。故师也者，代父母而任教育者也。弟子之于师，敬之爱之，而从顺之，感其恩勿谖，宜也。自师言之，天下至难之事，无过于教育。何则？童子未有甄别是非之能力，一言一动，无不赖其师之诱导，而养成其习惯，使其情绪思想，无不出于纯正者，师之责也。他日其人之智德如何，能造福于社会及国家否，为师者不能不任其责。是以其职至劳，其虑至周，学者而念此也，能不感其恩而图所以报答之者乎？

信从师教

弟子之事师也，以信从为先务。师之所授，无一不本于造就弟子之念，是以见弟子之信从而勤勉也，则喜，非自喜也，喜弟子之可以造就耳。盖其教授之时，在师固不能自益其知识也。弟子念教育之事，非为师而为我，则自然笃信其师，而尤不敢不自勉矣。

弟子知识稍进，则不宜事事待命于师，而常务自修，自修则学问始有兴趣，而不至畏难，较之专恃听授者，进境尤速。惟疑之处，不可武断，就师而质焉可也。

从师者事半功倍

弟子之于师，其受益也如此，苟无师，则虽经验百年，读书万卷，或未必果有成效。从师者，事半而功倍者也。师之功，必不可忘，而人乃以为区区修脯已足偿之，若购物于市然。然则人子受父母之恩，亦以服劳奉养为足偿之耶？为弟子者，虽毕业以后，而敬爱其师，无异于受业之日，则庶乎其可矣。

第二章　家族

总论

人与人相接之道　增进各人之幸福

凡修德者，不可以不实行本务。本务者，人与人相接之道也。是故子弟之本务曰孝悌，夫妇之本务曰和睦。为社会之一人，则以信义为本务；为国家之一民，则以爱国为本务。能恪守种种之本务，而无或畔焉，是为全德。修己之道，不能舍人与人相接之道而求之也。道德之效，在本诸社会国家之兴隆，以增进各人之幸福。故吾之幸福，非吾一人所得而专，必与积人而成之家族，若社会，若国家，相待而成立，则吾人于所以处家族社会及国家之本务，安得不视为先务乎？

以家族社会国家之幸福为幸福

有人于此，其家族不合，其社会之秩序甚乱，其国家之权力甚衰，若而人者，独可以得幸福乎？内无天伦之乐，外无自由之权，凡人生至要之事，若生命，若财产，若名誉，皆岌岌不能自保，若而人者，尚可以为幸福乎？于是而言幸福，非狂则奸，必非吾人所愿也。然则吾人欲先立家族社会国家之幸福，以成吾人之幸福，其道如何？无他，在人人各尽其所以处家族社会及国家之本务而已。是故接人之道，必非有妨于吾人之幸福，而适所以成之，则吾人修己之道，又安得外接入之本务而求之耶？

家族社会　国家

接人之本务有三别：一，所以处于家族者；二，所以处于社会者；三，所以处于国家者。是因其范围之大小而别之。家族者，父子兄弟夫妇之伦，同处于一家之中者也。社会者，不必有宗族之系，而惟以休戚相关之人集成之者也。国家者，有一定之土地及其人民，而以独立之主权统治之者也。吾人处于其间，在家则为父子，为兄弟，为夫妇，在社会则为公民，在国家则为国民，此数者，各有应尽之本务，并行而不悖，苟失其一，则其他亦受其影响，而不免有遗憾焉。

虽然，其事实虽同时并举，而言之则不能无先后之别。请先言处家族之本务，而后及社会、国家。

家族为社会国家之基本　家族与社会国家之关系

家族者，社会、国家之基本也。无家族，则无社会，无国家。故家族者，道德之门径也。于家族之道德，苟有缺陷，则于社会、国家之道德，亦必无纯全之望，所谓求忠臣必于孝子之门者此也。彼夫野蛮时代之社会，殆无所谓家族，即曰有之，亦复父子无亲，长幼无序，夫妇无别。以如是家族，而欲其成立纯全之社会及国家，必不可得。蔑伦背理，盖近于禽兽矣。吾人则不然，必先有一纯全之家族，父慈子孝，兄友弟悌，夫义妇和，一家之幸福，无或不足。由是而施之于社会，则为仁义，由是而施之于国家，则为忠爱。故家族之顺戾，即社会之祸福、国家之盛衰所由生焉。

不爱家则不能爱国

家族者，国之小者也。家之所在，如国土然，其主人如国之有元首，其子女什从，犹国民焉，其家族之系统，则犹国之历史也。若夫不爱其家，不尽其职，则又安望其能爱国而尽国民之本务耶？

家族之幸福即社会国家之幸福

凡人生之幸福，必生于勤勉，而吾人之所以鼓舞其勤勉者，率在对于吾人所眷爱之家族，而有增进其幸福之希望。彼夫非常之人，际非常之时，固有不顾身家以自献于公义者，要不可以责之于人人。吾人苟能亲密其家族之关系，而养成相友相助之观念，则即所以间接而增社会、国家之幸福者矣。

家族三伦

凡家族所由成立者，有三伦焉，　口亲了，二口大妇，三曰兄弟姊妹。三者各有其本务，请循序而言之。

子女

无父母则无身

凡人之所贵重者，莫身若焉。而无父母，则无身。然则人子于父母，当何如耶？

保护胎儿之劬劳　保护婴儿之劬劳　父母终身为子劬劳

父母之爱其子也，根于天性，其感情之深厚，无足以尚之者。子之初娠也，其母为之不敢顿足，不敢高语，选其饮食，节其举动，无时无地，不以有妨于胎儿之康健为虑。及其生也，非受无限之劬劳以保护之，不能全其生。而父母曾不以是为烦，饥则忧其食之不饱，饱则又虑其太过；寒则恐其凉，暑则惧其暍。不惟此也，虽婴儿之一啼一笑，亦无不留意焉，而同其哀乐。及其稍长，能匍匐也，则望其能立；能立也，则又望其能行。及其六七岁而进学校也，则望其日有精进。时而罹疾，则呼医求药，日夕不遑，而不顾其身之因而衰弱。其子远游，或日暮而不归，则倚门而望之，惟祝其身之无恙。及其子之毕业于普通教育，而能营独立之事业也，则尤关切于其成败。其业之隆，父母与喜；其业之衰，父母与忧焉。盖终其身无不为子而劬劳者。呜呼！父母之恩，世岂有足以比例之者哉！

世人于一饭之恩，且图报焉；父母之恩如此，将何以报之乎？

惟人类能孝亲　人类之长成最难

事父母之道，一言以蔽之，则曰孝。亲之爱子，虽禽兽犹或能之，而子之孝亲，则独见于人类。故孝者，即人之所以为人者也。盖历久而后能长成者，惟人为最。其他动物，往往生不及一年，而能独立自营，其沐恩也不久，故子之于亲，其本务亦随之而轻。人类则否，其受亲之养护也最久，所以劳其亲之身心者亦最大，然则对于其亲之本务，亦因而重大焉，是自然之理也。

且夫孝者，所以致一家之幸福者也。一家犹一国焉，家有父母，如国有元首，元首统治一国，而人民不能从顺，则其国必因而衰弱；父母统治一家，而子女不尽孝养，则一家必因而乖戾。一家之中，亲子兄弟，日相阋而不已，则由如是之家族，而集合以为社会，为国家，又安望其协和而致治乎？

孝者百行之本

古人有言，孝者百行之本。孝道不尽，则其余殆不足观。盖人道莫大于孝，亦莫先于孝。以之事长则顺，以之交友则信。苟于凡事皆推孝亲之心以行之，则道德即由是而完。《论语》曰："其为仁人也孝弟，而好犯上者鲜矣。""君子务本，本立而道生。孝弟也者，其为仁之本与！"此之谓也。

然则吾人将何以行孝乎？孝道多端，而其要有四：曰顺；曰爱；曰敬；曰报德。

顺命

顺者，谨遵父母之训诲及命令也。然非不得已而从之也，必有诚恳欢欣之意以将之。盖人子之信其父母也至笃，则于其所训也，曰：是必适于德义；于其所戒也，曰：是必出于慈爱。以为吾遵父母之命，其必可以增进吾身之幸福无疑也，曾何所谓勉强者？彼夫父母之于子也，即遇其子之不顺，亦不能恝然置之，尚当多为指导之术，以尽父母之道，然则人子安可不以顺为本务者。世有悲其亲不慈者，率由于事亲之不得其道，其咎盖多在于子焉。

年幼时须顺命

子之幼也，于顺命之道，无可有异辞者，盖其经验既寡，知识不充，决不能循己意以行事。当是时也，于父母之训诲若命令，当悉去成见，而婉容愉色以听之，毋或有抗言，毋或形不满之色。及渐长，则自具辨识事理之能力，然于父母之言，亦必虚心而听之。其父母阅历既久，经验较多，不必问其学识之如何，而其言之切于实际，自有非青年所能及者。苟非有利害之关系，则虽父母之言，不足以易吾意，而吾亦不可以抗争。其或关系利害而不能不争也，则亦当和气怡色而善为之辞，徐达其所以不敢苟同于父母之意见，则始能无忤于父母矣。

年长亦须顺命

人子年渐长，智德渐备，处世之道，经验渐多，则父母之干涉之也渐宽，是亦父母见其子之成长而能任事，则渐容其自由之意志也。然顺之迹，不能无变通。而顺之意，则为人子所须臾不可离者。凡事必时质父母之意见，而求所以达之。自恃其才，悍然违父母之志而不顾者，必非孝子也。至于其子远离父母之侧，而临事无遑请命，抑或居官吏兵士之职，而不能以私情参与公义，斯则事势之不得已者也。

乱命不可从　父为子隐，子为父隐

人子顺亲之道如此，然亦有不可不变通者。今使亲有乱命，则人子不惟不当妄从，且当图所以谏阻之。知其不可为，以父母之命而勉从之者，非特自罹于罪，且因而陷亲于不义，不孝之大者也。若乃父母不幸而有失德之举，不密图补救，而辄暴露之，则亦非人子之道。孔子曰："父为子隐，子为父隐。"是其义也。

亲子之情发于天性

爱与敬，孝之经纬也。亲子之情，发于天性，非外界舆论，及法律之所强。是故亲之为其子，子之为其亲，去私克己，劳而无怨，超乎利害得失之表，此其情之所以为最贵也。本是情而发见者，曰爱曰敬，非爱则驯至于乖离；非敬则渐流于狎爱。爱而不敬，禽兽犹或能之，敬而不爱，亲疏之别何在？二者失其一，不可以为孝也。

能顺能爱能敬，孝亲之道毕乎？曰：未也。孝子之所最尽心者，图所以报父母之德是也。

一生最大之恩在于父母　不报亲恩无异禽兽

受人之恩，不敢忘焉，而必图所以报之，是人类之美德也。而吾人一生最大之恩，实在父母。生之育之饮食之教诲之，不特吾人之生命及身体，受之于父母，即吾人所以得生存于世界之术业，其基本亦无不为父母所畀者，吾人乌能不日日铭感其恩，而图所以报答之乎？人苟不容心于此，则虽谓其等于禽兽可也。

子成长而父母衰劳　父母余年无几宜及时孝养

人之老也，余生无几，虽路人见之，犹起恻隐之心，况为子者，日见其父母老耄衰弱，而能无动于衷乎？昔也，父母之所以爱抚我者何其挚；今也，我之所以慰藉我父母者，又乌得而苟且乎？且父母者，随其子之成长而日即于衰老者也。子女增一日之成长，则父母增一日之衰老，及其子女有独立之业，而有孝养父母之能力，则父母之余年，固已无几矣。犹不及时而尽其孝养之诚，忽忽数年，父母已弃我而长逝，我能无抱终天之恨哉？

吾人所以报父母之德者有二道：一曰养其体；二曰养其志。

养体

养体者，所以图父母之安乐也。尽我力所能及，为父母调其饮食，娱其耳目，安其寝处，其他寻常日用之所需，无或缺焉而后可。夫人子既及成年，而尚缺口体之奉于其父母，固已不免于不孝，若乃丰衣足食，自恣其奉，而不顾父母之养，则不孝之尤矣。

侍奉父母事宜躬亲

父母既老，则肢体不能如意，行止坐卧，势不能不待助于他人，人子苟可以自任者，务不假手于婢仆而自任之。盖同此扶持抑搔之事，而出于其子，则父母之心尤为快足也。父母有疾，苟非必不得已，则必亲侍汤药。回思幼稚之年，父母之所以鞠育我者，劬劳如何，即尽吾力以为孝养，亦安能报其深恩之十一欤？为人子者，不可以不知此也。

养志

人子既能养父母之体矣，尤不可不养其志。父母之志，在安其心而无贻以忧。人子虽备极口体之养，苟其品性行为，常足以伤父母之心，则父母又何自而安乐乎？口体之养，虽不肖之子，苟有财力，尚能供之。至欲安父母之心而无贻以忧，则所谓一发言一举足而不敢忘父母，非孝子不能也。养体，末也；养志，本也。为人子者，其务养志哉。

保身

养志之道，一曰卫生。父母之爱子也，常祝其子之康强。苟其子孱弱而多疾，则父母重忧之。故卫生者，非独自修之要，而亦孝亲之一端也。若乃冒无谓之险，逞一朝之忿，以危其身，亦非孝子之所为。有人于此，虽赠我以至薄之物，我亦必郑重而用之，不辜负其美意也。我身者，父母之遗体。父母一生之劬劳，施于吾身者为多，然则保全之而摄卫之，宁非人子之本务乎？孔子曰："身体发肤，受之父母，不敢毁伤，孝之始也。"此之谓也。

立名　国之良民即家之孝子

虽然，徒保其身而已，尚未足以养父母之志。父母者，既欲其子之康强，又乐其子之荣誉者也。苟其子庸劣无状，不能尽其对于国家、社会之本务，甚或陷于非僻，以贻羞于其父母，则父母方愧愤之不遑，又何以得其欢心耶？孔子曰：事亲者，居上不骄，为下不乱，在丑不争。居上而骄则亡；为下而乱则刑；在丑而争则兵。不去此三者，虽日用三牲之养，犹不孝也。正谓此也。是故孝者，不限于家族之中，非于其外有立身行道之实，则不可以言孝。谋国不忠，莅官不敬，交友不信，皆不孝之一。至若国家有事，不顾其身而赴之，则虽杀其身而父母荣之。国之良民，即家之孝子。父母固以其子之荣誉为荣誉，而不愿其苟生以取辱者也。此养志之所以重于养体也。

翼赞父母之行为，而共其忧乐，此亦养志者之所有事也。故不问其事物之为何，苟父母之所爱敬，则己亦爱敬之；父母之所嗜好，则己亦嗜好之。

继志述事　显扬父母之名

凡此皆亲在之时之孝行也。而孝之为道，虽亲没以后，亦与有事焉。父母没，葬之以礼，祭之以礼；父母之遗言，没身不忘，且善继其志，善述其事，以无负父母。更进而内则尽力于家族之昌荣；外则尽力于社会、国家之业务，使当世称为名士伟人，以显扬其父母之名于不朽。必如是而孝道始完焉。

父母

父母之道

子于父母，固有当尽之本务矣，而父母之对于其子也，则亦有其道在。人子虽未可以此责善于父母，而凡为人子者，大抵皆有为父母之时，不知其道，则亦有贻害于家族、社会、国家而不自觉其非者。精于言孝，而忽于言父母之道，此亦一偏之见也。

父母之道虽多端，而一言以蔽之曰慈。子孝而父母慈，则亲子交尽其道矣。

溺爱非慈

慈者，非溺爱之谓，谓图其子终身之幸福也。子之所嗜，不问其邪正是非而辄应之，使其逞一时之快，而或贻百年之患，则不慈莫大于是。故父母之于子，必考察夫得失利害之所在，不能任自然之爱情而径行之。

养子教子为父母之本务

养子教子，父母第一之本务也。世岂有贵于人之生命者？生子而不能言之，或使陷于困乏中，是父母之失其职也。善养其子，以至其成立而能营独立之生计，则父母育子之职尽矣。

养子之道

父母既有养子之责，则其子身体之康强与否，亦父母之责也。卫生之理，非稚子所能知。其始生也，蠢然一小动物耳，起居无力，言语不辨，且不知求助于人，使非有时时保护之者，殆无可以生存之理。而保护之责，不在他人，而在生是子之父母，固不待烦言也。

教子之道

既能养子，则又不可以不教之。人之生也，智德未具，其所具者，可以吸受智德之能力耳。故幼稚之年，无所谓善，无所谓智，如草木之萌蘖然，可以循人意而矫揉之，必经教育而始成有定之品性。当其子之幼稚，而任教训指导之责者，舍父母而谁？此家庭教育之所以为要也。

家庭为人生最初之学校　善良之家庭为社会国家隆盛之本

家庭者，人生最初之学校也。一生之品性，所谓百变不离其宗者，大抵胚胎于家庭之中。习惯固能成性，朋友亦能染人，然较之家庭，则其感化之力远不及者。社会、国家之事业，繁矣，而成此事业之人物，孰非起于家庭中呱呱之小儿乎？虽伟人杰士，震惊一世之意见及行为，其托始于家庭中幼年所受之思想者，盖必不鲜。是以有为之士，非出于善良之家庭者，世不多有。善良之家庭，其社会、国家所以隆盛之本欤？

一生事业决于婴孩

幼儿受于家庭之教训，虽薄物细故，往往终其生而不忘。故幼儿之于长者，如枝干之于根本然。一日之气候，多定于崇朝；一生之事业，多决于婴孩。甚矣，家庭教育之不可忽也。

家庭之模范

家庭教育之道，先在善良其家庭。盖幼儿初离襁褓，渐有知觉，如去暗室而见白日然。官体之所感触，事事物物，无不新奇而可喜。其时经验既乏，未能以自由之意志，择其行为也。则一切取外物而摹仿之，自然之势也。当是时也，使其家庭中事事物物，凡萦绕幼儿之旁者，不免有腐败之迹，则此儿清洁之心地，遂纳以终身不磨之瑕玷。不然，其家庭之中，悉为敬爱正直诸德之所充，则幼儿之心地，又何自而被玷乎？有家庭教育之责者，不可不先正其模范也。

家庭教育之利害　宽严适中　为子择业

为父母者，虽各有其特别之职分，而尚有普通之职分，行止坐卧，无可以须臾离者，家庭教育是也。或择其业务，或定其居所，及其他言语饮食衣服器用，凡日用行常之间，无不考之于家庭教育之利害而择之。昔孟母教子，三迁而后定居，此百世之师范也。父母又当乘时机而为训诲之事。子有疑问，则必以真理答之，不可以荒诞无稽之言塞其责；其子既有辨别善恶是非之知识，则父母当监视而以时劝惩之，以坚其好善恶恶之性质。无失之过严，亦无过宽，约束与放任，适得其中而已。凡母多偏于慈，而父多偏于严。子之所以受教者偏，则其性质亦随之而偏。故欲养成中正之品性者，必使受宽严得中之教育也。其子渐长，则父母当相其子之材器，为之慎择职业，而时有以指导之。年少气锐者，每不遑熟虑以后之利害，而定目前之趋向，故于子女独立之始，知能方发，阅历未深，实为危险之期，为父母者，不可不慎监其所行之得失，而以时劝诫之。

夫妇

夫妇为人伦之始

国之本在家，家之本在夫妇。夫妇和，小之为一家之幸福，大之致一国之富强。古人所谓人伦之始，风化之源者，此也。

夫妇者，本非骨肉之亲，而配合以后，苦乐与共，休戚相关，遂为终身不可离之伴侣。而人生幸福，实在于夫妇好合之间。然则夫爱其妇，妇顺其夫，而互维其亲密之情义者，分也。夫妇之道苦，则一家之道德失其本，所谓孝悌忠信者，亦无复可望，而一国之道德，亦由是而颓废矣。

爱情

爱者，夫妇之第一义也。各舍其私利，而互致其情，互成其美，此则夫妇之所以为夫妇，而亦人生最贵之感情也。有此感情，则虽在困苦颠沛之中，而以同情者之互相慰藉，乃别生一种之快乐。否则感情既薄，厌忌嫉妒之念，乘隙而生，其名夫妇，而其实乃如路人，虽日处华臛之中，曾何有人生幸福之真趣耶？

婚姻之礼

夫妇之道，其关系如是其重也，则当夫妇配合之始，婚姻之礼，乌可以不慎乎！是为男女一生祸福之所系，一与之齐，终身不改焉。其或不得已而离婚，则为人生之大不幸，而彼此精神界，遂留一终身不灭之疮痍。人生可伤之事，孰大于是。

爱情非境遇所能移

婚姻之始，必本诸纯粹之爱情。以财产容色为准者，决无以持永久之幸福。盖财产之聚散无常，而容色则与年俱衰。以是为准，其爱情可知矣。纯粹之爱情，非境遇所能移也。

何谓纯粹之爱情？曰生于品性。男子之择妇也，必取其婉淑而贞正者；女子之择夫也，必取其明达而笃实者。如是则必能相信相爱，而构成良善之家庭矣。

夫妇分业　夫之本务　妻之本务　男妇性质不同　刚柔相济

既成家族，则夫妇不可以不分业。男女之性质，本有差别：男子体力较强，而心性亦较为刚毅；女子则体力较弱，而心性亦毗于温柔。故为夫者，当尽力以护其妻，无妨其卫生，无使过悴于执业，而其妻日用之所需，不可以不供给之。男子无养其妻之资力，则不宜结婚。既婚而困其妻于饥寒之中，则失为夫者之本务矣。女子之知识才能，大抵逊于男子，又以专司家务，而社会间之阅历，亦较男子为浅。故妻子之于夫，苟非受不道之驱使，不可以不顺从。而贞固不渝，忧乐与共，则皆为妻者之本务也。夫唱妇随，为人伦自然之道德。夫为一家之主，而妻其辅佐也，主辅相得，而家政始理。为夫者，必勤业于外，以赡其家族；为妻者，务整理内事，以辅其夫之所不及。是各因其性质之所近而分任之者。男女平权之理，即在其中。世之持平权说者，乃欲使男女均立于同等之地位，而执同等之职权，则不可通者也。男女性质之差别，第观于其身体结构之不同，已可概见：男子骨骼伟大，堪任力役，而女子则否；男子长于思想，而女子锐于知觉；男子多智力，而女子富感情；男子务进取，而女子喜保守。是以男子之本务，为保护，为进取，为劳动；而女子之本务，为辅佐，为谦让，为巽顺，是刚柔相济之理也。

生子以后，则夫妇即父母，当尽教育之职，以绵其家族之世系，而为社会、国家造成有为之人物。子女虽多，不可有所偏爱，且必预计其他日对于社会、国家之本务，而施以相应之教育。以子女为父母所自有，而任意虐遇之，或骄纵之者，是社会、国家之罪人，而失父母之道者也。

兄弟姊妹

兄弟姊妹之情

有夫妇而后有亲子，有亲子而后有兄弟姊妹。兄弟姊妹者，不惟骨肉关系，自有亲睦之情，而自其幼时提挈于父母之左右。食则同案，学则并几，游则同方，互相扶翼，若左右手然，又足以养其亲睦之习惯。故兄弟姊妹之爱情，自有非他人所能及者。

兄弟姊妹之爱情，亦如父母夫妇之爱情然，本乎天性，而非有利害得失之计较，杂于其中。是实人生之至宝，虽珠玉不足以易之，不可以忽视而放弃者也。是以我之兄弟姊妹，虽偶有不情之举，我必当宽容之，而不遽加以责备，常有因彼我责善，而伤手足之感情者，是尤不可不慎也。

兄弟姊妹之情不以异业异居而改

盖父母者，自其子女视之，所能朝夕与共者，半生耳。而兄弟姊妹则不然，年龄之差，远逊于亲子，休戚之关，终身以之。故兄弟姊妹者，一生之间，当无时而不以父母膝下之情状为标准者也。长成以后，虽渐离父母，而异其业，异其居，犹必时相过从，祸福相同，忧乐与共，如一家然。即所居悬隔，而岁时必互通音问，同胞之情，虽千里之河山，不能阻之。远适异地，而时得见爱者之音书，实人生之至乐。回溯畴昔相依之状，预计他日再见之期，友爱之情，有油然不能自已者矣。

弟妹之道　兄姊之道　兄弟姊妹不和则伤父母之心　家族不和国家亦受其害

兄姊之年，长于弟妹，则其智识经验，自较胜于幼者，是以为弟妹者，当视其兄姊为两亲之次，遵其教训指导而无敢违。虽在他人，幼之于长，必尽谦让之礼，况于兄姊耶？为兄姊者，于其弟妹，亦当助父母提撕劝诫之责，毋得挟其年长，而以暴慢恣睢之行施之。浸假兄姊凌其弟妹，或弟妹慢其兄姊，是不啻背于伦理，而彼此交受其害，且因而伤父母之心，以破一家之平和，而酿社会、国家之隐患。家之于国，如细胞之于有机体，家族不合，则一国之人心，必不能一致，人心离畔，则虽有亿兆之众，亦何以富强其国家乎？

兄弟贵于财产

昔西哲苏格拉底，见有兄弟不睦者而戒之曰："兄弟贵于财产。何则？财产无感觉，而兄弟有同情；财产赖吾人之保护，而兄弟则保护吾人者也。凡人独居，则必思群，何独疏于其兄弟乎？且兄弟非同其父母者耶？"不见彼禽兽同育于一区者，不尚互相亲爱耶？而兄弟顾不互相亲爱耶？其言深切著明，有兄弟者，可以鉴焉。

兄姊举动不可不慎

兄弟姊妹，日相接近，其相感之力甚大。人之交友也，习于善则善，习于恶则恶。兄弟姊妹之亲善，虽至密之朋友不能及焉，其习染之力何如耶？凡子弟不从父母之命，或以粗野侮慢之语对其长者，率由于兄弟姊妹间，素有不良之模范。故年长之兄姊，其一举一动，悉为弟妹所瞩目而摹仿，不可以不慎也。

兄弟对姊妹之本务　姊妹对兄弟之本务

兄弟之于姊妹，当任保护之责。盖妇女之体质既纤弱，而精神亦毗于柔婉，势不能不倚于男子。如昏夜不敢独行；即受谗诬，亦不能如男子之慷慨争辩，以申其权利之类是也。故姊妹未嫁者，助其父母而扶持保护之，此兄弟之本务也。而为姊妹者，亦当尽力以求有益于其兄弟。少壮之男子，尚气好事，往往有凌人冒险，以小不忍而酿巨患者，谏止之力，以姊妹之言为最优。盖女子之情醇笃，而其言尤为蕴藉，其所以杀壮年之客气者，较男子之抗争为有效也。兄弟姊妹能互相扶翼，如是，则可以同休戚而永续其深厚之爱情矣。

父母既没兄弟姊妹相待之道

不幸而父母早逝，则为兄姊者，当立于父母之地位，而抚养其弟妹。当是时也，弟妹之亲其兄姊，当如父母，盖可知也。

族戚及主仆

家族姻戚　处族戚之道

家族之中，既由夫妇而有父子，由父子而有兄弟姊妹，于是由兄弟之所生，而推及于父若祖若曾祖之兄弟，及其所生之子若孙，是谓家族。且也，兄弟有妇，姊妹有夫，其母家婿家，及父母以上凡兄弟之妇之母家，姊妹之婿家，皆为姻戚焉。既为族戚，则溯其原本，同出一家，较之无骨肉之亲，无葭莩之谊者，关系不同，交际之间，亦必视若家人，岁时不绝音问，吉凶相庆吊，穷乏相赈恤，此族戚之本务也。天下滔滔，群以利害得失为聚散之媒，而独于族戚间，尚互以真意相酬答，若一家焉，是亦人生之至乐也。

族戚之关系

人之于邻里，虽素未相识，而一见如故。何也？其关系密也。至于族戚，何独不然？族戚者，非惟一代之关系，而实祖宗以来历代之关系，即不幸而至流离颠沛之时，或朋友不及相救，故旧不及相顾，当此之时，所能援手者，非族戚而谁？然则平日之宜相爱相扶也明矣。

主仆之关系

仆之于主，虽非有肺腑之亲，然平日追随既久，关系之密切，次于家人，是故忠实驯顺者，仆役之务也；恳切慈爱者，主人之务也。

仆役之本务

为仆役者，宜终始一心，以从主人之命，不顾主人之监视与否，而心尽其职，且不以勤苦而有怏怏之状。同一事也，怡然而为之，则主人必尤为快意也。若乃挟诈慢之心以执事，甚或讦主人之阴事，以暴露于邻保，是则不义之尤者矣。

主人之本务

夫人莫不有自由之身体，及自由之意志，不得已而被役于人，虽有所取偿，然亦至可悯矣。是以为主人者，宜长存哀矜之心，使役有度，毋任意斥责，若犬马然。至于仆役佣资，即其人沽售劳力之价值，至为重要，必如约而界之。夫如是，主人善视其仆役，则仆役亦必知感而尽职矣。

仆役与子女之关系

仆役之良否，不特与一家之财政有关，且常与子女相驯。苟品性不良，则子女辄被其诱惑，往往有日陷于非僻而不觉者。故有仆役者，选择不可不慎，而监督尤不可不周。

自昔有所谓义仆者，常于食力以外，别有一种高尚之感情，与其主家相关系焉。或终身不去，同于家人；或遇其穷厄，艰苦共尝而不怨；或以身殉主自以为荣。有是心也，推之国家，可以为忠良之国民。虽本于其天性之笃厚，然非其主人信爱有素，则亦不足以致之。

第三章　社会

总论

社会　国家

凡趋向相同利害与共之人，集而为群，苟其于国家无直接之关系，于法律无一定之限制者，皆谓之社会。是以社会之范围，广狭无定，小之或局于乡里，大之则亘于世界，如所谓北京之社会，中国之社会，东洋之社会，与夫劳工社会，学者社会之属，皆是义也。人生而有合群之性，虽其种族大别，国土不同者，皆得相依相扶，合而成一社会，此所以有人类社会之道德也。然人类恒因土地相近种族相近者，建为特别之团体，有统一制裁之权，谓之国家，所以弥各种社会之缺憾，而使之互保其福利者也。故社会之范围，虽本无界限，而以受范于国家者为最多。盖世界各国，各有其社会之特性，而不能相融，是以言实践道德者，于人类社会，固有普通道德，而于各国社会，则又各有其特别之道德，是由于其风土人种习俗历史之差别而生者，而本书所论，则皆适宜于我国社会之道德也。

喜群之性不以家族为限

人之组织社会，与其组织家庭同，而一家族之于社会，则亦犹一人之于家族也。人之性，厌孤立而喜群居，是以家族之结合，终身以之。而吾人喜群之性，尚不以家族为限。向使局处家庭之间，与家族以外之人，情不相通，事无与共，则此一家者，无异在穷山荒野之中，而其家亦乌能成立乎？

体魄与社会之关系　精神与社会关系

盖人类之体魄及精神，其能力本不完具，非互相左右，则驯至不能生存。以体魄言之，吾人所以避风雨寒热之苦，御猛兽毒虫之害，而晏然保其生者，何一非社会之赐？以精神言之，则人苟不得已而处于孤立之境，感情思想，一切不能达之于人，则必有非常之苦痛，甚有因是而病狂者。盖人之有待于社会，如是其大也。且如语言文字之属，凡所以保存吾人之情智而发达之者，亦必赖社会之组织而始存。然则一切事物之关系于社会，盖可知矣。

报效社会

夫人食社会之赐如此，则人之所以报效于社会者当如何乎？

曰：广公益，开世务，建立功业，不顾一己之利害，而图社会之幸福，则可谓能尽其社会一员之本务者矣。盖公而忘私之心，于道德最为高尚，而社会之进步，实由于是。故观于一社会中志士仁人之多寡，而其社会进化之程度可知也。使人人持自利主义，而漠然于社会之利害，则其社会必日趋腐败，而人民必日就零落，卒至人人同被其害而无救，可不惧乎？

国家与社会之关系　道德与法律

社会之上，又有统一而制裁之者，是为国家。国家者，由独立之主权，临于一定之土地、人民，而制定法律以统治之者也。凡人既为社会之一员，而持社会之道德，则又为国家之一民，而当守国家之法律。盖道德者，本以补法律之力之所不及；而法律者，亦以辅道德之功之所未至，二者相须为用。苟悖于法律，则即为国家之罪人，而决不能援社会之道德以自护也。惟国家之本领，本不在社会。是以国家自法律范围以外，决不干涉社会之事业，而社会在不违法律之限，亦自有其道德之自由也。

人之在社会也，其本务虽不一而足，而约之以二纲：曰公义；曰公德。

公义　生命　购产　名誉

公义者，不侵他人权利之谓也。我与人同居社会之中，人我之权利，非有径庭，我既不欲有侵我之权利者，则我亦决勿侵人之权利。人与人互不相侵，而公义立矣。吾人之权利，莫重于生命财产名誉。生命者一切权利之本位，一失而不可复，其非他人之所得而侵犯，所不待言。财产虽身外之物，然人之欲立功名享福利者，恒不能徒手而得，必有借于财产。苟其得之以义，则即为其人之所当保守，而非他人所能干涉者也。名誉者，无形之财产，由其人之积德累行而后得之，故对于他人之谗诬污蔑，亦有保护之权利。是三者一失其安全，则社会之秩序，即无自而维持。是以国家特设法律，为吾人保护此三大权利。而吾人亦必尊重他人之权利，而不敢或犯。固为谨守法律之义务，抑亦对于社会之道德，以维持其秩序者也。

虽然，人仅仅不侵他人权利，则徒有消极之道德，而未足以尽对于社会之本务也。对于社会之本务，又有积极之道德，博爱是也。

博爱

博爱者，人生最贵之道德也。人之所以能为人者以此。苟其知有一身而不知有公家，知有一家而不知有社会，熟视其同胞之疾苦颠连，而无动于衷，不一为之援手，则与禽兽奚择焉？世常有生而废疾者，或有无辜而罹缧绁之辱者，其他鳏寡孤独、失业无告之人，所在多有，且文化渐开，民智益进，社会之竞争日烈，则贫富之相去益远，而世之素无凭借、因而沉沦者，与日俱增，此亦理势之所必然者也。而此等沉沦之人，既已日趋苦境，又不敢背戾道德法律之束缚，以侵他人之权利，苟非有赈济之者，安得不束手就毙乎？夫既同为人类，同为社会之一员，不忍坐视其毙而不救，于是本博爱之心，而种称〔种〕慈善之业起焉。

图公益开世务

博爱可以尽公德乎？未也。赈穷济困，所以弥缺陷，而非所以求进步；所以济目前，而非所以图久远。夫吾人在社会中，决不以目前之福利为已足也，且目前之福利，本非社会成立之始之所有，实吾辈之祖先，累代经营而驯致之，吾人既已沐浴祖先之遗德矣，顾不能使所承于祖先之社会，益臻完美，以遗诸子孙，不亦放弃吾人之本务乎？是故人在社会，又当各循其地位，量其势力，而图公益，开世务，以益美善其社会。苟能以一人而造福于亿兆，以一生而遗泽于百世，则没世而功业不朽，虽古之圣贤，蔑以加矣。

公义公德不可偏废

夫人既不侵他人权利，又能见他人之穷困而救之，举社会之公益而行之，则人生对于社会之本务，始可谓之完成矣。吾请举孔子之言以为证。孔子曰："己所不欲，勿施于人。"又曰："己欲立而立人，己欲达而达人。"是二者，一则限制人，使不可为；一则劝导人，使为之。一为消极之道德，一为积极之道德。一为公义，一为公德，二者不可偏废。我不欲人侵我之权利，则我亦慎勿侵人之权利，斯己所不欲勿施于人之义也。我而穷也，常望人之救之，我知某事之有益于社会，即有益于我，而力或弗能举也，则望人之举之，则吾必尽吾力所能及，以救穷人而图公益，斯即欲立而立人、欲达而达人之义也。二者，皆道德上之本务，而前者又兼为法律上之本务。人而仅欲不为法律上之罪人，则前者足矣；如欲免于道德上之罪，又不可不躬行后者之言也。

生命

生命为一世权利义务之基本

人之生命，为其一切权利义务之基本。无端而杀之，或伤之，是即举其一切之权利义务而悉破坏之，罪莫大焉。是以杀人者死，古今中外之法律，无不著之。

正当之防卫

人与人不可以相杀伤，设有横暴之徒，加害于我者，我岂能坐受其害？势必尽吾力以为抵制，虽亦用横暴之术而杀之伤之，亦为正当之防卫。正当之防卫，不特不背于严禁杀伤之法律，而适所以保全之也。盖彼之欲杀伤我也，正所以破坏法律，我苟束手听命，以至自丧其生命，则不特我自放弃其权利，而且坐视法律之破坏于彼，而不尽吾力以相救，亦我之罪也。是故以正当之防卫而至于杀伤人，文明国之法律，所不禁也。

正当防卫为不得已　刑罚之权属于国家

以正当之防卫，而至于杀伤人，是出于不得已也。使我身既已保全矣，而或余怒未已，或挟仇必报，因而杀伤之，是则在正当防卫之外，而我之杀伤为有罪。盖一人之权利，即以其一人利害之关系为范围，过此以往，则制裁之任在于国家矣。犯国家法律者，其所加害，虽或止一人，而实负罪于全社会。一人即社会之一分子，一分子之危害，必有关于全体之平和，犹之人身虽仅伤其一处，而即有害于全体之健康也。故刑罚之权，属于国家，而非私人之所得与。苟有于正当防卫之外，而杀伤人者，国家亦必以罪罪之，此不独一人之私怨也，即或借是以复父兄戚友之仇，亦为徇私情而忘公义，今世文明国之法律多禁之。

决斗之野蛮

决斗者，野蛮之遗风也。国家既有法律以断邪正，判曲直，

186

而我等乃以一己之私愤，决之于格斗；是直彼此相杀而已，岂法律之所许乎？且决斗者，非我杀人，即人杀我，使彼我均为放弃本务之人。而求其缘起，率在于区区之私情，如〔且〕其一胜一败，亦非曲直之所在，而视乎其技术之巧拙，此岂可与法律之裁制同日而语哉？

法律亦有杀人之事，大辟是也。大辟之可废与否，学者所见，互有异同。今之议者，以为今世文化之程度，大辟之刑，殆未可以全废。盖刑法本非一定，在视文化之程度而渐改革之。故昔日所行之刑罚，有涉于残酷者，诚不可以不改，而悉废死刑之说，尚不能不有待也。

征战为国家正当防卫

因一人之正当防卫而杀伤人，为国家法律所不禁，则以国家之正当防卫而至于杀伤人，亦必为国际公法之所许，盖不待言，征战之役是也。兵凶战危，无古今中外，人人知之，而今之持社会主义者，言之尤为痛切。然坤舆之上，既尚有国界，各国以各图其国民之利益，而不免与他国相冲突，冲突既剧，不能取决于樽俎之间，而决之以干戈，则其国民之躬与兵役者，发枪挥刃，以杀伤敌人，非特道德法律皆所不禁，而实出于国家之命令，且出公款以为之准备者也。惟敌人之不与战役，或战败而降服者，则虽在两国开战之际，亦不得辄加以危害，此著之国际公法者也。

财产

财产之重次于生命

夫生命之可重，既如上章所言矣。然人固不独好生而已，必其生存之日，动作悉能自由，而非为他人之傀儡，则其生始为可乐，于是财产之权起焉。盖财产者，人所辛苦经营所得之，于此无权，则一生勤力，皆为虚掷，而于己毫不相关，生亦何为？且人无财产权，则生计必有时不给，而生命亦终于不保。故财产之可重，次于生命，而盗窃之罪，次于杀伤，亦古今中外之所同也。

财产之可重如此，然则财产果何自而始乎？其理有二：曰先占；曰劳力。

先占

有物于此，本无所属，则我可以取而有之。何则？无主之物，我占之，而初非有妨于他人之权利也，是谓先占。

先占以劳力为基本

先占者，劳力之一端也。田于野，渔于水，或发见无人之地而占之，是皆属于先占之权者，虽其事难易不同，而无一不需乎劳力。故先占之权，亦以劳力为基本，而劳力即为一切财产权所由生焉。

凡不待劳力而得者，虽其物为人生所必需，而不得谓之财产。如空气弥纶大地，任人呼吸，用之而不竭，故不可以为财产。至于山禽野兽，本非有畜牧之者，故不属于何人，然有人焉捕而获之，则得据以为财产，以其为劳力之效也。其他若耕而得粟，制造而得器，其须劳力，便不待言，而一切财产之权，皆循此例矣。

购产权

财产者，所以供吾人生活之资，而俾得尽力于公私之本务者也。而吾人之处置其财产，且由是而获赢利，皆得自由，是之谓财产权。财产权之确定与否，即国之文野所由分也。盖此权不立，则横敛暴夺之事，公行于社会，非特无以保秩序而进幸福，且足以阻人民勤勉之心，而社会终于堕落也。

财产权之规定，虽恃乎法律，而要非人人各守权限，不妄侵他人之所有，则亦无自而确立，此所以又有道德之制裁也。

财产蓄积之权　财产遗赠之权

人既得占有财产之权，则又有权以蓄积之而遗赠之，此自然之理也。蓄积财产，不特为己计，且为子孙计，此亦人情敦厚之一端也。苟无蓄积，则非特无以应意外之需，所关于己身及子孙者甚大，且使人人如此，则社会之事业，将不得有力者以举行之，而进步亦无望矣。遗赠之权，亦不过实行其占有之权。盖人以己之财产遗赠他人，无论其在生前，在死后，要不外乎处置财产之自由，而家产世袭之制，其理亦同。盖人苟不为子孙计，则其所经营积蓄者，及身而止，无事多求，而人顾毕生勤勉，丰取啬用，若不知止足者，无非为子孙计耳。使其所蓄不得遗之子孙，则又谁乐为勤俭者？此即遗财产之权之所由起，而其他散济戚友捐助社会之事，可以例推矣。

财产权之所由得，或以先占，或以劳力，或以他人之所遗赠，虽各不同，而要其权之不可侵则一也。是故我之财产，不愿为他人所侵，则他人之财产，我亦不得而侵之，此即对于财产之本务也。

关于财产之本务有四：一曰，关于他人财产直接之本务；二曰，关于贷借之本务；三曰，关于寄托之本务；四曰，关于市易之本务。

诱取财物　貌为廉洁　阴占厚利

盗窃之不义，虽三尺童子亦知之，而法律且厉禁之矣。然以道德衡之，则非必有穿窬劫掠之迹，而后为盗窃也。以虚伪之术，诱取财物，其间或非法律所及问，而揆诸道德，其罪亦同于盗窃。又有貌为廉洁，而阴占厚利者，则较之窃盗之辈，迫于饥寒而为之者，其罪尤大矣。

假贷　通财之义

人之所得，不必与其所需者时时相应，于是有借贷之法，有无相通，洵人生之美事也。而有财之人，本无必应假贷之义务，故假贷于人而得其允诺，则不但有偿还之责任，而亦当感谢其恩意。且财者，生利之具，以财贷人，则并其贷借期内可生之利而让之，故不但有要求偿还之权，而又可以要求适当之酬报。而贷财于人者，既凭借所贷，而享若干之利益，则割其一部分以酬报于贷我者，亦当尽之本务也。惟利益之多寡，随时会而有赢缩，故要求酬报者，不能无限。世多有乘人困迫，而胁之以过当之息者，此则道德界之罪人矣。至于朋友亲戚，本有通财之义，有负债者，其于感激报酬，自不得不引为义务，而以财贷之者，要不宜计较锱铢，以流于利交之陋习也。

贷财宜守期限

凡贷财于人者，于所约偿还之期，必不可以不守也。或有仅以偿还及报酬为负债者之本务，而不顾其期限者，此谬见也。例如学生假师友之书，期至不还，甚或转假于他人，则驯致不足以取信，而有书者且以贷借于人相戒，岂非人己两妨者耶？

保守他人财物尤宜慎重

受人之嘱而为之保守财物者，其当慎重，视己之财物为尤甚，苟非得其人之预约，及默许，则不得擅用之。自天灾时变非人力所能挽救外，苟有损害，皆保守者之责，必其所归者，一如其所授，而后保守之责为无忝。至于保守者之所费，与其当得之酬报，则亦物主当尽之本务也。

市易　正直

人类之进化，由于分职通功，而分职通功之所以行，乃基本于市易。故市易者，大有造于社会者也。然使为市易者，于货物之精粗，价值之低昂，或任意居奇，或乘机作伪，以为是本非法律所规定也，而以商贾之道德绳之，则其事已谬。且目前虽占小利而顿失其他日之信用，则所失正多。西谚曰：正直者，上乘之策略。洵至言也。

人于财产，有直接之关系，自非服膺道义恪守本务之人，鲜不为其所诱惑，而不知不觉，躬犯非义之举。盗窃之罪，律有明文，而清议亦复綦严，犯者尚少。至于贷借寄托市易之属，往往有违信背义，以占取一时之利者，斯则今之社会，不可不更求进步者也。大财物之当与人者，宜不待其求而与之，而不可取者，虽见赠小不得受，一则所以重人之财产，而不敢侵；一则所以守己之本务，而无所歉。人人如是，则社会之福利，宁有量欤？

名誉

精神之嗜欲

人类者，不徒有肉体之嗜欲也，而又有精神之嗜欲。是故饱暖也，富贵也，皆人之所欲也，苟所得仅此而已，则人又有所不足，是何也？曰：无名誉。

爱重名誉　杀身成名

豹死留皮，人死留名，言名誉之不朽也。人既有爱重名誉之心，则不但宝之于生前，而且欲传之于死后，此即人所以异于禽兽。而名誉之可贵，乃举人人生前所享之福利，而无足以尚之，是以古今忠孝节义之士，往往有杀身以成其名者，其价值之高为何如也。

名誉难得

夫社会之中，所以互重生命财产而不敢相侵者，何也？曰：此他人正当之权利也。而名誉之所由得，或以天才，或以积瘁，其得之之难，过于财产，而人之所爱护也，或过于生命。苟有人焉，无端而毁损之，其与盗人财物、害人生命何异？是以生命、财产、名誉三者，文明国之法律，皆严重保护之。惟名誉为无形者，法律之制裁，时或有所不及，而爱重保护之本务，乃不得不偏重于道德焉。

名誉之敌有二：曰谗诬；曰诽谤。二者，皆道德界之大罪也。

谗诬甚于盗窃

谗诬者，虚造事迹，以污蔑他人名誉之谓也。其可恶盖甚于盗窃。被盗者，失其财物而已；被谗诬者，或并其终身之权利而胥失之。流言一作，虽毫无根据，而妒贤嫉才之徒，率喧传之，举世靡然，将使公平挚实之人，亦为其所惑，而不暇详求，则其人遂为众恶之的，而无以自立于世界。古今有为之才，被谗诬之害，以至名败身死者，往往而有，可不畏乎？

诽谤为君子所不为

诽谤者，乘他人言行之不检，而轻加以恶评者也。其害虽不如谗诬之甚，而其违公义也同。吾人既同此社会，利害苦乐，靡不相关，成人之美而救其过，人人所当勉也。见人之短，不以恳挚之意相为规劝，而徒讥评之以为快，又或乘人不幸之时，而以幸灾乐祸之态，归咎于其人，此皆君子所不为也。且如警察官吏，本以抉发隐恶为职，而其权亦有界限，若乃不在其职，而务讦人隐私，以为谈笑之资，其理何在？至于假托公益，而为诽谤，以逞其娼嫉之心者，其为悖戾，更不待言矣。

谗诬诽谤之施于死者　断定之宜慎

世之为谗诬诽谤者，不特施之于生者，而或且施之于死者，其情更为可恶。盖生者尚有辩白昭雪之能力，而死者则并此而无之也。原谗诬诽谤之所由起，或以嫉妒，或以猜疑，或以轻率。夫羡人盛名，吾奋而思齐焉可也，不此之务，而忌之毁之，损人而不利己，非大愚不出此。至于人心之不同如其面，因人一言一行，而辄推之于其心术，而又往往以不肖之心测之，是徒自表其心地之龌龊耳。其或本无成见，而疾恶太严，遇有不协于心之事，辄以恶评加之，不知人事蓄变，非备悉其始末，灼见其情伪，而平心以判之，鲜或得当，不察而率断焉，因而过甚其词，则动多谬误，或由是而贻害于社会者，往往有之。且轻率之断定，又有由平日憎疾其人而起者。憎疾其人，而辄以恶意断定其行事，则虽名为断定，而实同于谗谤，其流毒尤甚。故吾人于论事之时，务周详审慎，以无蹈轻率之弊，而于所憎之人，尤不可不慎之又慎也。

去社会之公敌

夫人必有是非之心，且坐视邪曲之事，默而不言，抑或为人情所难堪，惟是有意讦发，或为过情之毁，则于意何居。古人称守口如瓶，其言虽未必当，而亦非无见。若乃奸宄之行，有害于社会，则又不能不尽力攻斥，以去社会之公敌，是亦吾人对于社会之本务，而不可与损人名誉之事，同年而语者也。

博爱及公益

博爱者，人生至高之道德，而与正义有正负之别者也。行正义者，能使人免于为恶，而导人以善，则非博爱者不能。

正义

有人于此，不干国法，不悖公义，于人间生命财产名誉之本务，悉无所歉，可谓能行正义矣。然道有饿莩而不知恤，门有孤儿而不知救，遂得为善人乎？

博爱者，施而不望报，利物而不暇己谋者也。凡动物之中，能历久而绵其种者，率恃有同类相恤之天性。人为万物之灵，苟仅斤斤于施报之间，而不恤其类，不亦自丧其天性，而有愧于禽兽乎？

博爱之道

人之于人，不能无亲疏之别，而博爱之道，亦即以是为序。不爱其亲，安能爱人之亲？不爱其国人，安能爱异国之人？如曰有之，非矫则悖，智者所不信也。孟子曰："老吾老以及人之老，幼吾幼以及人之幼。"又曰："亲亲而仁民，仁民而爱物。"此博爱之道也。

人类之幸福

人人有博爱之心，则观于其家，而父子亲，兄弟睦，夫妇和；观于其社会，无攘夺，无忿争，贫富不相蔑，贵贱不相凌，老幼废疾，皆有所养，蔼然有恩，秩然有序，熙熙皞皞，如登春台，岂非人类之幸福乎！

拯救与补助

博爱者，以己所欲，施之于人。是故见人之疾病则拯之，见人之危难则救之，见人之困穷则补助之。何则？人苟自立于疾病危难困穷之境，则未有不望人之拯救之而补助之者也。

华盛顿

赤子临井，人未有见之而不动其恻隐之心者。人类相爱之天性，固如是也。见人之危难而不之救，必非人情。日汩于利己之计较，以养成凉薄之习，则或忍而为此耳。夫人苟不能挺身以赴人之急，则又安望其能殉社会、殉国家乎？华盛顿尝投身奔湍，以救濒死之孺子，其异日能牺牲其身，以为十三州之同胞脱英国之轭，而建独立之国者，要亦由有此心耳。大处死生 发之间，而能临机立断，固由其爱情之挚，而亦必有毅力以达之，此则有赖于平日涵养之功者也。

看护传染病　当衡轻重

救人疾病，虽不必有挺身赴难之危险，而于传染之病，为之看护，则直与殉之以身无异，非有至高之道德心者，不能为之。苟其人之地位，与国家社会有重大之关系，又或有侍奉父母之责，而轻以身试，亦为非宜，此则所当衡其轻重者也。

推己及人　伪善沽名

济人以财，不必较其数之多寡，而其情至为可嘉，受之者尤不可不感佩之。盖损己所余以周人之不足，是诚能推己及人，而发于其友爱族类之本心者也。慈善之所以可贵，即在于此。若乃本无博爱之心，而徒仿一二慈善之迹，以博虚名，则所施虽多，而其价值，乃不如少许之出于至诚者。且其伪善沽名，适以害德，而受施之人，亦安能历久不忘耶？

市恩

博爱者之慈善，惟虑其力之不周，而人之感我与否，初非所计。即使人不感我，其是非固属于其人，而于我之行善，曾何伤焉？若乃怒人之忘德，而遽彻其慈善，是吾之慈善，专为市恩而设，岂博爱者之所为乎？惟受人之恩而忘之者，其为不德，尤易见耳。

倚赖心

博爱者，非徒曰吾行慈善而已。其所以行之者，亦不可以无法。盖爱人以德，当为图永久之福利，而非使逞快一时。若不审其相需之故，而漫焉施之，受者或随得随费，不知节制，则吾之所施，于人奚益也？固有习于荒怠之人，不务自立，而以仰给予人为得计，吾苟堕其术中，则适以助长其倚赖心，而使永无自振之一日，爱之而适以害之，是不可不致意焉。

人与人之关系

夫如是，则博爱之为美德，诚彰彰矣。然非扩而充之，以开世务，兴公益，则吾人对于社会之本务，犹不能无遗憾。何则？吾人处于社会，则与社会中之人人，皆有关系，而社会中人人与公益之关系，虽不必如疾病患难者待救之孔亟，而要其为相需则一也。吾但见疾病患难之待救，而不顾人人所需之公益，毋乃持其偏而忘其全，得其小而遗其大者乎？

随分应器各图公益

夫人才力不同，职务尤异，合全社会之人，而求其立同一之功业，势必不能。然而随分应器，各图公益，则何不可有之。农工商贾，任利用厚生之务；学士大夫，存移风易俗之心，苟其有裨于社会，则其事虽殊，其效一也。人生有涯，局局身家之间，而于世无补，暨其没也，贫富智愚，同归于尽。惟夫建立功业，有裨于社会，则身没而功业不与之俱尽，始不为虚生人世，而一生所受于社会之福利，亦庶几无忝矣。所谓公益者，非必以目前之功利为准也。如文学美术，其成效常若无迹象之可寻，然所以拓国民之智识，而高尚其品性者，必由于是。是以天才英绝之士，宜超然功利以外，而一以发扬国华为志，不蹈前人陈迹，不拾外人糟粕，抒其性灵，以摩荡社会，如明星之粲于长夜，美花之映于座隅，则无形之中，社会实受其赐。有如一国富强，甲于天下，而其文艺学术，一无可以表见，则千载而后，谁复知其名者？而古昔既墟之国，以文学美术之力，垂名百世，迄今不朽者，往往而有，此岂可忽视者欤？

不惟此也，即社会至显之事，亦不宜安近功而忘远虑，常宜规模远大，以遗饷后人，否则社会之进步，不可得而期也。是故有为之士，所规画者，其事固或非一手一足之烈，而其利亦能历久而不渝，此则人生最大之博爱也。

量力捐财，以助公益，此人之所能为，而后世子孙，与享其利，较之饮食征逐之费，一晌而尽者，其价值何如乎？例如修河渠，缮堤防，筑港埠，开道路，拓荒芜，设医院，建学校皆是。而其中以建学校为最有益于社会之文明。又如私设图书馆，纵人观览，其效亦同。其他若设育婴堂、养老院等，亦为博爱事业之高尚者，社会文明之程度，即于此等公益之盛衰而测之矣。

图公益者，又有极宜注意之事，即慎勿以公益之名，兴无用之事是也。好事之流，往往为美名所眩，不审其利害何若，仓卒举事，动辄蹉跌，则又去而之他。若是者，不特自损，且足为利己者所借口，而以沮丧向善者之心，此不可不慎之于始者也。

借公益以沽名者　实行公益者

又有借公益以沽名者，则其迹虽有时与实行公益者无异，而其心迥别，或且不免有倒行逆施之事。何则？其目的在名。则苟可以得名也，而他非所计，虽其事似益而实损，犹将为之。实行公益者则不然，其目的在公益。苟其有益于社会也，虽或受无识者之谤议，而亦不为之阻。此则两者心术之不同，而其成绩亦大相悬殊矣。

爱护公共之物　欧美之人崇重公共事物

人既知公益之当兴，则社会公共之事物，不可不郑重而爱护之。凡人于公共之物，关系较疏，则有漫不经意者，损伤破毁，视为常事，此亦公德浅薄之一端也。夫人既知他人之财物不可以侵，而不悟社会公共之物，更为贵重者，何欤？且人既知毁人之物，无论大小，皆有赔偿之责，今公然毁损社会公共之物，而不任其赔偿者，何欤？如学堂诸生，每有抹壁唾地之事，而公共花卉，道路荫木，经行者或无端而攀折之，至于青年子弟，诣神庙佛寺，又或倒灯覆鬃，自以为快，此皆无赖之事，而有悖于公德者也。欧美各国，人人崇重公共事物，习以为俗，损伤破毁之事，始不可见，公园椅榻之属，间以公共爱护之言，书于其背，此诚一种之美风，而我国人所当奉为圭臬者也。国民公德之程度，视其对于公共事物如何，一木一石之微，于社会利害，虽若无大关系，而足以表见国民公德之浅深，则其关系，亦不可谓小矣。

礼让及威仪

礼让

凡事皆有公理，而社会行习之间，必不能事事以公理绳之。苟一切绳之以理，而寸步不以让人，则不胜冲突之弊，而人人无幸福之可言矣。且人常不免为感情所左右，自非豁达大度之人，于他人之言行，不慊吾意，则辄引似是而非之理以纠弹之，冲突之弊，多起于此。于是乎有礼让以为之调和，而彼此之感情，始不至于冲突焉。

人之有礼让，其犹车辖之脂乎？能使人交际圆滑，在温情和气之间，以完其交际之本意。欲保维社会之平和，而增进其幸福，殆不可一日无者也。

礼以保秩序

礼者，因人之亲疏等差，而以保其秩序者也。其要在不伤彼我之感情，而互表其相爱相敬之诚，或有以是为虚文者，谬也。

礼本于习惯

礼之本始，由人人有互相爱敬之态，而自发于容貌。盖人情本不相远，而其生活之状态，大略相同，则其感情之发乎外而为拜揖送迎之仪节，亦自不得不同，因袭既久，成为惯例，此自然之理也。故一国之礼，本于先民千百年之习惯，不宜辄以私意删改之。盖崇重一国之习惯，即所以崇重一国之秩序也。

礼以爱敬为本

夫礼，既本乎感情而发为仪节，则其仪节，必为感情之所发见，而后谓之礼。否则意所不属，而徒拘牵于形式之间，是曰狗耳。仪节愈繁，而心情愈鄙，自非徇浮华好谄谀之人，又孰能受而不斥者？故礼以爱敬为本。

外国交际之礼宜致意

爱敬之情，人类所同也，而其仪节，则随其社会中生活之状态，而不能无异同。近时国际公私之交，大扩于古昔，交际之仪节，有不可以拘墟者，故中流以上之人，于外国交际之礼，亦不可不致意焉。

谦让

让之为用，与礼略同。使人互不相让，则日常言论，即生意见，亲旧交际，动辄龃龉。故敬爱他人者，不务立异，不炫所长，务以成人之美。盖自异自眩，何益于己，徒足以取厌启争耳。虚心平气，好察迩言，取其善而不翘其过，此则谦让之美德，而交际之要道也。

思想自由信仰自由　温良谦恭薄责于人

排斥他人之思想与信仰，亦不让之一也。精神界之科学，尚非人智所能独断。人我所见不同，未必我果是而人果非，此文明国宪法，所以有思想自由、信仰自由之则也。苟当讨论学术之时，是非之间，不能异立，又或于履行实事之际，利害之点，所见相反，则诚不能不各以所见，互相驳诘，必得其是非之所在而后已。然亦宜平心以求学理事理之关系，而不得参以好胜立异之私意。至于日常交际，则他人言说虽与己意不合，何所容其攻诘？如其为之，亦徒彼此纷争，各无所得已耳。温良谦恭，薄责于人，此不可不注意者。至于宗教之信仰，自其人观之，一则为生活之标准，一则为道德之理想，吾人决不可以轻侮嘲弄之态，侵犯其自由也。由是观之，礼让者，皆所以持交际之秩序，而免其龃龉者也。然人固非特各人之交际而已，于社会全体，亦不可无仪节以相应，则所谓威仪也。

威仪　感情相应

威仪者，对于社会之礼让也。人尝有于亲故之间，不失礼让，而对于社会，不免有粗野傲慢之失者，是亦不思故耳。同处一社会中，则其人虽有亲疏之别，而要必互有关系，苟人人自亲故以外，即复任意自肆，不顾取厌，则社会之爱力，为之减杀矣。有如垢衣被发，呼号道路，其人虽若自由，而使观之者不胜其厌忌，可谓之不得罪于社会乎？凡社会事物，各有其习惯之典例，虽违者无禁，犯者无罚，而使见而不快，闻而不慊，则其为损于人生之幸福者为何如耶！古人有言，满堂饮酒，有一人向隅而泣，则举座为之不欢，言感情之相应也。乃或于置酒高会之时，白眼加人，夜郎自大，甚或骂座掷杯，凌侮侪辈，则岂非蛮野之遗风，而不知礼让为何物欤？欧美诸国士夫，于宴会中，不谈政治，不说宗教，以其易启争端，妨人欢笑，此亦美风也。

凡人见邀赴会，必预审其性质如何，而务不失其相应之仪表。如会葬之际，谈笑自如，是为幸人之灾，无礼已甚。凡类此者，皆不可不致意也。

第四章　国家

总论

国家

国也者，非徒有土地有人民之谓，谓以独立全能之主权，而统治其居于同一土地之人民者也。又谓之国家者，则以视一国如一家之故。是故国家者，吾人感觉中有形之名，而国家者，吾人理想中无形之名也。

国为家之大者　国民顾私之害

国为一家之大者，国人犹家人也。于多数国人之中而有代表主权之元首，犹于若干家人之中而有代表其主权之家主也。家主有统治之权，以保护家人之权利，而使之各尽其本务。国家亦然，元首率百官以统治人民，亦所以保护国民之权利，而使各尽其本务，以报效于国家也。使一家之人，不奉其家主之命，而弃其本务，则一家离散，而家族均被其祸。一国之民，各顾其私，而不知奉公，则一国扰乱，而人民亦不能安其堵焉。

权利义务二者相因　享权利必尽义务

凡有权利，则必有与之相当之义务；而有义务，则亦必有与之相当之权利。二者相因，不可偏废。我有行一事保一物之权利，则彼即有不得妨我一事夺我一物之义务，此国家与私人之所同也。是故国家既有保护人之义务，则必有可以行其义务之权利；而人民既有享受国家保护之权利，则其对于国家，必有当尽之义务，盖可知也。

权利无差等

人之权利，本无等差，以其大纲言之，如生活之权利，职业之权利，财产之权利，思想之权利，非人人所同有乎？我有此权利，而人或侵之，则我得而抵抗之，若不得已，则借国家之权力以防遏之，是谓人人所有之权利，而国家所宜引为义务者也。国家对于此事之权利，谓之公权，即国家所以成立之本。请详言之。

公权　自卫权　自卫权之限制

权漫无制限，则流弊甚大。如二人意见不合，不必相妨也，而或且以权利被侵为口实。由此例推，则使人人得滥用其自卫权，而不受公权之限制，则无谓之争阅，将日增一日矣。

国家以权力而成立

于是乎有国家之公权，以代各人之自卫权，而人人不必自危，亦不得自肆，公平正直，各得其所焉。夫国家既有为人防卫之权利，则即有防卫众人之义务，义务愈大，则权利亦愈大。故曰：国家之所以成立者，权力也。

巩固国家之权力

国家既以权力而成立，则欲安全其国家者，不可不巩固其国家之权力，而慎勿毁损之，此即人民对于国家之本务也。

法律

无法律则国家亡　国民恪守法律　法律虽不允当仍须遵守　法弊尚胜于无法

吾人对于国家之本务，以遵法律为第一义。何则？法律者，维持国家之大纲，吾人必由此而始能保有其权利者也。人之意志，恒不免为感情所动，为私欲所诱，以致有损人利己之举动。所以矫其偏私而纳诸中正，使人人得保其平等之权利者，法律也；无论公私之际，有以防强暴折奸邪，使不得不服从正义者，法律也；维持一国之独立，保全一国之利福者，亦法律也。是故国而无法律，或有之而国民不之遵也，则盗贼横行，奸邪跋扈，国家之沦亡，可立而待。否则法律修明，国民恪遵而勿失，则社会之秩序，由之而不紊，人民之事业，由之而无扰，人人得尽其心力，以从事于职业，而安享其效果，是皆法律之赐；而要非国民恪遵法律，不足以致此也。顾世人知法律之当遵矣，而又谓法律不皆允当，不妨以意为从违，是徒启不遵法律之端者也。夫一国之法律，本不能悉中情理，或由议法之人，知识浅隘，或以政党之故，意见偏颇，亦有立法之初，适合社会情势，历久则社会之情势渐变，而法律如故，因不能无方凿圆枘之弊，此皆国家所不能免者也。既有此弊法，则政府固当速图改革，而人民亦得以其所见要求政府，使必改革而后已。惟其新法未定之期，则不能不暂据旧法，以维持目前之治安。何则？其法虽弊，尚胜于无法也，若无端抉而去之，则其弊可胜言乎？

法律之大别

法律之别颇多，而大别之为三：政法、刑法、民法是也。政法者，所以规定政府之体裁，及政府与人民之关系者也。刑法者，所以预防政府及人民权利之障害，及罚其违犯者也。民法者，所以规定人民与人民之关系，防将来之争端，而又判临时之曲直者也。

遵法律须敬官吏

官吏者，据法治事之人。国民既遵法律，则务勿挠执法者之权而且敬之。非敬其人，敬执法之权也。且法律者，国家之法律，官吏执法，有代表国家之任，吾人又以爱重国家之故而敬官吏也。官吏非有学术才能者不能任。学士能人，人知敬之，而官吏独不足敬乎？

官吏之长，是为元首，立宪之国，或戴君主，或举总统，而要其为官吏之长一也。既知官吏之当敬，而国民之当敬元首，无待烦言，此亦尊重法律之意也。

租税

纳税之本务　国家应有经费

家无财产，则不能保护其子女，惟国亦然。苟无财产，亦不能保护其人民。盖国家内备奸宄，外御敌国，不能不有水陆军，及其应用之舰垒器械及粮饷；国家执行法律，不能不有法院监狱；国家图全国人民之幸福，不能不修道路，开沟渠，设灯台，启公囿，立学堂，建医院，及经营一切公益之事。凡此诸事，无不有任事之人。而任事者不能不给以禄俸。然则国家应出之经费，其浩大可想也。而担任此费者，厥维享有国家各种利益之人民，此人民所以有纳租税之义务也。

租税不可幸免

人民之当纳租税，人人知之，而间有苟求幸免者，营业则匿其岁入，不以实报，运货则绕越关津，希图漏税，其他舞弊营私，大率类此。是上则亏损国家，而自荒其义务；下则卸其责任之一部，以分担于他人。故以国民之本务绳之，谓之无爱国心，而以私人之道德绳之，亦不免于欺罔之罪矣。

兵役

服兵役之本务

国家者，非一人之国家，全国人民所集合而成者也。国家有庆，全国之人共享之，则国家有急，全国之人亦必与救之。国家之有兵役，所以备不虞之急者也。是以国民之当服兵役，与纳租税同，非迫于法律不得已而为之，实国民之义务，不能自已者也。

国家与兵力之关系

国之有兵，犹家之有阍人焉。其有城堡战堡也，犹家之有门墙焉。家无门墙，无阍人，则盗贼接踵，家人不得高枕无忧。国而无城堡战舰，无守兵，则外侮四逼，国民亦何以聊生耶？且方今之世，交通利便，吾国之人，工商于海外者、实繁有徒，自非祖国海军，游弋重洋，则夫远游数万里外，与五方杂处之民，角什一之利者，亦安能不受凌侮哉？国家之兵力，所关于互市之利者，亦非鲜矣。

国民不可不服兵役

国家兵力之关系如此，亦夫人而知之矣。然人情畏劳而恶死，一旦别父母，弃妻子，舍其本业而从事于垒舰之中，平日起居服食，一为军纪所束缚，而不得自由，即有事变，则挺身弹刃之中，争死生于一瞬，故往往有却顾而不前者。不知全国之人，苟人人以服兵役为畏途，则转瞬国亡家破，求幸生而卒不可得。如人人委身于兵役，则不必果以战死，而国家强盛，人民全被其赐，此不待智者而可决，而人民又乌得不以服兵役为义务欤？

方今世界　不可无兵

方今世界，各国无不以扩张军备为第一义，虽有万国公法以为列国交际之准，又屡开万国平和会于海牙，若各以启衅为戒者，而实则包藏祸心，恒思蹈暇抵隙，以求一逞，名为平和，而实则乱世，一旦猝遇事变，如飓风忽作，波涛汹涌，其势有不可测者。然则有国家者，安得不预为之所耶？

教育

教育子女之本务　教育与国家之关系

为父母者，以体育、德育、智育种种之法，教育其子女，有二因焉：一则使之壮而自立，无坠其先业；一则使之贤而有才，效用于国家。前者为寻常父母之本务，后者则对于国家之本务也。诚使教子女者，能使其体魄足以堪劳苦，勤职业，其知识足以判事理，其技能足以资生活，其德行足以为国家之良民，则非特善为其子女，而且对于国家，亦无歉于义务矣。夫人类循自然之理法，相集合而为社会，为国家，自非智德齐等，殆不足以相生相养，而保其生命，享其福利。然则有子女者，乌得怠其本务欤？

教育与国家之关系

一国之中，人民之贤愚勤惰，与其国运有至大之关系。故欲保持其国运者，不可不以国民教育，施于其子弟。苟或以姑息为爱，养成放纵之习；即不然，而仅以利己主义教育之，则皆不免贻国家以泮涣之戚。而全国之人，交受其弊，其子弟亦乌能幸免乎？盖各国风俗习惯历史政制，各不相同，则教育之法，不得不异。所谓国民教育者，原本祖国体制，又审察国民固有之性质，而参互以制定之。其制定之权，即在国家，所以免教育主义之冲突，而造就全国人民，使皆有国民之资格者也。是以专门之教育，虽不妨人人各从其所好，而普通教育，则不可不以国民教育为准，有子女者慎之。

爱国

爱恋土地为爱国之滥觞

爱国心者，起于人民与国土之感情，犹家人之爱其居室田产也。行国之民，逐水草而徙，无定居之地，则无所谓爱国。及其土著也，画封疆，辟草莱，耕耘建筑，尽瘁于斯，而后有爱恋土地之心，是谓爱国之滥觞。至于土地渐廓，有城郭焉，有都邑焉，有政府百执事焉。自其法律典例之成立，风俗习惯之沿革，与夫语言文章之应用，皆画然自成为一国，而又与他国相交涉，于是乎爱国之心，始为人民之义务矣。

爱国心为国之元气

人民爱国心之消长，为国运之消长所关。有国于此，其所以组织国家之具，虽莫不备，而国民之爱国心，独无以副之，则一国之元气，不可得而振兴也。彼其国土同，民族同，言语同，习惯同，风俗同，非不足以使人民有休戚相关之感情，而且政府同，法律同，文献传说同，亦非不足以使人民有协同从事之兴会，然苟非有爱国心以为之中坚，则其民可与共安乐，而不可与共患难。事变猝起，不能保其之死而靡他也。故爱国之心，实为一国之命脉，有之，则一切国家之原质，皆可以陶冶于其炉锤之中；无之，则其余皆骈枝也。

爱国之心，虽人人所固有，而因其性质之不同，不能无强弱多寡之差。既已视为义务，则人人以此自勉，而后能以其爱情实现于行事，且亦能一致其趣向，而无所参差也。

爱国心与国运之关系

人民之爱国心，恒随国运为盛衰。大抵一国当将盛之时，若垂亡之时，或际会大事之时，则国民之爱国心，恒较为发达。国之将兴也，人人自奋，思以其国力冠绝世界，其勇徍之气，如日方升。昔罗马暴盛之时，名将辈出，士卒致死，因而并吞四邻，其己事也。国之将衰也，或其际会大事也，人人惧祖国之沦亡，激励忠义，挺身赴难，以挽狂澜于既倒，其悲壮沉痛亦有足伟者，如亚尔那温克特里之于瑞士，哥修士孤之于波兰是也。

由是观之，爱国心者，本起于人民与国土相关之感情，而又为组织国家最要之原质，足以挽将衰之国运，而使之隆盛，实国民最大之义务，而不可不三致意者焉。

国际及人类

国民当知外交

大地之上，独立之国，凡数十。彼我之间，聘问往来，亦自有当尽之本务。此虽外交当局者之任，而为国民者，亦不可不通知其大体也。

一国犹一人

以道德言之，一国犹一人也，惟大小不同耳。国有主权，犹人之有心性。其有法律，犹人之有意志也。其维安宁，求福利，保有财产名誉，亦犹人权之不可侵焉。

国家自卫之权

国家既有不可侵之权利，则各国互相爱重，而莫或相侵，此为国际之本务。或其一国之权利，为他国所侵，则得而抗拒之，亦犹私人之有正当防卫之权焉。惟其施行之术，与私人不同。私人之自卫，特在法律不及保护之时，苟非迫不及待，则不可不待正于国权。国家则不然，各国并峙，未尝有最高之公权以控制之，虽有万国公法，而亦无强迫执行之力。故一国之权利，苟被侵害，则自卫之外，别无他策，而所以实行自卫之道者，战而已矣。

战为不得已之事

战之理，虽起于正当自卫之权，而其权不受控制，国家得自由发敛之，故常为野心者之所滥用。大凌小，强侮弱，虽以今日盛唱国际道德之时，犹不能免。惟列国各尽其防卫之术，处攻势者，未必有十全之胜算，则苟非必不得已之时，亦皆惮于先发。于是国际龃龉之端，间亦恃万国公法之成文以公断之，则得免于战祸焉。

然使两国之争端，不能取平于樽俎之间，则不得不以战役决之。开战以后，苟有可以求胜者，皆将无所忌而为之，必屈敌人而后已。惟敌人既屈，则目的已达，而战役亦于是毕焉。

战时之道德

开战之时，于敌国兵士，或杀伤之，或俘囚之，以杀其战斗力，本为战国应有之权利，惟其妇孺及平民之不携兵器者，既不与战役，即不得加以戮辱。敌国之城郭堡垒，固不免于破坏，而其他工程之无关战役者，亦不得妄有毁损。或占而有之，以为他日赔偿之保证，则可也。其在海战，可以捕敌国船舰，而其权惟属国家，若纵兵掳掠，则与盗贼奚择焉？

国际道德之进步

在昔人文未开之时，战胜者往往焚敌国都市，掠其金帛子女，是谓借战胜之余威，以逞私欲，其戾于国际之道德甚矣。近世公法渐明，则战胜者之权利，亦已渐有范围，而不至复如昔日之横暴，则小道德进步之一征也。

国家者，积人而成，使人人实践道德，而无或悖焉，则国家亦必无非理悖德之举可知也。方今国际道德，虽较进于往昔，而野蛮之遗风，时或不免，是亦由人类道德之未尽善，而不可不更求进步者也。

待遇人类之道

人类之聚处，虽区别为各家族，各社会，各国家，而离其各种区别之界限而言之，则彼此同为人类，故无论家族有亲疏、社会有差等，国家有与国、敌国之不同，而既已同为人类，则又自有其互相待遇之本务可知也。

人我同享其利

人类相待之本务如何？曰：无有害于人类全体之幸福，助其进步，使人我同享其利而已。夫笃于家族者，或不免漠然于社会，然而社会之本务，初不与家族之本务相妨。忠于社会者，或不免不经意于国家，然而国家之本务，乃适与社会之本务相成。然则爱国之士，屏斥世界主义者，其未知人类相待之本务，固未尝与国家之本务相冲突也。

红十字会

譬如两国开战，以互相杀伤为务者也，然而有红十字会者，不问其伤者为何国之人，悉嘤咻而抚循之，初未尝与国家主义有背也。夫两国开战之时，人类相待之本务，尚不以是而间断，则平日盖可知矣。

第五章　职业

总论

人不可无职业

凡人不可以无职业，何则？无职业者，不足以自存也。人虽有先人遗产，苟优游度日，不讲所以保守维持之道，则亦不免于丧失者。且世变无常，千金之子，骤失其凭借者，所在多有，非素有职业，亦奚以免于冻馁乎？

游民为社会之公敌　利用资财之道

有人于此，无材无艺，袭父祖之遗财，而安于怠废，以道德言之，谓之游民。游民者，社会之公敌也。不惟此也，人之身体精神，不用之，则不特无由畅发，而且日即于耗废，过逸之弊，足以戕其天年。为财产而自累，愚亦甚矣。既有此资财，则奚不利用之，以讲求学术，或捐助国家，或兴举公益，或旅行远近之地，或为人任奔走周旋之劳，凡此皆所以益人裨世，而又可以自练其身体及精神，以增进其智德；较之饱食终日，以多财自累者，其利害得失，不可同日而语矣。夫富者，为社会所不可少，即货殖之道，亦不失为一种之职业，但能善理其财，而又能善用之以有裨于社会，则又孰能以无职业之人目之耶？

选择职业

人不可无职业，而职业又不可无选择。盖人之性质，于素所不喜之事，虽勉强从事，辄不免事倍而功半；从其所好，则劳而不倦，往往极其造诣之精，而渐有所阐明。故选择职业，必任各人之自由，而不可以他人干涉之。

自择职业不可不慎

自择职业，亦不可以不慎。盖人之于职业，不惟其趣向之合否而已，又于其各种凭借之资，大有关系。尝有才不出中庸，而终身自得其乐；或抱奇才异能，而以坎坷不遇终者；甚或意匠惨淡，发明器械，而绌于资财，赍志以没。世界盖尝有多许之奈端①、瓦特其人，而成功如奈端、瓦特者卒鲜，良可慨也。是以自择职业者，慎勿轻率妄断，必详审职业之性质，与其义务，果与己之能力及境遇相当否乎？即不能辄决，则参稽于老成练达之人，其亦可也。

职业无高下

凡一职业中，莫不有特享荣誉之人，盖职业无所谓高下，而荣誉之得否，仍关乎其人也。其人而贤，则虽屠钓之业，亦未尝不可以显名，惟择其所宜而已矣。

袭父兄职业之利便

承平之世，子弟袭父兄之业，至为利便，何则？幼而狎之，长而习之，耳濡目染，其理论方法，半已领会于无意之中也。且人之性情，有所谓遗传者。自高、曾以来，历代研究，其官能每有特别发达之点，而器械图书，亦复积久益备，然则父子相承，较之崛起而立业，其难易迟速，不可同年而语。我国古昔，如历算医药之学，率为世业，而近世音律图画之技，亦多此例，其明征也。惟人之性质，不易揆以一例，重以外界各种之关系，亦非无龃龉于世业者，此则不妨别审所宜，而未可以胶柱而鼓瑟者也。

劳心劳力之分

自昔区别职业，士、农、工、商四者，不免失之太简，泰西学者，以计学之理区别之者，则又人自为说。今核之于道德，则不必问其业务之异同，而第以义务如何为标准，如劳心、劳力之分，其

---

① 奈端（Newton）：通译牛顿。

一例也。而以人类生计之关系言之，则可大别为二类：一出其资本以营业，而借劳力于人者；一出其能力以任事，而受酬报于人者。甲为佣者，乙为被佣者，二者义务各异。今先概论之，而后及专门职业之义务焉。

佣者及被佣者

佣者之本务

佣者以正当之资本，若智力，对于被佣者而命以事务给以佣值者也。其本务如下：

给工值之法

凡给予被佣者之值，宜视普通工值之率而稍丰赡之，第不可以同盟罢工，或他种迫胁之故而骤丰其值。若平日无先见之明，过啬其值，一遇事变，即不能固持，而悉如被佣者之所要求，则鲜有不出入悬殊，而自败其业者。

佣者宜保护被佣者

佣者之于被佣者，不能谓值之外，别无本务，盖尚有保护爱抚之责。虽被佣者未尝要求及此，而佣者要不可以不自尽也。如被佣者当劳作之时，猝有疾病事故，务宜用意周恤。其他若教育子女，保全财产，激励贮蓄之法，亦宜代为谋之。惟当行以诚恳恻怛之意，而不可过于干涉。盖干涉太过，则被佣者不免自放其责任，而失其品格也。

役使不可过酷

佣者之役使被佣者，其时刻及程度，皆当有制限，而不可失之过酷；其在妇稚，尤宜善视之。

凡被佣者，大抵以贫困故，受教育较浅，故往往少远虑，而不以贮蓄为意。业繁而值裕，则滥费无节；业耗而佣俭，则口腹不给矣。故佣者宜审其情形，为设立保险公司，贮蓄银行，或其他慈善事业，为割其佣值之一部以充之，俾得备不时之需。如见有博弈饮酒，耽逸乐而害身体者，宜恳切劝谕之。

被佣者之本务

凡被佣者之本务，适与佣者之本务相对待。

资财劳力相交易

被佣者之于佣者，宜挚实勤勉，不可存嫉妒猜疑之心。盖彼以有资本之故，而购吾劳力，吾能以操作之故，而取彼资财，此亦社会分业之通例，而自有两利之道者也。

怠惰放佚之害

被佣者之操作，不特为对于佣者之义务，而亦为自己之利益。盖怠惰放佚，不惟不利于佣者，而于己亦何利焉？故挚实勤勉，实为被佣者至切之本务也。

休假日之行乐

休假之日，自有乐事，然亦宜择其无损者。如沉湎放荡，务宜戒之。若能乘此暇日，为亲戚朋友协助有益之事，则尤善矣。

凡人之职业，本无高下贵贱之别。高下贵贱，在人之品格，而于职业无关也。被佣者苟能以暇日研究学理，寻览报章杂志之属，以通晓时事，或听丝竹，观图画，植花木，以优美其胸襟，又何患品格之不高尚耶？

佣值不易要求过多

佣值之多寡，恒视其制作品之售价以为准。自被佣者观之，自必多多益善，然亦不能不准之于定率者。若要求过多，甚至纠结朋党，挟众力以胁主人，则亦谬矣。

劳力与报酬相为比例

有欲定画一之佣值者，有欲专以时间之长短，为佣值多寡之准者，是亦谬见也。盖被佣者，技能有高下，操作有勤惰，责任有重轻，其佣值本不可以齐等，要在以劳力与报酬，相为比例，否则适足以劝惰慢耳。惟被佣者，或以疾病事故，不能执役，而佣者仍给以平日之值，与他佣同，此则特别之惠，而未可视为常例者也。

恒产恒心

孟子有言，无恒产者无恒心。此实被佣者之通病也。惟无恒心，故动辄被人指嗾，而为疏忽暴戾之举。其思想本不免偏于同业利益，而忘他人之休戚，又常以滥费无节之故，而流于困乏，则一旦纷起，虽同业之利益，亦有所不顾矣。此皆无恒心之咎，而其因半由于无恒产，故为被佣者图久长之计，非平日积恒产而养恒心不可也。

教育农民

农夫最重地产，故安土重迁，而能致意于乡党之利害，其挚实过于工人。惟其有恒产，是以有恒心也。顾其见闻不出乡党之外，而风俗习惯，又以保守先例为主，往往知有物质，而不知有精神，谋衣食，长子孙，囿于目前之小利，而不遑远虑。即子女教育，亦多不经意，更何有于社会公益、国家大计耶？故启发农民，在使知教育之要，与夫各种社会互相维系之道也。

我国社会间，贫富悬隔之度，尚不至如欧美各国之甚，故均富主义，尚无蔓延之虑。然世运日开，智愚贫富之差，亦随而日异，智者富者日益富，愚者贫者日益贫，其究也，必不免于悬隔，而彼此之冲突起矣。及今日而预杜其弊，惟在教育农工，增进其智识，使不至永居人下而已。

官吏

佣者及被佣者之关系，为普通职业之所同。今更将专门职业，举其尤重要者论之。

官吏之本务

官吏者，执行法律者也。其当具普通之智识，而熟于法律之条文，所不待言，其于职务上所专司之法律，尤当通其原理，庶足以应蓄变之事务，而无失机宜也。

不勤不精之咎　负公众之责任

为官吏者，既具职务上应用之学识，而其才又足以济之，宜可称其职矣。而事或不举，则不勤不精之咎也。夫职务过繁，未尝无日不暇给之苦，然使日力有余，而怠惰以旷其职，则安得不任其咎？其或貌为勤劬，而治事不循条理，则顾此失彼，亦且劳而无功。故勤与精，实官吏之义务也。世界各种职业，虽半为自图生计，而既任其职，则即有对于委任者之义务。况官吏之职，受之国家，其义务之重，在甚于工场商肆者。其职务虽亦有大小轻重之别，而其对于公众之责任则同。夫安得漫不经意，而以不勤不精者当之耶？

操守

勤也精也，皆所以有为也。然或有为而无守，则亦不足以任官吏。官吏之操守，所最重者，曰毋黩货，曰勿徇私。官吏各有常俸，在文明之国，所定月俸，足以给其家庭交际之费而有余。苟其贪黩无厌，或欲有以供无谓之糜费，而于应得俸给以外，或征求贿赂，或侵蚀公款，则即为公家之罪人，虽任事有功，亦无以自盖其愆矣。至于理财征税之官，尤以此为第一义也。

不可徇私意

官吏之职，公众之职也，官吏当任事之时，宜弃置其私人之资格，而纯以职务上之资格自处。故用人行政，悉不得参以私心。夫征辟僚属，诚不能不取资于所识，然所谓所识者，乃识其才之可以胜任，而非交契之谓也。若不问其才，而惟以平日关系之疏密为断，则必致偾事。又或以所治之事，与其戚族朋友有利害之关系，因而上下其手者，是皆徇私废公之举，官吏宜悬为厉禁者也。

司法官之本务

官吏之职务，如此重要，而司法官之关系则尤大。何也？国家之法律，关于人与人之争讼者，曰民事法；夫于生命财产之罪之刑罚者，曰刑事法。而本此法律以为裁判者，司法官也。

知识

凡职业各有其专门之知识，为任此职业者所不可少，而其中如医生之于生理学，舟师之于航海术，司法官之于法律学，则较之他种职业，义务尤重，以其关乎人间生命之权利也。使司法官不审法律精意，而妄断曲直，则贻害于人间之生命权至大。故任此者，既当有预蓄之知识；而任职以后，亦当以暇日孜孜讲求之。

公平中正

司法官介立两造间，当公平中正，勿徇私情，勿避权贵。盖法庭之上，本无贵贱上下之别也。若乃妄纳赇赃，颠倒是非，则其罪尤大，不待言矣。

宽严得中

宽严得中，亦司法者之要务，凡刑事裁判，苟非纠纷错杂之案，按律拟罪，殆若不难。然宽严之际，差以毫厘，谬以千里，亦不可以不慎。至于民事裁判，尤易以意为出入，慎勿轻心更易之。

戒轻忽

大抵司法官之失职，不尽在学识之不足，而恒失之于轻忽，如集证不完，轻下断语者是也。又或证据尽得，而思想不足以澈之，则狡妄之供词，舞文之辩护，伪造之凭证，皆足以眩惑其心，而使之颠倒其曲直。故任此者，不特预储学识之为要，而尤当养其清明之心力也。

医生

医生之本务

医者，关乎人间生死之职业也，其需专门之知识，视他职业为重。苟其于生理解剖，疾病证候，药物性效，研究未精，而动辄为人诊治，是何异于挟刃而杀人耶？

守秘密

医生对于病者，有守秘密之义务。盖病之种类，抑或有惮人知之者，医生若无端滥语于人，既足伤病者之感情，且使后来病者，不敢以秘事相告，亦足为诊治之妨碍也。

冒险

医生当有冒险之性质，如传染病之类，虽在己亦有危及生命之虞，然不能避而不往。至于外科手术，尤非以沉勇果断者行之不可也。

恳切

医生之于病者，尤宜恳切，技术虽精，而不恳切，则不能有十全之功。盖医生不得病者之信用，则医药之力，已失其半，而治精神病者，尤以信用为根据也。

勿欺

医生当规定病者饮食起居之节度，而使之恪守，若纵其自肆，是适以减杀医药之力也。故医生当勿欺病者，而务有以鼓励之，如其病势危笃，则尤不可不使自知之而自慎之也。

务强健其身体

无论何种职业，皆当以康强之身体任之，而医生为尤甚。遇有危急之病，祁寒盛暑，微夜侵晨，亦皆有所不避。故务强健其身体，始有以赴人之急，而无所濡滞。如其不能，则不如不任其职也。

教员

教员之本务

教员所授，有专门学、普通学之别，皆不可无相当之学识。而普通学教员，于教授学科以外，训练管理之术，尤重要焉。不知教育之学，管理之法，而妄任小学教员，则学生之身心，受其戕贼，而他日必贻害于社会及国家，其罪盖甚于庸医之杀人。愿任教员者，不可不自量焉。

富知识

教员者，启学生之知识者也。使教员之知识，本不丰富，则不特讲授之际，不能详密，而学生偶有质问，不免穷于置对，启学生轻视教员之心，而教授之效，为之大减。故为教员者，于其所任之教科，必详博综贯，肆应不穷，而后能胜其任也。

教授管理

知识富矣，而不谙教授管理之术，则犹之匣剑帷灯，不能展其长也。盖授知识于学生者，非若水之于盂，可以挹而注之，必导其领会之机，挈其研究之力，而后能与之俱化，此非精于教授法者不能也。学生有勤惰静躁之别，策其惰者，抑其躁者，使人人皆专意向学，而无互相扰乱之虑，又非精于管理法者不能也。故教员又不可不知教授管理之法。

教员为学生之模范

教员者，学生之模范也。故教员宜实行道德，以其身为学生之律度。如卫生宜谨，束身宜严，执事宜敏，断曲直宜公，接人宜和，惩忿而窒欲，去鄙倍而远暴慢，则学生日熏其德，其收效胜于口舌倍蓰矣。

商贾

商贾之本务　商贾之道德

商贾亦有佣者与被佣者之别。主人为佣者，而执事者为被佣者。被佣者之本务，与农工略同。而商业主人，则与农工业之佣者有异。盖彼不徒有对于被佣者之关系，而又有其职业中之责任也。农家产物之美恶，自有市价，美者价昂，恶者价绌，无自而取巧。工业亦然，其所制作，有精粗之别，则价值亦缘之而为差，是皆无关乎道德者也。惟商家之货物，及其贸易之法，则不能不以道德绳之。请言其略。

正直

正直为百行之本，而于商家为尤甚。如货物之于标本，理宜一致，乃或优劣悬殊，甚且性质全异，乘购者一时之不检，而矫饰以欺之，是则道德界之罪人也。

信用一失受损无穷　英国商人之正直

且商贾作伪，不特悖于道德而已，抑亦不审利害。盖目前虽可攫锱铢之利，而信用一失，其因此而受损者无穷。如英人以商业为立国之本，坐握宇内商权，虽由其勇于赴利，敏于乘机，具商界特宜之性质，而要其恪守商业道德，有高尚之风，少鄙劣之情，实为得世界信用之基本焉。盖英国商人之正直，习以成俗，虽宗教亦与有力，而要亦阅历所得，知非正直必不足以自立，故深信而笃守之也。索士比亚①有言："正直者，上乘之策略。"岂不然乎？

———

① 索士比亚（Shakespeare）：通译莎士比亚。

下篇

第一章　绪论

人生当尽之本务，既于上篇分别言之，是皆属于实践伦理学之范围者也。今进而推言其本务所由起之理，则为理论之伦理学。

理论伦理学与实践伦理学之关系

理论伦理学之于实践伦理学，犹生理学之于卫生学也。本生理学之原则而应用之，以图身体之健康，乃有卫生学；本理论伦理学所阐明之原理而应用之，以为行事之规范，乃有实践伦理学。世亦有应用之学，当名之为术者，循其例，则惟理论之伦理学，始可以占伦理之名也。

理论伦理学与自然科学之同异

理论伦理学之性质，与理化博物等自然科学，颇有同异，以其人心之成迹或现象为对象，而阐明其因果关系之理，与自然科学同。其阐定标准，而据以评判各人之行事，畀以善恶是非之名，则非自然科学之所具矣。

理论伦理　学之学理

原理论伦理学之所由起，以人之行为，常不免有种种之疑问，而按据学理以答之，其大纲如下：

问：凡人无不有本务之观念，如所谓某事当为者，是何由而起欤？

答：人之有本务之观念也，由其有良心。

问：良心者，能命人以某事当为，某事不当为者欤？

答：良心者，命人以当为善而不当为恶。

问：何为善，何为恶？

答：合于人之行为之理想，而近于人生之鹄者为善，否则为恶。

问：何谓人之行为之理想？何谓人生之鹄？

答：自发展其人格，而使全社会随之以发展者，人生之鹄也，即人之行为之理想也。

问：然则准理想而定行为之善恶者谁与？

答：良心也。

问：人之行为，必以责任随之，何故？

答：以其意志之自由也。盖人之意志作用，无论何种方向，固可以自由者也。

问：良心之所命，或从之，或悖之，其结果如何？

答：从良心之命者，良心赞美之；悖其命者，良心呵责之。

问：伦理之极致如何？

答：从良心之命，以实现理想而已。

伦理学之纲领，不外此等问题，当分别说之于后。

第二章　良心论

行为

良心之作用

良心者，不特告人以善恶之别，且迫人以避恶而就善者也。行一善也，良心为之大快；行一不善也，则良心之呵责随之，盖其作用之见于行为者如此。故欲明良心，不可不先论行为。

行为动作与行为之别

世固有以人生动作一切谓之行为者，而伦理学之所谓行为，则其义颇有限制，即以意志作用为原质者也。苟不本于意志之作用，谓之动作，而不谓之行为，如呼吸之属是也。而其他特别动作，苟或缘于生理之变常，无意识而为之，或迫于强权者之命令，不得已而为之。凡失其意志自由选择之权者，皆不足谓之行为也。

行为之原质为意志

是故行为之原质，不在外现之举动，而在其意志。意志之作用既起，则虽其动作未现于外，而未尝不可以谓之行为。盖定之以因，而非定之以果也。

法律与道德之别

法律之中，有论果而不求因者，如无意识之罪戾，不免处罚，而虽有恶意，苟未实行，则法吏不能过问是也。而道德则不然，有人于此，决意欲杀一人，其后阻于他故，卒不果杀。以法律绳之，不得谓之有罪，而绳以道德，则已与曾杀人者无异。是知道德之于法律，较有直内之性质，而其范围亦较广矣。

动机

意志作用起于欲望　欲望名为动机

行为之原质，既为意志作用，然则此意志作用，何由而起乎？曰：起于有所欲望。此欲望者，或为事物所惑，或为境遇所驱，各各不同，要必先有欲望，而意志之作用乃起。故欲望者，意志之所缘以动者也，因名之曰动机。

意志现为行为　动机为行为之至要原质　行为之善恶判于动机

凡人欲得一物，欲行一事，则有其所欲之事物之观念，是即所谓动机也。意志为此观念所动，而决行之，乃始能见于行为。如学生闭户自精，久而厌倦，则散策野外以振之，散策之观念，是为动机。意志为其所动，而决意一行，已而携杖出门，则意志实现而为行为矣。

夫行为之原质，既为意志作用，而意志作用，又起于动机，则动机也者，诚行为中至要之原质欤。

动机为行为中至要之原质，故行为之善恶，多判于此。而或专以此为判决善恶之对象，则犹未备。何则？凡人之行为，其结果苟在意料之外，诚可以不任其责。否则其结果之利害，既可预料，则行之者，虽非其欲望之所指，而其咎亦不能辞也。有人于此，恶其友之放荡无行，而欲有以劝阻之，此其动机之善者也。然或谏之不从，怒而殴之，以伤其友，此必非欲望之所在，然殴人必伤，既为彼之所能逆料，则不得因其动机之无恶，而并宽其殴人之罪也。是为判决善恶之准，则当于后章详言之。

良心之体用

良心与智情意　　良心该有智情意

人心之作用，蕃变无方，而得括之以智、情、意三者。然则良心之作用，将何属乎？在昔学者，或以良心为智、情、意三者以外特别之作用，其说固不可通。有专属之于智者，有专属之于情者，有专属之于意者，亦皆一偏之见也。以余观之，良心者，该智、情、意而有之，而不囿于一者也。凡人欲行一事，必先判决其是非，此良心作用之属于智者也。既判其是非矣，而后有当行不当行之决定，是良心作用之属于意者也。于其未行之先，善者爱之，否者恶之，既行之后，则乐之，否则悔之，此良心作用之属于情者也。

良心起于特别之行为

由是观之，良心作用，不外乎智、情、意三者之范围明矣。然使因此而谓智、情、意三者，无论何时何地，必有良心作用存焉，则亦不然。盖必其事有善恶可判者，求其行为所由始，而始有良心作用之可言也。故伦理学之所谓行为，本指其特别者，而非包含一切之行为。因而意志及动机，凡为行为之原质者，亦不能悉纳诸伦理之范围。惟其意志、动机之属，既已为伦理学之问题者，则其中不能不有良心作用，固可知矣。

良心有因他人之行为而起者

良心者，不特发于己之行为，又有因他人之行为而起者。如见人行善，而有亲爱尊敬赞美之作用；见人行恶，而有憎恶轻侮非斥之作用是也。

良心之权力

良心有无上之权力，以管辖吾人之感情。吾人于善且正者，常觉其不可不为；于恶且邪者，常觉其不可为。良心之命令，常若迫我以不能不从者，是则良心之特色，而为其他意识之所无者也。

良心每为妄念所阻

良心既与人以行为、不行为之命令，则吾人于一行为，其善恶邪正在疑似之间者，决之良心可矣。然人苟知识未充，或情欲太盛，则良心之力，每为妄念所阻。盖常有行事之际，良心与妄念交战于中，或终为妄念所胜者，其或邪恶之行为，已成习惯，则非痛除妄念，其良心之力，且无自而伸焉。

良心未发达之害

幼稚之年，良心之作用，未尽发达，每不知何者为恶，而率尔行之，如残虐虫鸟之属是也。而世之成人，抑或以政治若宗教之关系，而持其偏见，恣其非行者。毋亦良心作用未尽发达之故欤？

良心发达因人而异

良心虽人所同具，而以教育经验有浅深之别，故良心发达之程度，不能不随之而异，且亦因人性质而有厚薄之别。又竟有不具良心之作用，如肢体之生而残废者，其人既无领会道德之力，则虽有合于道德之行为，亦仅能谓之偶合而已。

智情意三者宜并养

以教育经验，发达其良心，青年所宜致意。然于智、情、意三者，不可有所偏重，而舍其余。使有好善恶之情，而无识别善恶之智力，则无意之中，恒不免自纳于邪。况文化日开，人事日繁，识别善恶，亦因而愈难，故智力不可不养也。有识别善恶之智力矣，而或弱于遂善避恶之意志，则与不能识别者何异？世非无富于经验之士，指目善恶，若烛照数计，而违悖道德之行，卒不能免，则意志薄弱之故也。故智、情、意三者，不可以不并养焉。

良心之起源

良心因经验而发现

人之有良心也，何由而得之乎？或曰：天赋之；或曰：生而固有之；或曰：由经验而得之。

天赋之说，最为茫然而不可信；其后二说，则仅见其一方面者也。盖人之初生，本具有可以为良心之能力，然非有种种经验，以涵养而扩充之，则其作用亦无自而发现，如植物之种子然。其所具胚胎，固有可以发育之能力，然非得日光水气之助，则无自而萌芽也。故论良心之本原者，当合固有及经验之两说，而其义始完。

进化定例　同情为良心作用之端绪

人所以固有良心之故，则昔贤进化论，尝详言之。盖一切生物，皆不能免于物竞天择之历史，而人类固在其中。竞争之效，使其身体之结构，精卵[神]之作用，宜者日益发达，而不宜者日趋于消灭，此进化之定例也。人之生也，不能孤立而自存，必与其他多数之人，相集合而为社会，为国家，而后能相生相养。夫既以相生相养为的，则其于一群之中，自相侵凌者，必被淘汰于物竞之界，而其种族之能留遗以至今者，皆其能互相爱护故也。此互相爱护之情曰同情。同情者，良心作用之端绪也。由此端绪，而本遗传之理，祖孙相承，次第进化，遂为人类不灭之性质，其所由来也久矣。

第三章　理想论

总论

标准

权然后知轻重，度然后知长短，凡两相比较者，皆不可无标准。今欲即人之行为，而比较其善恶，将以何者为标准乎？曰：至善而已，理想而已，人生之鹄而已。三者其名虽异，而核之于伦理学，则其义实同。何则？实现理想，而进化不已，即所以近于至善，而以达人生之鹄也。

良心为理想之标准

持理想之标准，而判断行为之善恶者，谁乎？良心也。行为犹两造，理想犹法律，而良心则司法官也。司法官标准法律，而判断两造之是非，良心亦标准理想，而判断行为之善恶也。

志向

夫行为有内在之因，动机是也；又有外在之果，动作是也。今即行为而判断之者，将论其因乎？抑论其果乎？此为古今伦理学者之所聚讼。而吾人所见，则已于良心论中言之。盖行为之果，或非人所能预料，而动机则又止于人之欲望之所注，其所以达其欲望者，犹未具也。故两者均不能专为判断之对象，惟兼取动机及其预料之果，乃得而判断之，是之谓志向。

理想因人而异亦因时而异

吾人即以理想为判断之标准，则理想者何谓乎？曰：窥现在之缺陷而求将来之进步，冀由是而驯至于至善之理想是也。故其理想，不特人各不同，即同一人也，亦复循时而异。如野人之理想，在足其衣食；而识者之理想，在餍于道义，此因人而异者也。吾前日之所是，及今日而非之；吾今日之所是，及他日而又非之，此一人之因时而异者也。

理想随境遇而益进

理想者，人之希望，虽在其意识中，而未能实现之于实在，且恒与实在者相反，及此理想之实现，而他理想又从而据之，故人之境遇日进步，而理想亦随而益进。理想与实在，永无完全符合之时，如人之夜行，欲踏己影而终不能也。

理想务求实现

惟理想与实在不同，而又为吾人必欲实现之境，故吾人有生生不息之象。使人而无理想乎，夙兴夜寐，出作入息，如机械然，有何生趣？是故人无贤愚，未有不具理想者。惟理想之高下，与人生品行，关系至巨。其下者，囿于至浅之乐天主义，奔走功利，老死而不变；或所见稍高，而欲以至简之作用达之，及其不果，遂意气沮丧，流于厌世主义，且有因而自杀者，是皆意力薄弱之故也。吾人不可无高尚之理想，而又当以坚忍之力向之，日新又新，务实现之而后已，斯则对于理想之责任也。

理想之关系，如是其重也，吾人将以何者为其内容乎？此为伦理学中至大之问题，而古来学说之所以多歧者也。今将述各家学说之概略，而后以吾人之意见抉定之。

快乐说

以快乐为人生之鹄

自昔言人生之鹄者，其学说虽各不同，而可大别为三：快乐说、克己说、实现说是也。

以快乐为人生之鹄者，亦有同异。以快乐之种类言，或主身体之快乐，或主精神之快乐，或兼二者而言之。以享此快乐者言，或主独乐，或主公乐。主公乐者，又有舍己徇人及人己同乐之别。

身体快乐是为悖谬

以身体之快乐为鹄者，其悖谬盖不待言。彼夫无行之徒，所以丧产业，损名誉，或并其性命而不顾者，夫岂非殉于身体之快乐故耶？且身体之快乐，人所同喜，不待教而后知，亦何必揭为主义以张之？徒足以助纵欲败度者之焰，而诱之于陷阱耳。血气方壮之人，幸毋为所惑焉。

独乐不足为准的 舍己徇人不近人情

独乐之说，知有己而不知有人，苟吾人不能离社会而独存，则其说决不足以为道德之准的，而舍己徇人之说，亦复不近人情，二者皆可以舍而不论也。

以人我同乐为鹄

人我同乐之说，亦谓之功利主义，以最多数之人，得最大之快乐，为其鹄者也。彼以为人之行事，虽各不相同，而皆所以求快乐，即为蓄财产养名誉者，时或耐艰苦而不辞，要亦以财产名誉，足为快乐之预备，故不得不舍目前之小快乐，以预备他日之大快乐耳。

而要其趋于快乐则一也，故人不可不以最多数人得最大快乐为理想。

快乐随人而不同

夫快乐之不可以排斥，固不待言。且精神之快乐，清白高尚，尤足以鼓励人生，而慰藉之于无聊之时。其裨益于人，良非浅鲜。惟是人生必以最多数之人，享最大之快乐为鹄者，何为而然欤？如仅曰社会之趋势如是而已，则尚未足以为伦理学之义证。且快乐者，意识之情状，其浅深长短，每随人而不同；我之所乐，人或否之；人之所乐，亦未必为我所赞成。所谓最多数人之最大快乐者，何由而定之欤？持功利主义者，至此而穷矣。

快乐为道德之效果

盖快乐之高尚者，多由于道德理想之实现，故快乐者，实行道德之效果，而非快乐即道德也。持快乐说者，据意识之状况，而揭以为道德之主义，故其说有不可通者。

克己论

克己　遏欲　节欲

反对快乐说而以抑制情欲为主义者，克己说也。克己说中，又有遏欲与节欲之别。遏欲之说，谓人性本善，而情欲淆之，乃陷而为恶。故欲者，善之敌也。遏欲者，可以去恶而就善也。节欲之说，谓人不能无欲，徇欲而忘返，乃始有放僻邪侈之行，故人必有所以节制其欲者而后可，理性是也。

行为质于良心

又有为良心说者，曰：人之行为，不必别立标准，比较而拟议之，宜以简直之法，质之于良心。良心所是者行之，否者斥之，是亦不外乎使情欲受制于良心，亦节欲说之流也。

克己非完全之学说

遏欲之说，悖乎人情，殆不可行。而节欲之说，亦尚有偏重理性而疾视感情之弊。且克己诸说，虽皆以理性为中坚，而于理性之内容，不甚研求，相竞于避乐就苦之作用，而能事既毕，是仅有消极之道德，而无积极之道德也。东方诸国，自昔偏重其说，因以妨私人之发展，而阻国运之伸张者，其弊颇多。其不足以为完全之学说，盖可知矣。

实现说

纯粹之道德主义

快乐说者，以达其情为鹄者也；克己说者，以达其智为鹄者也。人之性，既包智、情、意而有之，乃舍其二而取其一，揭以为人生之鹄。不亦偏乎？必也举智、情、意三者而悉达之，尽现其本性之能力于实在，而完成之，如是者，始可以为人生之鹄。此则实现说之宗旨，而吾人所许为纯粹之道德主义者也。

发展人格

人性何由而完成？曰：在发展人格。发展人格者，举智、情、意而统一之光明之之谓也。盖吾人既非木石，又非禽兽，则自有所以为人之品格，是谓人格。发展人格，不外乎改良其品格而已。

人格价值即为人之价值

人格之价值，即所以为人之价值也。世界一切有价值之物，无足以拟之者，故为无对待之价值，虽以数人之人格言之，未尝不可为同异高下之比较；而自一人言，则人格之价值，不可得而数量也。

保全人格之道

人格之可贵如此，故抱发展人格之鹄者，当不以富贵而淫，不以贫贱而移，不以威武而屈。死生亦大矣，而自昔若颜真卿、文天祥辈，以身殉国，曾不踌躇，所以保全其人格也。人格既堕，则生亦胡颜；人格无亏，则死而不朽。孔子曰："朝闻道，夕死可矣。"良有以也。

人格以盖棺论定

自昔有天道福善祸淫之说，世人以跖蹻之属，穷凶而考终；夷齐之伦，求仁而饿死，则辄谓天道之无知，是盖见其一而不见其二者。人生数十寒暑耳，其间穷通得失，转瞬而逝；而盖棺论定，或流芳百世，或遗臭万年，人格之价值，固历历不爽也。

人格之寿命无限量

人格者，由人之努力而进步，本无止境，而其寿命，亦无限量焉。向使孔子当时为桓魋所杀，孔子之人格，终为百世师。苏格拉底虽仰毒而死，然其人格，至今不灭。人格之寿命，何关于生前之境遇哉。

发展人格在致力本务　人格发展必与社会相应

发展人格之法，随其人所处之时地而异，不必苟同，其致力之所，即在本务，如前数卷所举，对于自己，若家族、若社会、若国家之本务皆是也。而其间所尤当致意者，为人与社会之关系。盖社会者，人类集合之有机体。故一人不能离社会而独存，而人格之发展，必与社会之发展相应。不明乎此，则有以独善其身为鹄，而不惜意于社会者。岂知人格者，谓吾人在社会中之品格，外乎社会，又何所谓人格耶？

第四章　本务论

本务之性质及缘起

本务有可为不可不为两义

本务者，人生本分之所当尽者也，其中有不可为及不可不为之两义。如孝友忠信，不可不为者也；窃盗欺诈，不可为者也。是皆人之本分所当尽者，故谓之本务。既知本务，则必有好恶之感情随之，而以本务之尽否为苦乐之判也。

发展人格不能不异其方法

人生之鹄，在发展其人格，以底于大成。其鹄虽同，而所以发展之者，不能不随时地而异其方法。故所谓当为、不当为之事，不恃数人之间，彼此不能强同，即以一人言之，前后亦有差别。如学生之本务，与教习之本务异；官吏之本务，与人民之本务异。均是忠也，军人之忠，与商贾之忠异，是也。

本务之观念起于良心

人之有当为不当为之感情，即所谓本务之观念也。是何由而起乎？曰自良心。良心者，道德之源泉，如第二章所言是也。

本务之节目准诸理想

良心者，非无端而以某事为可为某事为不可为也，实核之于理想，其感为可为者，必其合于理想者也；其感为不可为者，必背于理想者也。故本务之观念，起于良心，而本务之节目，实准诸理想。理想者，所以赴人生之鹄者也。然则谓本务之缘起，在人生之鹄可也。

道德之本务无可解免

本务者，无时可懈者也。法律所定之义务，人之负责任于他人若社会者，得以他人若社会之意见而解免之。道德之本务，则与吾身为形影之比附，无自而解免之也。

然本务亦非责人以力之所不及者，按其地位及境遇，尽力以为善斯可矣。然则人者，既不能为本务以上之善行，亦即不当于本务以下之行为，而自谓已足也。

本务无强制

人之尽本务也，其始若难，勉之既久，而成为习惯，则渐造自然矣。或以为本务者，必寓有强制之义，从容中道者，不可以为本务，是不知本务之义之言也。盖人之本务，本非由外界之驱迫，不得已而为之，乃其本分所当然耳。彼安而行之者，正足以见德性之成立，较之勉强而行者，大有进境焉。

道德之权利与法律所定之权利异

法律家之恒言曰：有权利必有义务；有义务必有权利。然则道德之本务，亦有所谓权利乎？曰有之。但与法律所定之权利，颇异其性质。盖权利之属，本乎法律者，为其人所享之利益，得以法律保护之，其属于道德者，则惟见其反抗之力，即不尽本务之时，受良心之呵责是也。

本务之区别

人之本务，随时地而不同，既如前说。则列举何等之人，而条别其本务，将不胜其烦，而溢于理论伦理学之范围。至因其性质之大别，而辜较论之，则又前数卷所具陈也，今不赘焉。

本务缓急之别

今所欲论者，乃在本务缓急之别。盖既为本务，自皆为人所不可不尽，然其间自不能无大小轻重之差。人之行本务也，急其大者重者，而缓其小者轻者，所不待言。惟人事蕃变，错综无穷，置身其间者，不能无歧路亡羊之惧。如石奢追罪人，而不知杀人者乃其父；王陵为汉御楚，而楚军乃以其母劫之。其间顾此失彼，为人所不能不惶惑者，是为本务之矛盾，断之者宜审当时之情形而定之。盖常有轻小之本务，因时地而转为重大；亦有重大之本务，因时地而变为轻小者，不可以胶柱而鼓瑟也。

本务之责任

本务有实行之责任

人既有本务，则即有实行本务之责任。苟可以不实行，则亦何所谓本务？是故本务观念中，本含有责任之义焉。惟是责任之关于本务者，不特在未行之先，而又负之于既行以后。譬如同宿之友，一旦罹疾，尽心调护，我之本务，有实行之责任者也。实行以后，调护之得当与否，我亦不得不任其责。是故责任有二义。而今之所论，则专属于事后之责任焉。

志向

夫人之实行本务也，其于善否之间，所当任其责者何在？曰在其志向。志向者，兼动机及其预料之果而言之也。动机善矣，其结果之善否，苟为其人之所能预料，则亦不能不任其责也。

意志自由

人之行事，何由而必任其责乎？曰：由于意志自由。凡行事之始，或甲或乙，悉任其意志之自择，而别无障碍之者也。夫吾之意志，既选定此事，以为可行而行之，则其责不属于吾而谁属乎？

自然现象，无不受范于因果之规则，人之行为亦然。然当其未行之先，行甲乎，行乙乎？一任意志之自由，而初非因果之规则所能约束，是即责任之所由生，而道德法之所以与自然法不同者也。

责任与良心之关系

本务之观念，起于良心，既于第一节言之。而责任之与良心，关系亦密。凡良心作用未发达者，虽在意志自由之限，而其对于行为之责任，亦较常人为宽，如儿童及蛮人是也。

责任之所由生，非限于实行本务之时，则其与本务关系较疏。然其本源，则亦在良心作用，故附论于本务之后焉。

第五章　德论

德之本质

凡实行本务者，其始多出于勉强，勉之既久，则习与性成。安而行之，自能欣合于本务，是之谓德。

德之原质赅有智情意三者

是故德者，非必为人生固有之品性，大率以实行本务之功，涵养而成者也。顾此等品性，于精神作用三者将何属乎？或以为专属于智，或以为专属于情，或以为专属于意。然德者，良心作用之成绩。良心作用，既赅智、情、意三者而有之，则以德之原质，为有其一而遗其二者，谬矣。

人之成德也，必先有识别善恶之力，是智之作用也。既识别之矣，而无所好恶于其间，则必无实行之期，是情之作用，又不可少也。既识别其为善而笃好之矣，而或犹豫畏葸，不敢决行，则德又无自而成，则意之作用，又大有造于德者也。故智、情、意三者，无一而可偏废也。

德之种类

德说之异同

德之种类，在昔学者之所揭，互有异同，如孔子说以智、仁、勇三者，孟子说以仁、义、礼、智四者，董仲舒说以仁、义、礼、智、信五者；希腊柏拉图说以智、勇、敬、义四者，雅里士多德说以仁、智二者，果以何者为定论乎？

德有内外两方面

吾侪之意见，当以内外两方面别类之。自其作用之本于内者而言，则孔子所举智、仁、勇三德，即智、情、意三作用之成绩，其说最为圆融。自其行为之形于外者而言，则当为自修之德，对于家族之德，对于社会之德，对于国家之德，对于人类之德。凡人生本务之大纲，即德行之最目焉。

修德

良心发现即为修德之基

修德之道，先养良心。良心虽人所同具，而汩于恶习，则其力不充。然苟非梏亡殆尽，良心常有发现之时，如行善而惬，行恶而愧是也。乘其发现而扩充之，涵养之，则可为修德之基矣。

为善无分大小

涵养良心之道，莫如为善。无问巨细，见善必为，日积月累，而思想云为，与善相习，则良心之作用昌矣。世或有以小善为无益而弗为者，不知善之大小，本无定限，即此弗为小善之见，已足误一切行善之机会而有余，他日即有莫大之善，亦将贸然而不之见。有志行善者，不可不以此为戒也。

去恶为行 善之本

既知为善，尤不可无去恶之勇。盖善恶不并立，去恶不尽，而欲滋其善，至难也。当世弱志薄行之徒，非不知正义为何物，而逡巡犹豫，不能决行者，皆由无去恶之勇，而恶习足以掣其肘也。是以去恶又为行善之本。

改过　悔悟为去恶迁善之机

人即日以去恶行善为志，然尚不能无过，则改过为要焉。盖过而不改，则至再至三，其后遂成为性癖，故必慎之于始。外物之足以诱惑我者，避之若浼，一有过失，则翻然悔改，如去垢衣。勿以过去之不善，而遂误其余生也。恶人洗心，可以为善人；善人不改过，则终为恶人。悔悟者，去恶迁善之一转机，而使人由于理义之途径也。良心之光，为过失所壅蔽者，至此而复焕发。缉之则日进于高明，炀之则顿沉于黑暗。微乎危乎，悔悟之机，其慎勿纵之乎！

进德贵于自省

人各有所长，即亦各有所短，或富于智虑，而失之怯懦；或勇于进取，而不善节制。盖人心之不同，如其面焉。是以人之进德也，宜各审其资禀，量其境遇，详察过去之历史，现在之事实，与夫未来之趋向，以与其理想相准，而自省之。勉其所短，节其所长，以求达于中和之境，否则从其所好，无所顾虑，即使贤智之过，迥非愚不肖者所能及，然伸于此者诎于彼，终不免为道德界之畸人矣。曾子有言，吾日三省吾身。以彼大贤，犹不敢自纵如此，况其他乎！

然而自知之难，贤哲其犹病诸。徒恃反观内省，尚不免于失真；必接种种人物，涉种种事变，而屡省验之；又复质询师友，博览史籍，以补其不足。则于锻炼德性之功，庶乎可矣。

第六章　结论

道德有积极消极之别　独善君子未可为完人

道德有积极、消极二者：消极之道德，无论何人，不可不守。在往昔人权未昌之世，持之最严。而自今日言之，则仅此而已，尚未足以尽修德之量。盖其人苟能屏出一切邪念，志气清明，品性高尚，外不愧人，内不自疚，其为君子，固无可疑，然尚囿于独善之范围，而未可以为完人也。

人类不可无积极之道德

人类自消极之道德以外，又不可无积极之道德，既涵养其品性，则又不可不发展其人格也。人格之发展，在洞悉夫一身与世界种种之关系，而开拓其能力，以增进社会之利福。正鹄既定，奋进而不已，每发展一度，则其精进之力，必倍于前日。纵观立功成事之人，其进步之速率，无不与其所成立之事功而增进，固随在可证者。此实人格之本性，而积极之道德所赖以发达者也。

消极道德　必以积极道德济之

然而人格之发展，必有种子，此种子非得消极道德之涵养，不能长成，而非经积极道德之扩张，则不能蕃盛。故修德者，当自消极之道德始，而又必以积极之道德济之。消极之道德，与积极之道德，譬犹车之有两轮，鸟之有两翼焉，必不可以偏废也。

第三篇

国／民／修／养／散／论

　　尚有几句紧要的话，就是文化是要实现的，不是空口提倡的。文化是要各方面平均发展的，不是畸形的。文化是活的，是要时时进行的，不是死的，可以一时停滞的。所以要大家在各方面实地进行。而且时时刻刻地努力，这才可以当得文化运动的一句话。

就任北京大学校长之演说词

五年前，严几道先生为本校校长时，余方服务教育部，开学日曾有所贡献于同校。诸君多自预科毕业而来，想必闻知。士别三日，刮目相见，况时阅数载，诸君较昔当必为长足之进步矣。予今长斯校，请更以三事为诸君告。

一曰抱定宗旨

诸君来此求学，必有一定宗旨，欲求宗旨之正大与否，必先知大学之性质。今人肄业专门学校，学成任事，此固势所必然。而在大学则不然，大学者，研究高深学问者也。外人每指摘本校之腐败，以求学于此者，皆有做官发财思想，故毕业预科者，多入法科，入文科者甚少，入理科者尤少，盖以法科为干禄之终南捷径也。因做官心热，对于教员，则不问其学问之浅深，惟问其官阶之大小。官阶大者，特别欢迎，盖为将来毕业有人提携也。现在我国精于政法者，多入政界，专任教授者甚少，故聘请教员，不得不聘请兼职之人，亦属不得已之举。究之外人指摘之当否，姑不具论。然弭谤莫如自修，人讥我腐败，而我不腐败，问心无愧，于我何损？果欲达其做官发财之目的，则北京不少专门学校，入法科者尽可肄业法律学堂，入商科者亦可投考商业学校，又何必来此大学？所以诸君须抱定宗旨，为求学而来。入法科者，非为做官；入商科者，非为致富。宗旨既定，自趋正轨。诸君肄业于此，或三年，或四年，时间不为不多，苟能爱惜光阴，孜孜求学，则其造诣，容有底止。若徒志在做官发财，宗旨既乖，趋向自异。平时则放荡冶游，考试则熟读讲义，不问学问之有无，惟争分数之多寡；试验既终，书籍束之高阁，毫不过问，敷衍三四年，潦草塞责，文凭到手，即可借此活动于社会，岂非与求学初衷大相背驰乎？光阴虚度，学问毫无，是自误也。且辛亥之役，吾人之所以革命，因清廷官吏之腐败。即在今日，吾人对于当轴多不满意，亦以其道德沦丧。今诸君苟不于此时植其基，勤其学，则将来万一因生计所迫，出而任事，担任讲席，则必贻误学生；置身政界，则必贻误国家。是误人也。误己误人，又岂本心所愿乎？故宗旨不可以不正大。此余所希望于诸君者一也。

二曰砥砺德行

方今风俗日偷，道德沦丧，北京社会，尤为恶劣，败德毁行之事，触目皆是，非根基深固，鲜不为流俗所染。诸君肄业大学，当能束身自爱。然国家之兴替，视风俗之厚薄。流俗如此，前途何堪设想。故必有卓绝之士，以身作则，力矫颓俗。诸君为大学学生，地位甚高，肩此重任，责无旁贷，故诸君不惟思所以感己，更必有以励人。苟德之不修，学之不讲，同乎流俗，合乎污世，己且为人轻侮，更何足以感人。然诸君终日伏首案前，芸芸攻苦，毫无娱乐之事，必感身体上之苦痛，为诸君计，莫如以正当之娱乐，易不正当之娱乐，庶于道德无亏，而于身体有益。诸君入分科时，曾填写愿书，遵守本校规则，苟中道而违之，岂非与原始之意相反乎？故品行不可以不谨严。此余所希望于诸君者二也。

三曰敬爱师友

教员之教授，职员之任务，皆以图诸君求学便利，诸君能无动于衷乎？自应以诚相待，敬礼有加。至于同学共处一堂，尤应互相亲爱，庶可收切磋之效。不惟开诚布公，更宜道义相勖，盖同处此校，毁誉共之。同学中苟道德有亏，行有不正，为社会所訾謷，己虽规行矩步，亦莫能辩，此所以必互相劝勉也。余在德国，每至店肆购买物品，店主殷勤款待，付价接物，互相称谢，此虽小节，然亦交际所必需，常人如此，况堂堂大学生乎？对于师友之敬爱，此余所希望于诸君者三也。

余到校视事仅数日，校事多未详悉，兹所计划者二事：一曰改良讲义。诸君既研究高深学问，自与中学、高等不同，不惟恃教员讲授，尤赖一己潜修。以后所印讲义，只列纲要，细微末节，以及精旨奥义，或讲师口授，或自行参考，以期学有心得，能裨实用。二曰添购书籍。本校图书馆书籍虽多，新出者甚少，苟不广为购办，必不足供学生之参考。刻拟筹集款项，多购新书，将来典籍满架，自可旁稽博采，无虞缺乏矣。今日所与诸君陈说者只此，以后会晤日长，随时再为商榷可也。

对于新教育之意见

近日在教育部与诸同人新草学校法令，以为征集高等教育会议之预备，颇承同志饷以谠论。顾关于教育方针者殊寡，辄先述鄙见以为嚆引，幸海内教育家是正之。

教育有二大别：曰隶属于政治者，曰超轶乎政治者。专制时代（兼立宪而含专制性质者言之），教育家循政府之方针以标准教育，常为纯粹之隶属政治者。共和时代，教育家得立于人民之地位以定标准，乃得超轶政治之教育。清之季世，隶属政治之教育，腾于教育家之口者，曰军国民教育。夫军国民教育者，与社会主义僻驰，在他国已有道消之兆。然在我国，则强邻交逼，亟图自卫，而历年丧失之国权，非凭借武力，势难恢复。且军人革命以后，难保无军人执政之一时期，非行举国皆兵之制，将使军人社会，永为全国中特别之阶级，而无以平均其势力。则如所谓军国民教育者，诚今日所不能不采者也。

虽然，今之世界，所恃以竞争者，不仅在武力，而尤在财力。且武力之半，亦由财力而孳乳。于是有第二之隶属政治者，曰实利主义之教育，以人民生计为普通教育之中坚。其主张最力者，至以普通学术，悉寓于树艺、烹饪、裁缝及金、木、土工之中。此其说创于美洲，而近亦盛行于欧陆。我国地宝不发，实业界之组织尚幼稚，人民失业者至多，而国甚贫。实利主义之教育，固亦当务之急者也。

是二者，所谓强兵富国之主义也。顾兵可强也，然或溢而为私斗，为法兰西之革命也，所标揭者，曰自由、平等、亲爱。道德之要旨，尽于是矣。孔子曰：匹夫不可夺志。孟子曰：大丈夫者，富贵不能淫，贫贱不能移，威武不能屈。自由之谓也。古者盖谓之义。孔子曰：己所不欲，勿施于人。子贡曰：我不欲人之加诸我也，吾亦欲毋加诸人。《礼记·大学》曰：所恶于前，毋以先后；所恶于后，毋以从前；所恶于右，毋以交于左；所恶于左，毋以交于右。平等之谓也。古者盖谓之恕。自由者，就主观而言之也。然我欲自由，则亦当尊人之自由，故通于客观。平等者，就客观而言之也。然我不以不平等遇人，则亦不容人之以不平等遇我，故通于主观。二者相对而实相成，要皆由消极一方面言之。苟不进之以积极之道德，则夫吾同胞中，固有因生禀之不齐，境遇之所迫，企自由而不遂，求与人平等而不能者。将一切恝置之，而所谓自由若平等之量，仍不能无缺陷。孟子曰：鳏寡孤独，天下之穷民而无告者也。张子曰：凡天下疲癃残疾茕独鳏寡，皆吾兄弟之颠连而无告者也。禹思天下有溺者，由己溺之。稷思天下有饥者，由己饥之。伊尹思天下之人，匹夫匹妇有不与被尧舜之泽者，若己推而纳之沟中。孔子曰：己欲立而立人，己欲达而达人。亲爱之谓也。古者盖谓之仁。三者诚一切道德之根源，而公民道德教育之所有事者也。

教育而至于公民道德，宜若可为最终之鹄的矣。曰未也。公民道德之教育，犹未能超轶乎政治者也。世所谓最良政治者，不外乎以最大多数之最大幸福为鹄的。最大多数者，积最少数之一人而成者也。一人之幸福，丰衣足食也，无灾无害也，不外乎现世之幸福。积一人幸福而为最大多数，其鹄的犹是。立法部之所评议，行政部之所执行，司法部之所保护，如是而已矣。即进而达礼运之所谓大道为公，社会主义家所谓未来之黄金时代，人各尽所能，而各得其所需要，要亦不外乎现世之幸福。盖政治之鹄的，如是而已矣。一切隶属政治之教育，充其量亦如是而已矣。

虽然，人不能有生而无死。现世之幸福，临死而消灭。人而仅仅以临死消灭之幸福为鹄的，则所谓人生者有何等价值乎？国不能有存而无亡，世界不能有成而无毁，全国之民，全世界之人类，世世相传，以此不息乎？就一社会而言之，与我以自由乎，否则与我以死，争一民族之自由，不至沥全民族最后之一滴血不已，不到全国为一大冢不已，有何等意义乎？且人既无一死生破利害之观念，则必无冒险之精神，无远大之计划，见小利，急近功，则又能保其不为失节堕行身败名裂之人乎？谚曰当局者迷，旁观者清，非有出世间之思想者，不能善处世间事，吾人即仅仅以坺世幸福为鹄的，犹不可无超轶现世之观念，况鹄的不止于此者乎？

以现世幸福为鹄的者，政治家也；教育家则否。盖世界有两方面，如一纸之有表里：一为现象，一为实体。现象世界之事为政治，故以造成现世幸福为鹄的：实体世界之事为宗教，故以摆脱现世幸福为作用。而教育者，则立于现象世界，而有事于实体世界者也。故以实体世界之观念为其究竟之大目的，而以现象世界之幸福为其达于实体观念之作用。

然则现象世界与实体世界之区别何在耶？曰：前者相对，而后者绝对；前者范围于因果律，而后者超轶乎因果律；前者与空间时间有不可离之关系，而后者无空间时间之可言；前者可以经验，而后者全恃直观。故实体世界者，不可名言者也。然而既以是为观念之一种矣，则不得不强为之名，是以或谓之道，或谓之太极，或谓之神，或谓之黑暗之意识，或谓之无识之意志。其名可以万殊，而观念则一。虽哲学之流派不同，宗教家之仪式不同，而其所到达之最高观念皆如是。（最浅薄之唯物论哲学，及最幼稚之宗教祈长生求福利者，不在此例。）

然则，教育家何以不结合于宗教，而必以现象世界之幸福为作用？曰：世固有厌世派之宗教若哲学，以提撕实体世界观念之故，而排斥现象世界。因以现象世界之文明为罪恶之源，而一切排斥之者。吾以为不然。现象实体，仅一世界之两方面，非截然为互相冲突之两世界。吾人之感觉，既托于现象世界，则所谓实体者，即在现象之中，而非必灭乙而后生甲。其现象世界间所以为实体世界之障碍者，不外二种意识：一、人我之差别；二、幸福之营求是也。人以自卫力不平等而生强弱，人以自存力不平等而生贫富。有强弱贫富，而彼我差别之意识起。弱者贫者，苦于幸福之不足，而营求之意识起。有人我，则于现象中有种种之界画，而与实识界之营求泯，人我之见亦化。合现象世界各别之意识为浑同，而得与实体吻合焉。故现世幸福，为不幸福之人类到达于实体世界之一种作用，盖无可疑者。军国民、实利两主义，所以补自卫自存之力之不足。道德教育，则所以使之互相卫互相存，皆所以泯营求而忘人我者也。由是而进以提撕实体观念之教育。

提撕实体观念之方法如何？曰：消极方面，使对于现象世界，无厌弃而亦无执著；积极方面，使对于实体世界，非常渴慕而渐进于领悟。循思想自由言论自由之公例，不以一流派之哲学一宗门之教义梏其心，而惟时时悬一无方体无始终之世界观以为鹄。如是之教育，吾无以名之，名之曰世界观教育。

虽然，世界观教育，非可以旦旦而聒之也。且其与现象世界之关系，又非可以枯槁单简之言说袭而取之也。然而何道之由？曰美感之教育。美感者，合美丽与尊严而言之，介乎现象世界与实体世界之间，而为津梁。此为康德所创造，而嗣后哲学家未有反对之者也。在现象世界，凡人皆有爱恶惊惧喜怒悲乐之情，随离合生死祸福利害之现象而流转。至美术则即以此等现象为资料，而能使对之者，自美感以外，一无杂念。例如采莲煮豆，饮食之事也，而一入诗歌，则别成兴趣。火山赤舌，大风破舟，可骇可怖之景也，而一入图画，则转堪展玩。是则对于现象世界，无厌弃而亦无执著也。人既脱离一切现象世界相对之感情，而为浑然之美感，则即所谓与造物为友，而已接触于实体世界之观念矣。故教育家欲由现象世界而引以到达于实体世界之观念，不可不用美感之教育。

五者，皆今日之教育所不可偏废者也。军国民主义、实利主义、德育主义三者，为隶属于政治之教育。（吾国古代之道德教育，则间有兼涉世界观者，当分别论之。）世界观、美育主义二者，为超轶政治之教育。

以中国古代之教育证之，虞之时，夔典乐而教胄子以九德，德育与美育之教育也。周官以卿三物教万民，六德六行，德育也。六

253

艺之射御，军国民主义也。书数，实利主义也。礼为德育；而乐为美育。以西洋之教育证之，希腊人之教育为体操与美术，即军国民主义与美育也。

以心理学各方面衡之，军国民主义毗于意志；实利主义毗于知识、德育兼意志情感两方面；美育毗于情感；而世界观则统三者而一之。

以教育界之分言三育者衡之，军国民主义为体育；实利主义为智育；公民道德及美育皆毗于德育；而世界观则统三者而一之。

以教育家之方法衡之，军国民主义，世界观，美育，皆为形式主义；实利主义为实质主义；德育则二者兼之。

譬之人身：军国民主义者，筋骨也，用以自卫；实利主义者，胃肠也，用以营养；公民道德者，呼吸机循环机也，周贯全体；美育者，神经系也，所以传导；世界观者，心理作用也，附丽于神经系，而无迹象之可求。此即五者不可偏废之理也。

本此五主义而分配于各教科，则视各教科性质之不同，而各主义所占之分数，亦随之而异。国语国文之形式，其依准文法者属于实利，而依准美词学者，属于美感。其内容则军国民主义当占百分之十，实利主义当占其四十，德育当占其二十，美育当占其二十五，而世界观则占其五。

修身，德育也，而以美育及世界观参之。

历史，地理，实利主义也。其所叙述，得并存各主义。历史之英雄，地理之险要及战绩，军国民主义也；记美术家及美术沿革，写各地风景及所出美术品，美育也；记圣贤，述风俗，德育也；因历史之有时期，而推之于无终始，因地理之有涯涘，而推之于无方体，及夫烈士、哲人、宗教家之故事及遗迹，皆可以为世界观之导线也。

算学，实利主义也，而数为纯然抽象者。希腊哲人毕达哥拉士以数为万物之源，是亦世界观之一方面；而几何学各种线体，可以资美育。

物理化学，实利主义也。原子电子，小莫能破，爱耐而几（Energy），范围万有，而莫知其所由来，莫穷其所究竟，皆世界观之导线也；视官听官之所触，可以资美感者尤多。

博物学，在应用一方面，为实利主义；而在观感一方面，多为美感。研究进化之阶段，可以养道德，体验造物之万能，可以导世界观。

唱歌，美育也，而其内容，亦可以包含种种主义。

手工，实利主义也，亦可以兴美感。

游戏，美育也；兵式体操，军国民主义也；普通体操，则兼美育与军国民主义二者。

上之所著，仅具辜较，神而明之，在心知其意者。

满清时代，有所谓钦定教育宗旨者，曰忠君，曰尊孔，曰尚公，曰尚武，曰尚实。忠君与共和政体不合，尊孔与信教自由相违（孔子之学术，与后世所谓儒教、孔教当分别论之。嗣后教育界何以处孔子，及何以处孔教，当特别讨论之，兹不赘），可以不论。尚武，即军国民主义也。尚实，即实利主义也。尚公，与吾所谓公民道德，其范围或不免有广狭之异，而要为同意。惟世界观及美育，则为彼所不道，而鄙人尤所注重，故特疏通而证明之，以质于当代教育家，幸教育家平心而讨论焉。

中华民族与中庸之道

——在亚洲学会演说词

　　我等所生活的世界，是相对的，而我人恒取其平衡点。例如在生理上，循环系动脉与静脉相对而以心脏为中点；消化系吸收与排泄相对而以胃为中点。在心理概念上，就空间言，有左即有右，有前即有后，有上即有下，而我等个人即为其中心。以时间言，有过去即有将来，而我人即以现在为中点，这都是自然而然，谁也不能反对的。在行为上，也应有此原则，而西洋哲学家，除亚里士多德曾提倡中庸之道外（如勇敢为怯懦与卤莽的折中，节制为吝啬与浪费的折中等），鲜有注意及此的；不是托尔斯泰的极端不抵抗主义，便是尼采的极端强权主义；不是卢梭的极端放任论，就是霍布斯的极端干涉论；这完全因为自希腊民族以外，其他民族性，都与中庸之道不投合的缘故。独我中华民族，凡持极端说的，一经试验，辄失败；而为中庸之道，常为多数人所赞同，而且较为持久。这可用两种最有权威的学说来证明他：一是民元十五年以前二千余年传统的儒家；一是近年所实行的孙逸仙博士的三民主义。

　　儒家所标举以为模范的人物，始于四千年前的尧、舜、禹，而继以三千五百年前的汤，三千年前的文、武。《论语》记尧传位于舜，命以"允执厥中"；舜的执中怎样？《礼记·中庸篇》说道："舜好察迩言，执其两端，用其中于民。"《尚书》说舜以典乐的官司教育，命他教子弟要"直而温，宽而栗，刚而无虐，简而无傲"；直宽与刚简，虽是善德；但是过直就不温，过宽就不栗，过刚就虐，过简就傲，用温、栗、无虐、无傲作界说，就是中庸的意思。舜晚年传位于禹，也命他允执厥中。禹的执中怎样？孔子说："禹菲饮食而致孝乎鬼神；恶衣服而致美乎黻冕，卑宫室而尽力乎沟洫。"若是因个人衣食住的尚俭而对于祭品礼服与田间工事都从简率，便是不及；又若是因祭品礼服与田间工事的完备，而对于个人的衣食住，也尚奢侈，便是太过；禹没有不及与过，便是中庸。汤的事迹，可考的很少；但孟子说"汤执中"，是与尧、舜、禹一样。文、武虽没有中庸的标榜，但孔子曾说："张而弗弛，文、武弗能也；弛而弗张，文、武弗为也；一张一弛，文武之道也。"是文、武不肯为张而弗弛的太过，也不肯为弛而弗张的不及，一张一弛，就是中庸。至于儒家的开山孔子曾说："道之不行也，贤者过之，不肖者不及也；道之不明也，知者过之，愚者不及也，"又尝说："过犹不及。"何等看重中庸！又说："质胜文则野，文胜质则史，文质彬彬，然后君子。"是求文质的中庸。又说："君子之于天下也，无过也，无莫也，义之与比。"又说："我无可无不可。"是求可否的中庸。又说："君子惠而不费，劳而不怨，欲而不贪，泰而不骄，威而不猛。"他的弟子说："孔子温而厉，威而不猛，泰而安。"这都是中庸的态度。孔子的孙子子思作《中庸》

一篇，是传述祖训的。

在儒家成立的时代，与他同时并立的，有极右派的法家，断言性恶，取极端干涉论；又有极"左"派的道家，崇尚自然，取极端放任论。但法家的政策，试于秦而秦亡；道家的风习，试于晋而晋亡。在汉初，文帝试用道家，及其子景帝，即改用法家；及景帝之子武帝，即罢黜百家，专尊孔子，直沿用至清季。可见极右派与极"左"派，均与中华民族性不适宜，只有儒家的中庸之道，最为契合，所以沿用至两千年。现在国际交通，科学输入，于是有新学说继儒家而起，是为孙逸仙博士的三民主义。

三民主义虽多有新义，为往昔儒者所未见到，但也是以中庸之道为标准。例如持国家主义的，往往反对大同：持世界主义的，又往往蔑视国界，这是两端的见解；而孙氏的民族主义，既谋本民族的独立，又谋各民族的平等，是为国家主义与世界主义的折衷。尊民权的或不愿有强有力的政府，强有力的政府又往往蹂躏民族〔权〕，这又是两端的见解；而孙氏的民权主义，给人民以四权，专关于用人、制法的大计，谓之政权，给政府与五权，关于行政、立法、司法、监察、考试等庶政，谓之治权；人民有权而政府有能，是为人民与政府权能的折中。持资本主义的，不免压迫劳动；主张劳动阶级专政的，又不免虐待资本家；这又是两端的见解；而孙氏的民生主义，一方面以平均地权、节制资本、防资本家的专横；又一方面行种种社会政策，以解除劳动者的困难。要使社会上大多数的经济利益相调和、而不相冲突，这是劳资间的中庸之道。其他保守派反对欧化的输入，进取派又不注意国粹的保存；孙氏一方面主张恢复固有的道德与智能，一方面主张学外国之所长，是为国粹与欧化的折中。又如政制上，或专主中央集权，或专主地方分权，而孙氏则主张中央与地方之权限，采均权制度。凡事务有全国一致之性质的，划归中央；有因地制宜之性质的，划归地方；不偏于中央集权或地方分权，是为集权与分权的折中。其他率皆类此。

　　由此可见，孙博士创设这种主义，成立中国国民党，实在是适合于中华民族性，而与古代的儒家相当；与其他共产党的太过、国家主义派不及大异。所以当宪政时期尚未达到以前，中国国民党不能不担负训政的责任。

大学教育

大学教育者，学生于中学毕业以后，所受更进一级之教育也。其科目为文、理、神学、法、医、药、农、工、商、师范、音乐、美术、陆海军等。前五者自神学以外，为各国大学所公有。惟旧制合文、理为一科，而名为哲学，现今德语诸国，尚仍用之。农、工、商以下各科，多独立而为专门学校，如法国之国立美术专门学校（Ecole Nationale et Speciale des Beaux Arts）之类；抑或谓之高等学校，如德国之理工高等学校（Techniche Hochschnle）之类；或仅称学校，如法国百工学校（Ecole Polytechnique）之类；或单称学院，如法国巴士特学院（L'institut Pasteur）之类。用大学教育之广义，则可以包括之。我国旧仿日本制，于大学以下，有一种专门学校，如农业专门学校、医学专门学校之类。虽程度较低，年限较短，然既为中等学校以上之教育，不妨列诸大学教育之内。惟旧式之高等学校，后改为大学预科，而新制编入高级中学者，则当属于中学之范围，而于大学无关焉。

吾国历史上本有一种大学，通称太学，最早谓之上庠，谓之辟雍，最后谓之国子监。其用意与今之大学相类，有学生，有教官，有学科，有积分之法，有入学资格，有学位，其组织亦颇似今之大学。然最近时期，所谓国子监者，早已有名无实。故吾国今日之大学，乃直取欧洲大学之制而模仿之，并不自古之太学演化而成也。

欧洲大学，在拉丁原名，本为教者与学者之总会（Universitat Magrotrorum et Scholarium），其后演而为知识之总汇（Universitat Litterarum），而此后各国大学即取其总义为名。欧洲最早之大学，为十二、十三世纪间在意大利、法兰西、西班牙诸国所设者；十四世纪以后，盛行于德语诸国，即专设神学、法学、医学、哲学四科者是也。其初注重应用，几以哲学为前三科之预科。及科学与文哲之学各别发展，具有独立资格，遂演化而为文、理两科。然德语诸国，为哲学一科如故也。拿破仑时代，曾以神学、法学、医学为养成教士、法吏、医生之所，因指文理科为养成中学以上教员之所。各国虽不必皆有此种明文，而事实上自然有此趋势。所以各国皆于中学校以外，设师范学校，以养成小学教员；而于大学外，特设高等师范学校，以养成中学教员者，不多见也。法国于革命时，曾解散大学为各种专门学校；但其后又集合之而组为大学，均不设神学科，而可设药科；惟新自德国争回史太师埠之大学，有天主教与耶稣教之神学科各一，为例外耳。法国分全国为十七大学区，大学总长兼该区教育厅长，不特为大学内部之行政长，而一区以内中、小学校及其他一切教育行政，皆受其统辖焉。其保留中古时代教者与学者总会之旧制者，为英国之牛津、剑桥两大学。牛津由二十精舍（college）组成，剑桥由十七精舍组成。每一精舍，均为教员与学生共同生活之所。每一教员为若干学生之导师，示以为学之次第，而监督之。学生于求学以外，尤须努力于交际与运动，以为养成绅士资格之训练。

大学教员有教授、额外教授与讲师等，以一定时间，在教室讲授学理。其为实地练习者，有研究所、实验室、病院等。研究所（Seminal或作Tuotitut）大抵为文、法等科而设，备有图书及其他必要之参考品。本为高等学生练习课程之机关，故常有一种课程，由教员指定条目，举出参考书，令学生同时研究，而分期报告，以资讨论。抑或指定名著，分段研讨，与讲义相辅而行。而教员与毕业生之有志研究学术者，亦即在研究所用功。如古物学、历史学、美术史等研究所，间亦附有陈列所，与地质学、生物学等陈列所相等；不但供本校师生之考察，且亦定期公开，以便校外人参观。至于较大之建设，如植物院、动物院、天文台、美术、历史、自然史、民族学等博物院，则恒由国立或市立，而大学师生有特别利用之权。实验室大抵为理科及农、工、医等科而设；然文科之心理学、教育学、美学、言语学等，亦渐渐有实验室之需要。病院为医科而设，一方面为病人施治疗，一方面即为学生实习之所也。此外，则图书馆亦为大学最要之设备。

欧洲各国大学，自牛津、剑桥而外，其中心点皆在智育。对于学生平日之行动，学校不复干涉，亦不为学生设寄宿舍。大学生自经严格的中学教育以后，多能自治，学校不妨放任也。惟中古时代学生组合之遗风，演存于德语诸国者，尚有一种学生会。每一学生会，各有其特别之服装与徽章，遇学校典礼，如开学式、纪念会等，各会之学生，盛装驱车，招摇过市，而集于大学之礼堂，参与仪式焉。平日低年级学生有服役于高级生之义务，时时高会豪饮，又相与练习击剑之术。有时甲会与乙会有睚眦之怨，则相约而斗剑，非劙面流血不止。此等私斗之举，为警章所禁；而政府以其有尚武爱国之寓意，则故放任之，与牛津、剑桥之注重运动者同意也。然大学人数较多者，一部分学生，或以家贫，不能供入会费用；或以思想自由，不愿做无意识举动，则不入中古式之学生会，而有自由学生之号。所组织者，率为研究学术与服务社会之团体。大学生注重体育，为各国通例；美国大学，且有一部分学生，特受军事教育者。不特卫生道德，受其影响；而且为他日捍卫国家之准备。吾国各大学，近年于各种体育设备以外，又有学生军之组织，亦此意也。

大学有给予学位之权。德语诸国，仅有博士一级（Doktor）。学生非研究有得，提出论文，经本科教员认可，而又经过主课一种、副课两种之口试，完全通过者，不能得博士学位，即不能毕业。英语诸国，则有三级：第一学士（Bachelor of Arts）；第二硕士（Master of Arts）；第三博士。法国亦于博士以前有学士（La Licence）一级。大学又得以博士名义赠与世界著名学者，或国际上有特别关系之人物。

大学初设，惟有男生。其后虽间收女生，而入学之资格，学位之授予，均有严格制限。偶有特设女子大学者，程度亦较低。近年男女平权之理论，逐渐推行，女子求入大学者，人数渐多；于是男女同入大学及同得学位之待遇，遂通行于各国。

大学行政自由之程度，各国不同。法国教育权，集中于政府；大学皆国立，校长由政府任命之。英、美各国，大学多私立，经济权操于董事会，校长由董事会延聘之。德国各大学，或国立，或市立，而其行政权集中于大学之评议会。评议会由校长、大学法官、各科学长与一部分教授组成之。校长及学长，由评议会选举，一年一任。凡愿任大学教员者，于毕业大学而得博士学位后，继续研究；提出论文，经专门教授认可后，复在教授会受各有关系学科诸教授之质问，皆通过；又为公开讲演一次，始得为讲师。其后以著作与名誉之增进，值一时机，进而为额外教授，又递进而为教授，纯属大学内部之条件也。

大学以思想自由为原则。在中古时代，大学教科受教会干涉，教员不得以违禁书籍授学生。近代思想自由之公例，既被公认，能完全实现之者，厥惟大学。大学教员所发表之思想，不但不受任何宗教或政党之拘束，亦不受任何著名学者之牵掣。苟其确有所见，而言之成理，则虽在一校中，两相反对之学说，不妨同时并行，而一任学生之比较而选择，此大学之所以为大也。大学自然为教授、学生而设，然演进既深，已成为教员与学生共同研究之机关。所以一种讲义，听者或数百人以至千余人；而别有一种讲义，听者或仅数人：在学术上之价值，初不以是为轩轾也。如讲座及研究所之设备，既已成立，则虽无一学生，而教员自行研究，以其所得，贡献于世界，不必以学生之有无为作辍也。

受大学教育者，亦不必以大学生为限。各国大学均有收旁听生之例，不问预备程度，听其选择自由。又有一种公开讲演，或许校外人与学生同听，或专为校外人而设，务与普通服务之时间不相冲突。此所以谋大学教育之普及也。

在信教自由会之演说

　　鄙人今日因信教自由会新年俱乐会之机会，得与国会及学界、报界诸君相聚一堂，诚为鄙人之幸。窃闻今日论者往往有请定孔教为国教之议，鄙人对兹问题，深致骇异。据鄙人观察，宗教是宗教，孔子是孔子，国家是国家，各有范围，不能并作一谈。

　　请言宗教。上古之世，草昧初开，其民智识浅陋，所见惊奇疑义之事，皆以为出于神意。如人之生也从何来，人之死也从何去，万物之生生而代谢也为之者何人，高山之崔巍，大海之汪洋，雨露之恩泽，雷霆之威严，日月之光华，即下至一草一木，一勺水，一撮土，凡不知其理由者，皆以为有神寓乎其间而崇拜之。此多神教所由起也。其后于经验上发明统一之理，则又以为天地间有大主宰焉，虽大至无外，小至微尘，莫不由其意匠之所造。此一神教之所由起也。既有宗教，而天地间一切疑难勿可解决之问题，皆得借教义以解答之。且推之于感情方面，而人类疾病死亡痛苦一切不能满足之心虑，皆得于良心上有所慰藉，与之以新生之希望。又推之于行为方面，而福善祸淫，人人有天堂之歆羡与地狱之恐怖，以去恶而从善。此皆半开化人所信仰之主义，而无不求其主宰于冥冥之中者也。其后人智日开，科学发达，以星云说明天地之始，以进化论明人类的由来，以引力说原子论明自然界之秩序，而上帝创造世界之说破；以归纳法组织伦理学、社会学等，而上帝监理人类行为之说破。于是旧宗教之主义不足以博信仰。

不意我国当此时代，转欲取孔子之说以建设宗教。夫孔子之说，教育耳，政治耳，道德耳。其所以不废古来近乎宗教之礼制者，特其从俗之作用，非本意也。季路问事鬼神，曰："未能事人，焉能事鬼？"问死，曰："未知生，焉知死？"是孔子本身对于宗教，已不啻自划界限。且宗教之成也，必由其教主自称天使，创立仪式，又以攻击异教为唯一之义务。孔子宁有是耶？孔子自孔子，宗教自宗教，孔子、宗教，两不相关。"孔教"二字，当〔尚〕能成一名词耶？

至于国家，乃一政治的团体，以政治为其界限。换言之，即发源于某一土地之人民，于一定土地范围之内，集成一大团体，设立机关，确认相互遵守之约，举任共同信望之人，利行其团体之任务，克达生存之目的云耳。然所谓达其生存之目的云者，乃谓关于身体的，非关于灵魂的；关于世间的，非关于出世间的：关于人类既生以后未死以前之一段的，非关于人类未生以前既死以后的。其与宗教，可谓相反。所以一国之中，不妨有各种宗教；而一宗教之中，可以包含多数国家之人民。既以国家为界，即不复能以宗教为界；既以宗教为界，即不能复以国家为界。换言之，既论国界，即不论教界，故国家不干涉宗教；既论教界，即不论国界，故宗教亦不能干涉国家。国家自国家，宗教自宗教，"国教"二字，尚能成一名词耶？

孔教不成名词，国教亦不成名词，然则所谓"以孔教为国教"者，实不可通之语。鄙见如是，幸诸君教正之。

《中国新文学大系》总序

　　欧洲近代文化，都从复兴时代演出；而这时代所复兴的，为希腊罗马的文化，是人人所公认的。我国周季文化，可与希腊罗马比拟，也经过一种烦琐哲学时期，与欧洲中古时代相埒，非有一种复兴运动，不能振发起衰；五四运动的新文学运动，就是复兴的开始。

　　欧洲文化，不外乎科学与美术；自纯粹的科学：理、化、地质、生物等等以外，实业的发达，社会的组织，无一不以科学为基本，均得以广义的科学包括他们。自狭义的美术：建筑、雕刻、绘画等等以外，如音乐、文学及一切精制的物品，美化的都市，皆得以美术包括他们。而近代的科学美术，实皆植基于复兴时代；例如文西、米开兰基罗与拉飞尔三人，固为复兴时代最大美术家，而文西同时为科学家及工程师，又如路加培根提倡观察与实验法，哥白尼与加立里的天文学，均为开先的科学家。这些科学家与美术家，何以不说为创造而说是复兴？这因为学术的种子，早已在希腊罗马分布了。例如希腊的多利式、育尼式、科林式三种柱廊，罗马的穹门，斐谛亚、司科派、柏拉克希脱的雕刻以及其他壁画与花瓶，荷马的史诗，爱司凯拉、索福克、幼利披留与亚利司多芬的戏剧，固已极美术文学的能事，就是赛勒司，亚利司太克的天文，毕达可拉斯、欧几里得的数学，依洛陶德的地理，亚奇米得的物理，亚里斯多得的生物学，黑朴格拉底的医学，亦都已确立近代科学的基础。

罗马末年，因日耳曼人的移植，而旧文化几乎消灭，这时候，保存文化的全恃两种宗教，一是基督教，一是回教。回教的势力，局于一隅；而基督教的势力，则几乎弥漫全欧。基督教受了罗马政治的影响，组织教会，设各地方主教，而且以罗马为中心，驻以教皇。于是把希腊罗马的文化，一切教会化，例如希腊哲学家亚里斯多得，自生物学而外，对于伦理学、美学及其他科学，均有所建树，而教会即利用亚氏的学说为工具，曲解旁推，务合于教义的标准。有不合教义的，就指为邪教徒，用火刑惩罚他们。一切思想自由、信教自由，都被剥夺，观中古时代大学的课程，除《圣经》及亚里斯多得著作外，有一点名学、科学及罗马法律，没有历史与文学，他的固陋可以想见了。那时候崇闳的建筑，就是教堂；都是峨特式，有一参天高塔，表示升入天堂的愿望，正与希腊人均衡和谐的建筑，代表现世安和的命运相对恃。附属于建筑的图画与雕刻，都以圣经中故事为题材；音乐诗歌，亦以应用于教会的为时宜。

及十三世纪，意大利诗人但丁始以意大利语发表他最著名的长诗《神曲》，其内容虽尚袭天堂地狱的老套，而其所描写的人物，都能显出个性，不拘于教会的典型；文辞的优美，又深受希腊文学的影响而可以与他们匹敌，这是欧洲复兴时期的开山。嗣后由文学而艺术，由文艺而及于科学，以至政治上、宗教上，都有一种革新的运动。

我国古代文化，以周代为最可征信。周公的制礼作乐，不让希腊的梭伦；东周季世，孔子的知行并重，循循善诱，正如苏格拉底；孟子的道性善，陈王道，正如柏拉图；荀子传群经，持礼法，为稷下祭酒，正如亚里斯多得；老子的神秘，正如毕达哥拉斯；阴阳家以五行说明万物，正如恩派多克利以地水火风为宇宙本源；墨家的自苦，正如斯多亚派；庄子的乐观，正如伊壁鸠鲁派；名家的诡辩，正如哲人；纵横家言，正如雄辩术。此外如《周髀》的数学，《素问》《灵枢》的医学，《考工记》的工学，墨子的物理学，《尔雅》的生物学，亦已树立科学的基础。

在文学方面，《周易》的洁静，《礼经》的谨严，老子的名贵，墨子的质素，孟子的条达，庄子的傲诡，邹衍的闳大，荀卿与韩非的刻核，《左氏春秋》的和雅，《战国策》的博丽，可以见散文的盛况。风、雅、颂的诗，荀卿、屈原、宋玉、景差的辞赋，可以见韵文的盛况。

在艺术方面，《乐记》说音乐，理论甚精，但乐谱不传。《诗·雅·斯干篇》称"如跂斯翼，如矢斯棘，如鸟斯革，如翚斯飞"；可以见现今宫殿式之檐桷，已于当时开始！当代建筑，如周之明堂、七庙、三朝、九寝，楚之章华台，燕之黄金台，秦之阿房宫等，虽名制屡见记载，但取材土木，不及希腊罗马的石材，故遗迹多被湮没。玉器铜器的形式，变化甚多，但所见图案，以云雷文及兽头为多，植物已极稀有，很少见有雕刻人物如希腊花瓶的。韩非子说画犬马难，画鬼魅易，近乎写实派；庄子说宋元君有解衣盘磚的画史，近乎写意派，但我们尚没见到周代的壁画。所以我们敢断言的，是周代的哲学与文学，确可与希腊罗马比拟。

秦始皇帝任李斯，专用法家言，焚书坑儒。汉初矫秦弊，又专尚黄老；文帝时儒家与道家争，以"家人言"与"司空城旦书"互相诋。武帝时始用董仲舒对策（《汉书董仲舒传》"董仲舒对策：'今师异道，人异论，百家殊方，指意不同，上亡以持一统，法制数变，下不知所守。臣愚以为诸不在六艺之科，孔子之术者，皆绝其道，勿使并进。邪辟之说灭息，然后统纪可一，而法度可明，民知所从矣。'"）"推明孔氏，抑黜百家"；建元元年，丞相卫绾奏："所举贤良，或治申、商、韩非、苏秦、张仪之言，乱国政，请皆奏罢。"诏"可"。武帝乃置五经博士，后增至十四人，"利禄之途"既开，优秀分子，竞出一途，为博士官置弟子，由五十人，而百人，而千人，成帝时至三千人；后汉时大学至二万余生，都抱着通经致用的目的，如"禹贡治河""三百篇讽谏""春秋断狱"等等，这时候虽然有阴阳家的五德终始，谶纬学的符命然终以经术为中心。魏晋以后，虽然有佛教输入，引起老庄的玄学，与处士的清谈；有神仙家的道教，引起金丹的化炼，符箓的迷信；但是经学的领域还是很坚固，例如义疏之学，南方有崔灵恩、沈文阿、皇侃、戚衮、张讥、顾越、王元规等，北方有刘献之、徐遵明、李铉、沈重、熊安生等；（褚李野说"北人学问，渊综广博"；孙安国说"南人学问，清通简要"；支道林又说："自中人以还，北人看书，如显处观月；南人看书，如牖中窥日。"）迄于唐代，国子祭酒孔颖达与诸儒撰定五经正义颁于天下，每年明经依此考试，经学的势力，随"利禄之途"而发展，真可以压倒一切了。

汉代承荀卿、屈原的余绪，有司马相如、扬雄、班固、枚乘等竟为辞赋，句多骈丽；后来又渐多用于记事的文，如蔡邕所作的碑铭，就是这一类。魏晋以后，一切文辞均用此体；后世称为骈文，或称四六。

唐德宗时（西历八世纪），韩愈始不满意于六朝骈丽的文章，而以周季汉初论辩记事文为模范，创所谓"起八代之衰"的文章，那时候与他同调的有柳宗元等。愈又作《原道》，推本孔孟，反对佛老二氏，有"人其人，火其庐，焚其书"的提议，乃与李斯、董仲舒相等。又补作文王拘幽操，至有"臣罪当诛，天王圣明"等语，以提倡君权的绝对。李翱等推波助澜渐引起宋明理学的运动。但宋明理学，又并不似韩愈所期待的，彼等表面虽亦排斥佛老，而里面却愿兼采佛老二氏的长处；如河图洛书太极图等，本诸道数；天理人欲明善复初等等本诸佛教。在陆王一派，偏于"尊德性"固然不讳谈禅，阳明且有格竹病七日的笑话，与科学背驰，固无足异；程朱一派，力避近禅，然阳儒阴禅的地方很多。朱熹释格物为即物穷理，且说："即凡天下之物，莫不因其已知之理而益穷之，以求至乎其极，至于用力之久而一旦豁然贯通焉，则众物之表里精粗无不到，而吾心之全体大用无不明矣。"似稍近于现代科学家之归纳法，然以不从实验上着手，所以也不能产生科学。那时程颐以"饿死事小，失节事大"斥再醮妇，蹂躏女权，正与韩愈的"臣罪当诛"相等，误会三纲的旧说，破坏"五伦"的本义。不幸此等谬说适投明清两朝君主之所好，一方面以利用科举为诱惑，一方面以文字狱为鞭策，思想言论的自由，全被剥夺。

明清之间，惟黄宗羲《明夷待访录》，有《原君原臣》等篇；戴震《原义》，力辟以理责人的罪恶；俞正燮于《癸巳类稿》存稿中有反对尊男卑女的文辞，远之合于诸子的哲学，近之合于西方的哲学，然皆如昙花一现，无人注意。

直到清季，与西洋各国接触，经过好几次的战败，始则感武器的不如人，后来看到政治上了，后来看到教育上、学术上都觉得不如人了，于是有维新派，以政治上及文化上之革新为号召，康有为、谭嗣同是其中最著名的。

康氏有《大同书》，本礼运的大同义而附以近代人文主义的新义，谭氏有《仁学》，本佛教平等观而冲决一切的网罗，在当时确为佼佼者。然终以迁就时人思想的缘故，戴着尊孔保皇的假面，而结果仍归于失败。

嗣后又经庚子极端顽固派的一试，而孙中山先生领导之同盟会，渐博得多数信任，于是有辛亥革命，实行"恢复中华建立民国"的宣言，当时思想言论的自由，几达极点，保皇尊孔的旧习，似有扫除的希望，但又经袁世凯与其所卵翼的军阀之摧残，虽洪宪帝制，不能实现，而北洋军阀承袭他压制自由思想的淫威，方兴未艾。在此暴力压迫之下，自由思想的勃兴，仍不可遏抑，代表他的是陈独秀的《新青年》。

《新青年》于民国四年创刊，他的敬告青年，特陈六义：一、自主的而非奴隶的；二、进步的而非退守的；三、进取的而非退隐的；四、世界的而非锁国的；五、实利的而非虚文的；六、科学的而非想象的。

到民国八年，有《新青年宣言》，有云："我们相信，世界各国政治上、道德上、经济上因袭的旧观念中，有许多阻碍进化而不合情理的部分。我们想求社会进化，不得不打破天经地义、自古如斯的成见，决计一面抛弃此等旧观念，一面综合前代贤哲当代贤哲和我们自己所想的创造上、道德上、经济上的新观念，树立新时代的精神，适应新社会的环境。我们理想的新时代、新社会，是诚实的、进步的、积极的、自由的、平等的、创造的、美的、善的、和平的、相爱的、互助的、劳动而愉快的、全社会幸福的。希望那虚伪的、保守的、消极的、束缚的、阶级的、因袭的、丑的、恶的、战争的、轧轹不安的、懒惰而烦闷的、少数幸福的现象，渐渐减少，至于消灭。"又有《新青年罪案之答辩书》，有云："他们所非难本志的，无非是破坏孔教、破坏礼法、破坏国粹、破坏贞节、破坏旧伦理（忠孝节）、破坏旧艺术（中国戏）、破坏旧宗教（鬼神）、破坏旧文学、破坏旧政治（特权人治）这几条罪案。这几条罪案，本社同人当然直认不讳。但是追本溯源，本社同人本来无罪，只因为拥护那德莫克拉西（Democracy）和赛因斯（Science）两位先生，才犯了这几条滔天大罪。要拥护那德先生，便不得不反对那孔教、礼法、贞节、旧伦理、旧政治；要拥护那赛先生，便不得不反对那国粹和旧文学。"他的主张民治主义和科学精神，固然前后如一，而"破坏旧文学的罪案"与"反对旧文学"的声明，均于八年始见，这是因为在《新青年》上提倡文学革命起于五年。五年十月胡适来书，称"今日欲言文学革命，须从八事入手：一曰：不用典；二曰：不用陈套语；三曰：不讲对仗；四曰：不僻俗字俗语；五曰：须讲求文法之结构；六曰：不作无病之呻吟；七曰：不摹仿古人，语语须有我在；八曰：须言之有物。"由是陈独秀于六年二月发表《文学革命论》，有云："文学革命之气运，酝酿已非一日，其首举义旗之急先锋，则为我友胡适。余敢冒全国学究之敌高张文学革命军大旗以为吾友之声援，旗上大书特书吾革命军三大主义：曰推倒雕琢的阿谀的贵族文学，建设平易的抒情的国民文学；推倒陈腐的铺张的古典文学；建设新鲜的立诚的写实文学；推倒迂晦的艰涩的山林文学，建设明了的通俗的社会文学。"这是那时候由思想革命而进于文学革命的历史。

为怎么改革思想，一定要牵涉到文学上？这因为文学是传导思想的工具。钱玄同于七年三月十四日《致陈独秀书》，有云："旧文章的内容，不到半页，必有发昏做梦的话，青年子弟，读了这种旧文章，觉其句调铿锵，娓娓可诵，不知不觉，便将为文中之荒谬道理所征服。"在玄同所主张的"废灭汉文"虽不易实现，而先废文言文，是做得到的事。所以他有一次致独秀的书，就说："我们既绝对主张用白话体做文章，则自己在《新青年》里面做的，便应该渐渐的改用白话。我从这次通信起，以后或撰文，或通信，一概用白话，就和适之先生做《尝试集》一样意思。并且还要请先生，胡适之先生和刘半农先生都来尝试尝试。此外别位在《新青年》里撰文的先生和国中赞成做白话文的先生们，若是大家都肯尝试，那么必定成功。自古无的，自今以后必定会有。"可以看见玄同提倡白话文的努力。

民元前十年左右，白话文也颇流行，那时候最著名的白话报，在杭州是林獬、陈敬第等所编，在芜湖是独秀与刘光汉等所编，在北京是杭辛斋、彭翼仲等所编，即余与王季同、汪允宗等所编的《俄事警闻》与《警钟》，每日有白话文与文言文论说各一篇，但那时候作白话文的缘故，是专为通俗易解，可以普及常识，并非取文言而代之。主张以白话代文言，而高揭文学革命的旗帜，这是从《新青年》时代开始的。

欧洲复兴时期以人文主义为标榜，由神的世界而渡到人的世界。就图画而言，中古时代的神像，都是忧郁枯板与普通人不同，及复兴时代，一以生人为模型，例如拉飞尔，所画圣母，全是窈窕的幼妇，所画耶稣，全是活泼的儿童。使观者有地上实现天国的感想。不但拉飞尔，同时的画家没有不这样的。进而为生人肖像，自然更表示特性，所谓"人心不同如其面"了。这叫做由神像而转成人像。我国近代本目文言文为古文，而欧洲人目不通行的语言为死语，刘大白参用他们的语意，译古文为鬼话；所以反对文言提倡白话的运动，可以说是弃鬼话而取人话了。

欧洲中古时代，以一种变相的拉丁文为通行文字，复兴以后，虽以研求罗马时代的拉丁文与希腊文，为复兴古学的工具，而另方面，却把各民族的方言利用为新文学的工具。在意大利有但丁、亚利奥斯多、朴伽邱、马基亚弗利等，在英国有绰塞、威克列夫等，在日耳曼有路德等，在西班牙有塞文蒂等，在法兰西有拉勃雷等，都是用素来不认为有文学价值的方言译述《圣经》，或撰著诗文，遂产生各国语的新文学。我国的复兴，以白话文为文学革命的条件，正与但丁等同一见解。

欧洲的复兴，普通分为初盛晚三期：以十五世纪为初期，以千五百年至千五百八十年为盛期，以千五百八十年至十七世纪末为晚期。在艺术上，自意大利的乔托、基伯尔提、文西、米开兰基罗、拉飞尔、狄兴等以至法国的雷斯古、古容、格鲁爱父子等，西班牙的维拉斯开兹等，德国的杜勒，荷兰斑一族等，荷兰与法兰德尔的凡爱克、鲁本兹、朗布兰、凡带克等。在文学上，自意大利的但丁、亚利奥斯多、马基亚弗利、塔苏等，法国的露沙、蒙旦等，西班牙的蒙杜沙、莎凡提等，德国的路德、萨克斯等，英国的雪泥、慕尔、莎士比亚等。人才辈出，历三百年。我国的复兴，自五四运动以来不过十五年，新文学的成绩，当然不敢自诩为成熟。其影响于科学精神民治思想及表现个性的艺术，均尚在进行中。但是吾国历史，现代环境，督促吾人，不得不有奔逸绝尘的猛进。吾人自期，至少应以十年的工作抵欧洲各国的百年。所以对于第一个十年先作一总审查，使吾人有以鉴既往而策将来，希望第二个十年与第三个十年时，有中国的拉飞尔与中国的莎士比亚等应运而生呵！

何谓文化

我没有受过正式的普通教育，曾经在德国大学听讲，也没有毕业，哪里配在学术讲演会开口呢？我这一回到湖南来，第一，是因为杜威、罗素两先生，是世界最著名的大哲学家，同时到湖南讲演，我很愿听一听。第二，是我对于湖南，有一种特别感想。我在路上，听一位湖南学者说："湖南人才，在历史上比较的很寂寞，最早的是屈原；直到宋代，有个周濂溪；直到明季，有个王船山，真少得很。"我以为蕴蓄得愈久，发展得愈广。近几十年，已经是湖南人发展的时期了。可分三期观察：一、是湘军时代：有胡林翼、曾国藩、左宗棠，及同时死战立功诸人。他们为满洲政府尽力，消灭太平天国，虽受革命党菲薄，然一时代人物，自有一时代眼光，不好过于责备。他们为维持地方秩序，保护人民生命，反对太平，也有片面的理由。而且清代经康熙、雍正以后，汉人信服满人几出至诚。直到湘军崛起，表示汉人能力，满人的信用才丧尽了。这也是间接促成革命。二、是维新时代：梁启超、陈宝箴、徐仁铸等在湖南设立时务学堂，养成许多维新的人才。戊戌政变，被害的六君子中，以谭嗣同为最。他那思想的自由、眼光的远大，影响于后学不浅。三、是革命时代：辛亥革命以前，革命党重要分子，湖南人最多，如黄兴、宋教仁、谭人凤等，是人人知道的。后来洪宪一役，又有蔡锷等恢复共和。已往的人才，已经如此热闹，将来宁可限量？此次驱逐张敬尧以后，励行文治，且首先举行学术讲演会，表示凡事推本学术的宗旨，尤为难得。我很愿来看看。这是我所以来的缘故。已经来了，不能不勉强说几句话。我知道湖南人对于新文化运动，有极高的热度。但希望到会诸君想想，哪一项是已经实行到什么程度？应该怎样地求进步？

文化是人生发展的状况，所以从卫生起点，我们衣食住的状况，较之茹毛饮血、穴居野外的野蛮人，固然是进化了。但是我们的着衣吃饭，果然适合于生理么？偶然有病能不用乩方药签与五行生克等迷信，而利用医学药学的原理么？居室的光线空气，足用么？城市的水道及沟渠，已经整理么？道路虽然平坦，但行人常觉秽气扑鼻，可以不谋改革么？

卫生的设备，必需经费，我们不能不联想到经济上。中国是农业国，湖南又是产米最多的地方，俗语说"湖广熟，天下足"，可以证明。但闻湖南田每亩不过收谷三石，又并无副产，不但不能与欧美新农业比较，就是较之江浙间每亩得米三石，又可兼种蔬麦等，亦相差颇远。湖南富有矿产，有铁、有锑、有煤。工艺品如绣货、瓷器，亦皆有名。现在都还不太发达。因为交通不便，输出很不容易。考湖南面积比欧洲的瑞士、比利时、荷兰等国为大，彼等有三千以至七千启罗迈当的铁路，而湖南仅占有粤汉铁路的一段，尚未全筑。这不能不算是大缺陷。

经济的进化，不能不受政治的牵掣。湖南这几年，政治上苦痛，终算受足了。幸而归到本省人的手，大家高唱自治，并且要从确定省宪法入手，这真是湖南人将来的生死关头。颇闻为制宪机关问题，各方面意见不同，此事或不免停顿。要是果有此事，真为可惜。还望大家为本省全休〔体〕幸福计，彼此排除党见，协同进行，使省宪法得早日产出，自然别种政治问题，都可迎刃而解了。

近年政治家的纠纷，全由于政客的不道德，所以不能不兼及道德问题。道德不是固定的，随时随地，不能不有变迁，所以他的标准，也要用归纳法求出来。湖南人性质沈毅，守旧时固然守得很凶，趋新时也趋得很急。遇事能负责任，曾国藩说的"扎硬寨，打死仗"，确是湖南人的美德。但也有一部分的人似带点夸大、执拗的性质，是不可不注意的。

上列各方面文化，要他实行，非有大多数人了解不可，便是要从普及教育入手。罗素对于俄国布尔塞维克的不满意，就是少数专制多数。但这个专制，是因多数未受教育而起的。凡一种社会，必先有良好的小部分，然后能集成良好的大团体。所以要有良好的社会，必先有良好的个人，要有良好的个人，就要先有良好的教育。教育并不是专在学校，不过学校是严格一点，最初自然从小学入手。各国都以小学为义务教育，有定为十年的，有八年的，至少如日本，也有六年。现在有一种人，不满足于小学教育的普及，提倡普及大学教育。我们现在这小学教育还没有普及，还不猛进么？

若定小学为义务教育，小学以上，尚应有一种补习学校。欧洲此种学校，专为已入工厂或商店者而设，于夜间及星期日授课。于普通国语、数学而外，备有各种职业教育，任学者自由选习。德国此种学校，有预备职业到二百余种的。国中有一二邦，把补习教育规定在义务教育以内，至少二年。我们学制的乙种实业学校，也是这个用意，但仍在小学范围以内。于已就职业的人，不便补习。鄙意补习学校，还是不可省的。

进一步，是中等教育。我们中等教育，本分两系：一是中学校，专为毕业后再受高等教育者而设；一是甲种实业学校，专为受中等教育后即谋职业者而设。学生的父兄沿了科举时代的习惯，以为进中学与中举人一样，不筹将来能否再进高等学校，姑令往学。及中学毕业以后，即令谋生，殊觉毫无特长，就说学校无用。有一种教育家，遂想在中学里面加职业教育，不知中等的职业教育，自可在甲种实业学校中增加科目，改良教授法；初不必破坏中学本体。又现在女学生愿受高等教育的，日多一日，各地方收女生的中学很少，湖南只有周南代用女子中学校一所，将来或增设女子中学，或各中学都兼收女生，是不可不实行的。

再进一步，是高等教育。德国的土地比湖南只大了一倍半，人口多了两倍，有大学二十。法国的土地，比湖南大了一倍半，人口也只多了一倍半，有大学十六。别种专门学校，两国都有数十所。现在我们不敢说一省，就全国而言，只有国立北京大学，稍为完备，如山西大学、北洋大学，规模都还很小。尚有外人在中国设立的大学，也是有名无实的居多。以北大而论，学生也只有两千多人，比较各国都城大学学生在万人以上的，就差得远了。湖南本来有工业、法政等专门学校，近且筹备大学；为提高文化起见，不可不发展此类高等教育。

　　教育并不专在学校，学校以外，还有许多的机关。第一是图书馆。凡是有志读书而无力买书的人，或是孤本、抄本，极难得的书，都可以到图书馆研究。中国各地方差不多已经有图书馆，但往往只有旧书，不添新书。并且书目的编制、取书的方法、借书的手续，都不便利于读书的人。所以到馆研究的很少。我听说长沙有一个图书馆，不知道内容怎么样？

　　其次是研究所。凡大学必有各种科学的研究所，但各国为便利学者起见，常常设有独立的研究所。如法国的巴斯笃研究所，专研究生物化学及微生物学，是世界最著名的。美国富人，常常创捐基金，设立各种研究所，所以工艺上新发明很多。我们北京大学，虽有研究所，但设备很不完全。至于独立的研究所，竟还没有听到。

　　其次是博物院。有科学博物院，或陈列各种最新的科学仪器，随时公开讲演，或按着进化的秩序，自最简单的器械，到最复杂的装置，循序渐进，使人一目了然。有自然历史博物院，陈列矿物及动植物标本，与人类关于生理病理的遗骸，可以见生物进化的痕迹，及卫生的需要。有历史博物院，按照时代，陈列各种遗留的古物，可以考见本族渐进的文化。有人类学博物院，陈列各民族日用器物、衣服、装饰品以及宫室的模型、风俗的照片，可以作文野的比较。有美术博物院，陈列各时代各民族的美术品，如雕刻、图画、工艺、美术，以及建筑的断片等，不但可以供美术家参考；并可以提起普通人优美高尚的兴趣。我们北京有一个历史博物馆，但陈列品很少。其余还没有听到的。

其次是展览会。博物院是永久的，展览会是临时的。最通行的展览会，是工艺品、商品、美术品，尤以美术品为多。或限于一个美术家的作品，或限于一国的美术家，或征及各国的美术品。其他特别的展览会，如关于卫生的、儿童教育的还多。我们前几年在南京开过一个劝业会，近来在北京、上海，开了几次书画展览会，其余殊不多见。

其次是音乐会。音乐是美术的一种，古人很重视的。古书有《乐经》《乐记》。儒家礼、乐并重，除墨家非乐外，古代学者，没有不注重音乐的。外国有专门的音乐学校，又时有盛大的音乐会。就是咖啡馆中，也要请几个人奏点音乐。我们全国还没有一个音乐学校，除私人消遣，沿旧谱照演，婚丧大事，举行俗乐外，并没有新编的曲谱，也没有普通的音乐会，这是文化上的大缺点。

其次是戏剧。外国的剧本，无论歌词的、白话的，都出文学家手笔。演剧的人，都受过专门的教育。除了最著名的几种古剧以外，时时有新的剧本。随着社会的变化，时有适应的剧本，来表示一时代的感想。又发表文学家特别的思想，来改良社会，是最重要的一种社会教育的机关。我们各处都有戏馆，所演的都是旧剧。近来有一类人想改良戏剧，但是学力不足，意志又不坚定，反为旧剧所同化，真是可叹。至于影戏的感化力，与戏剧一样，传布更易。我们自己还不能编制，外国输入的，又不加取缔，往往有不正当的片子，是很有流弊的。

其次是印刷品，即书籍与报纸。他们那种类的单复、销路的多寡、与内容的有无价值，都可以看文化的程度。贩运传译，固然是文化的助力，但真正文化是要自己创造的。

以上将文化的内容，简单地说过了。尚有几句紧要的话，就是文化是要实现的，不是空口提倡的。文化是要各方面平均发展的，不是畸形的。文化是活的，是要时时进行的，不是死的，可以一时停滞的。所以要大家在各方面实地进行，而且时时刻刻地努力，这才可以当得文化运动的一句话。

孔子之精神生活

　　精神生活，是与物质生活对峙的名词。孔子尚中庸，并没有绝对的排斥物质生活，如墨子以自苦为极，如佛教的一切惟心造；例如《论语》所记："失饪不食，不时不食""狐貉之厚以居"，谓"卫公子荆善居室"，"从大夫之后，不可以徒行"，对于衣食住行，大抵持一种素富贵行乎富贵、素贫贱行乎贫贱的态度。但使物质生活与精神生活在不可兼得的时候，孔子一定偏重精神方面。例如孔子说："饭疏食，饮水，曲肱而枕之，乐亦在其中矣；不义而富且贵，于我如浮云。"可见他的精神生活，是决不为物质生活所摇动的。今请把他的精神生活分三方面来观察。

　　第一，在智的方面。孔子是一个爱智的人，尝说："盖有不知而作之者，我无是也；多闻，择其善者而从之，多见而识之。"又说"多闻阙疑""多见阙殆"，又说："知之为知之，不知为不知，是知也。"可以见他的爱智，是毫不含糊，决非强不知为知的。他教子弟通礼、乐、射、御、书、数的六艺：又为分设德行、言语、政事、文学四科，彼劝人学诗，在心理上指"兴""观""群""怨"，在伦理上指出"事父""事君"，在生物上指出"多识于鸟兽草木之名"。（他如《国语》说：孔子识肃慎氏之石砮，防风氏骨节，是考古学；《家语》说：孔子知萍实，知商羊，是生物学；但都不甚可信。）可以见知力范围的广大。至于知力的最高点，是道，就是最后的目的，所以说："朝闻道，夕死可矣。"这是何等的高尚！

第二，在仁的方面。从亲爱起点，"泛爱众，而亲仁"，便是仁的出发点。他进行的方法是用恕字，消极的是"己所不欲，勿施于人"；积极的是"己欲立而立人，己欲达而达人"。他的普遍的要求，是"君子无终食之间违仁，造次必于是，颠沛必于是"。他的最高点，是"伯夷、叔齐，古之贤人也，求仁而得仁，又何怨？""志士仁人，无求生以害仁，有杀人[身]以成仁。"这是何等伟大！

第三，在勇的方面。消极的以见义不为为无勇；积极的以童汪踦能执于〔干〕戈卫社稷可无殇。但孔子对于勇，却不同仁、智的无限推进，而时加以节制。例如说："小不忍则乱大谋"；"一朝之忿，忘其身以及其亲，非惑欤？""好勇不好学，其蔽也乱"；"君子有勇而无义为乱，小人有勇而无义为盗。""暴虎冯河，死而无悔者，吾不与焉，必也，临事而惧，好谋而成者也。"这又是何等的谨慎！

孔子的精神生活，除上列三方面观察外，尚有两特点：一是毫无宗教的迷信，二是利用美术的陶养。孔子也言天，也言命，照孟子的解释，莫之为而为是天，莫之致而致是命，等于数学上的未知数，毫无宗教的气味。凡宗教不是多神，便是一神；孔子不语神，敬鬼神而远之，说"未能事人，焉能事鬼？"完全置鬼神于存而不论之列。凡宗教总有一种死后的世界；孔子说："未知生，焉知死？""之死而致死之，不仁而不可为也；之死而致生之，不知而不可为也"；毫不能用天堂地狱等说来附会他。凡宗教总有一种祈祷的效验，孔子说："丘之祷久矣""获罪于天，无所祷"，毫不觉得祈祷的必要。所以孔子的精神上，毫无宗教的分子。

孔子的时代，建筑、雕刻、图画等美术，虽然有一点萌芽，还算是装饰的工具，而不认为独立的美术；那时候认为纯粹美术的是音乐。孔子以乐为六艺之一，在齐闻韶，三月不知肉味。谓："韶尽美矣，又尽善也。"对于音乐的美感，是后人所不及的。

孔子所处的环境与二千年后的今日，很有差别；我们不能说孔子的语言到今日还是句句有价值，也不敢说孔子的行为到今日还是样样可以做模范。但是抽象地提出他精神生活的概略，以智、仁、勇为范围，无宗教的迷信而有音乐的陶养，这是完全可以为师法的。

世界观与人生观

世界无涯涘也，而吾人乃于其中占有数尺之地位；世界无终始也，而吾人乃于其中占有数十年之寿命；世界之迁流，如是其繁变也，而吾人乃于其中占有少许之历史。以吾人之一生较之世界，其大小久暂之相去，既不可以数量计；而吾人一生，又决不能有几微遁出于世界以外。则吾人非先有一世界观，决无所容喙于人生观。

虽然，吾人既为世界之一分子，决不能超出世界以外，而考察一客观之世界，则所谓完全之世界观，何自而得之乎？曰：凡分子必具有全体之本性；而既为分子，则因其所值之时地而发生种种特性；排去各分子之特性，而得一通性，则即全体之本性矣。吾人为世界　分了，几百人意识所能接触者，无　非世界之分了。研究百人之意识，而求其最后之元素，为物质及形式。物质及形式，犹相对待也。超物质形式之畛域而自在者，惟有意志。于是吾人得以意志为世界各分子之通性，而即以是为世界之本性。

本体世界之意志，无所谓鹄的也。何则？一有鹄的，则悬之有其所，达之有其时，而不得不循因果律以为达之之方法，是仍落于形式之中，含有各分子之特性，而不足以为本体。故说者以本体世界为黑暗之意志，或谓之盲瞽之意志，皆所以形容其异于现象世界各各之意志也。现象世界各各之意志，则以回向本体为最后之大鹄的。其间接以达于此大鹄的，又有无量数之小鹄的。各以其间接于最后大鹄的之远近，为其差别，达于现象世界与本体世界相交之一点是也。自宗教家言之，吾人固未尝不可于一瞬间，超轶现象世界种种差别之关系，而完全成立为本体世界之大我。然吾人于此时期，既尚有语言文字之交通，则已受范于渐法之中，而不以顿法，于是不得不有所谓种种间接之作用，缀辑此等间接作用，使厘然有系统可寻者，进化史也。

统大地之进化史而观之，无机物之各质点，自自然引力外，殆无特别相互之关系。进而为有机之植物，则能以质点集合之机关，共同操作，以行其延年传种之作用。进而为动物，则又于同种类间为亲子朋友之关系，而其分职通功之例，视植物为繁。及进而为人类，则由家庭而宗族、而社会、而国家、而国际。其互相关系之形式，既日趋于博大，而成绩所留，随举一端，皆有自阂而通、自别而同之趋势。例如昔之工艺，自造之而自用之耳。今则一人之所享受，不知经若干人之手而后成。一人之所操作，不知供若干人之利用。昔之知识，取材于乡土志耳。今则自然界之记录，无远弗届。远之星体之运行，小之原子之变化，皆为科学所管领。由考古学、人类学之互证，而知开明人之祖先，与未开化人无异。由进化学之研究，而知人类之祖先与动物无异。是以语言、风俗、宗教、美术之属，无不合大地之人类以相比较。而动物心理、动物言语之属，亦渐为学者所注意。昔之同情，及最近者而止耳。是以同一人类，或状貌稍异，即痛痒不复相关，而甚至于相食。其次则死之，奴之。今则四海兄弟之观念，为人类所公认。而肉食之戒，虐待动物之禁，以渐流布。所谓仁民而爱物者，已成为常识焉。夫已往之世界，经其各分子之经营而进步者，其成绩固已如此。过此以往，不亦可比例而知之欤。

道家之言曰："知足不辱，知止不殆。"又曰："小国寡民，使有什伯之器而不用，使民重死而不远徙，虽有舟舆，无所乘之。虽有甲兵，无所陈之。使民复结绳而用之。甘其食，美其服，安其居，乐其俗。邻国相望，鸡狗之声相闻，民至老死而不相往来。"此皆以目前之幸福言之也。自进化史考之，则人类精神之趋势，乃适与相反。人满之患，虽自昔借为口实，而自昔探险新地者，率生于好奇心，而非为饥寒所迫。近则飞艇、飞机，更为竞争之的。其构造之初，必有若干之试验者供其牺牲，而初不以及身之不及利用而生悔。文学家、美术家最高尚之著作，被崇拜者或在死后，而初不以及身之不得信用而辍业。用以知：为将来牺牲现在者，又人类之通性也。

人生之初，耕田而食，凿井而饮，谋生之事，至为繁重，无暇为高尚之思想。自机械发明，交通迅速，资生之具，日超〔趋〕于便利。循是以往，必有菽粟如水火之一日，使人类不复为口腹所累，而得专致力于精神之修养。今虽尚非其时，而纯理之科学，高尚之美术，笃嗜者固已有甚于饥渴，是即他日普及之朕兆也。科学者，所以祛现象世界之障碍，而引致于光明。美术者，所以写本体世界之现象，而提醒其觉性。人类精神之趋向，既毗于是，则其所到达之点，盖可知矣。

然则进化史所以诏吾人者：人类之义务，为群伦不为小己，为将来不为现在，为精神之愉快而非为体魄之享受，固已彰明而较著矣。而世之误读进化史者，乃以人类之大鹄的，为不外乎其一身与种姓之生存，而遂以强者权利为无上之道德。夫使人类果以一身之生存为最大之鹄的，则将如神仙家所主张，而又何有于种姓？如曰人类固以绵延其种姓为最后之鹄的，则必以保持其单纯之种姓为第一义，而同姓相婚，其生不蕃。古今开明民族，往往有几许之混合者。是两者何足以为究竟之鹄的乎？孔子曰："生无所息。"庄子曰："造物劳我以生。"诸葛孔明曰："鞠躬尽瘁，死而后已。"是吾身之所以欲生存也。北山愚公之言曰："虽我之死，有子存焉。子又生孙，孙又生子，子子孙孙，无穷匮也；而山不加增，何若而不平？"是种姓之所以欲生存也。人类以在此世界有当尽之义务，不得不生存其身体；又以此义务者非数十年之寿命所能竣，而不得不谋其种姓之生存；以图其身体若种姓之生存，而不能不有所资以营养，于是有吸收之权利。又或吾人所以尽义务之身体若种姓，及夫所资以生存之具，无端受外界之侵害，将坐是而失其所以尽义务之自由，于是有抵抗之权利。此正负两式之权利，皆由义务而演出者也。今日：吾人无所谓义务，而权利则可以无限。是犹同舟共济，非合力不足以达彼岸。

昔之哲人，有见于大鹄的之所在，而于其他无量数之小鹄的，又准其距离于大鹄的之远近，以为大小之差。于其常也，大小鹄的并行而不悖。孔子曰："己欲立而立人，己欲达而达人。"孟子曰："好乐，好色，好货，与人同之。"是其义也。于其变也，绌小以申大。尧知子丹朱之不肖，不足授天下。授舜则天下得其利而丹朱病，授丹朱则天下病而丹朱得其利。尧曰，终不以天下之病而利一人，而卒授舜以天下。禹治洪水，十年不窥其家。孔子曰："志士仁人，无求生以害仁，有杀身以成仁。"墨子摩顶放踵，利天下为之。孟子曰："生与义不可得兼，舍生而取义。"范文正曰："一家哭，何如一路哭。"是其义也。循是以往，则所谓人生者，始合于世界进化之公例，而有真正之价值。否则庄生所谓天地之委形委蜕已耳，何足选也。

哲学与科学

哲学与科学，同为有系统之学说。其所异者，科学偏重归纳法，故亦谓之自下而上之学；哲学偏重演绎法，故亦谓之自上而下之学。古代演绎法盛行之时，但有哲学之名；今之所谓科学者，悉包于哲学之中焉。

盖人智之萌芽，本为神话，拜物之习，拟人之神，雷公电母，迎虎祭猫，皆自然科学之对象也。世界原始之谈，人类生死之解，中国之盘古及感生帝，印度之梵天及轮回说，《旧约》之《上帝创造世界记》，皆哲学之对象也。然以偏于科学对象者为多。本此等神话而组成不完全之系统，引以切近人事，于是有宗教。中国之丧祭等礼，印度之婆罗门，波斯之火教，犹太人之《旧约》皆是也。其理论亦大抵包有近世科学之对象，而关于哲学者为多。其后人类又迫于科学思想之冲动，不餍于此等独断之宗教，乃各以观察所得者立说，是为哲学之始。如中国之八卦说、五行说，印度之六派哲学（数论胜论等），希腊之宇宙论，皆毗于自然界之独断论也。及其说为时人所厌，而怀疑派之哲学，继之而起，于是有中国之少正卯一流。（《荀子·宥坐》篇："孔子曰：人有恶者五，而盗窃不与焉。一曰，心达而险；二曰，行辟而坚；三曰，言伪而辩；四曰，记丑而博；五曰，顺非而泽；少正卯兼有之，故居处足以聚徒成众；言谈足以饰邪营众；强足以非是独立。此小人之桀雄也。"正与希腊诡辩派相类。）印度之六师外道，希腊之诡辩派，此等怀疑之论，不足以久维人心，于是有道德论之哲学继之。如中国之孔子，印度之佛，希腊之苏格拉底是也。佛氏以宗教之形式，阐揭玄学；其后循此发展，永为宗教性之哲学，遂与科学无何等之关系。孔子之后有庄子，苏格拉底之后有柏拉图，皆偏于玄学者也。孔子同时有墨子，苏格拉底之后有亚里士多德，则皆兼治科学者也。庄子之哲学，为神仙家所依托，而有道教；柏拉图之哲学，为基督教所攀缘，而立新柏拉图派，则又由哲学而转为宗教矣。中国墨学中绝，故以后科学永不发展；而宗〔崇〕仰孔子之儒家，自汉以来，不能出烦琐哲学之范围。西洋之宗教，引亚里士多德学派以自振，故中古之烦琐哲学，虽为人智之障碍，而科学之脉未绝。及文艺中兴以后，思想界以渐革新，自然科学，次第成立。于是哲学与科学之关系，缘之而起焉。

其在古代，所谓哲学者，常兼今日之所谓科学而言之。如柏拉图分哲学为三大类，一曰辨学，二曰物理，三曰伦理，而以辨学为纲。亚里士多德则分哲学为理论、实际二大类，其属于理论者，为分析术（论理学）、玄学、数学、物理学、心理学；其属于实际者，为伦理学、政治学、辩论学、诗学。此等观念，至近世哲学家，如培根、特嘉尔辈，亦尚仍之。培根分学术为三大类：一曰记忆之学，史学是也；二曰想象之学，诗学是也；三曰思想之学，哲学是也。哲学之中，分为自然宗教学、宇宙论、人类学三纲。于宇宙论中，分为自然学（物理）及自然鹄的论（玄学）二门。又于自然学中，分为自然记述学（具体的物理学）及自然说明学（抽象的物理学，即物理学及化学）。其于人类学中，分为各人及社会二纲。属于各人者，为生理学（其应用为医学）及心理学（包括论理学及伦理学）；其属于社会者，为政治学。特嘉尔著《哲学纲要》一书，其第一编为认识论及玄学之概论，第二编为机械的物理学要旨，第三编为宇宙论，第四编为物理学、化学、生理学之说明。说者谓等于学术丛编焉。而特嘉尔自序谓哲学即人类知识之综合，其主要者：（一）玄学；（二）物理学；（三）机械的科学，包有医学、机械学及伦理学云，皆以哲学之名包一切科学也。

又有以哲学与科学为同义者，如霍布斯分哲学为三部分：曰物理学，曰人类学，曰政治学。又谓不属于哲学者，为神学及历史（自然史及政治学）。何也？以其非科学也。洛克分哲学为二部：一曰物理（亦谓之自然哲学）；二曰应用（如伦理学、论理学等）。一千六百九十六年，英国著名算学家韦里斯（Wallis）于皇家科学会成立式演说曰：本会者，超乎宗教及政治之外，而专为哲学之研究者也。研究之对象：曰物理学，曰解剖术，曰形学，曰天文，曰航海术。曰统计学，曰磁学，曰化学，曰机械学，曰实验之自然科学。我等所讨论者，曰血之流行，曰静脉，曰哥白尼学说，曰彗星及新星之性质，曰木星之卫星，曰远镜之改良，曰空气之重量，曰真空之能否。要之，所谓一切新哲学者，皆包之而已。曰科学，曰哲学，曰新哲学，初未为界别也。伏尔弗（Wolff）者，于十八世纪中，组织通俗哲学者也。分哲学为三部：曰自然神学，曰心理学，曰物理学，此模范科学也，为第一部；曰论理学，曰与心理学相应之实用哲学，曰与物理学相应之机械学，为第二部；曰本体学，为综合一切现象而考定之科学，为第三部。是亦以哲学包科学者也。至康德作《纯粹理性批判》，别人之认识为先天、后天两类：先天者，出于固有，后天者，本于经验；前者为感想，而后者为分析法；前者构成玄学（即哲学），而后者构成科学。于是哲学与科学，始有画然之界限。

然由是而康德以后之理想派哲学家，遂有排斥科学之说。如菲屑脱云："哲学者，不必顾何等经验，而纯然从事于先天之认识者也。"赛零则又进一步，谓"自然学研究者之方法，盲者也，无理想者也，故哲学破坏于培根；而科学则破坏于波埃尔（Boyle）及牛顿"。至于海该尔为悬想派哲学之完成者，则以科学为不外乎各种零碎知识之集合；而实在之知识，惟有哲学耳。既有此排斥科学之哲学家，而科学发展以后，遂有排斥哲学之科学家。大率谓哲学者，严格言之，本不得为科学，是乃一种之诡辩术，据一种官能或理性之现象以说明一切事物；或为一种之魔术，以深晦之神意，杂人最普遍之概念而宣布之。要皆以震骇庸俗已耳！凡此等互相菲薄之言，其非真理，可不待言。惟有一种事实，不可不注意者：则自科学发展以后，哲学之范围，以渐减缩是也。

自十六世纪以后，学术界之观念，渐与中古时代不同。其最著者：（一）培根于论理学极力提倡归纳法，因得凌驾亚里士多德之演绎法，而凡事基础于实地之观察；（二）自一千五百九十年，发明显微镜，一千六百零九年，发明远镜，其后寒暑风雨电气等表，次第发明，而实验之具渐备；（三）分工之理大明，渐由博综之哲学，而趋于专精之科学。此皆各种科学特别成立之原因也。哥白尼（Copernicus，1473—1543）唱地动说，加伯尔（Kepler，1571—1630）发现行星绕日之规则；加里勒（Galileo，1564—1642）附加以地球绕日之时间；牛顿（Newton，1642—1727）更发现引力之公例；而天文学成立。自梅斯纳（Mersenne，1588—1648）、斯耐尔（Snell，1591—1628）发明声学、光学之公例；齐贝尔（Gilbert）发现磁学公例；而物理学以渐成立。波爱尔（Robert Boyle，1627—1691）规定原子之概念，而化学以渐成立。哈尔佛（Harvey，1578—1657）发现血液循环之系统，而生理学以渐成立。李蕭（Linné，1707—1778）新定植物系统，而植物学成立。屈维野（Cuvier，1769—1832）创比较解剖学，研究动物自然系统，而动物学成立。凡自然现象，自昔为哲学所包含者，皆已建立为科学矣。而精神现象之学，如心理学者，近已用实验之法，组织为科学，发起于韦贝尔（E. H. Weber，1795—1878），费希纳（Fechner，1801—1887），而成立于冯德（Wundt）。由是而演出者，则有费希纳之归纳法美学，及马曼（Meumann）之实验教育学，亦将离哲学而独立。其他若社会学，若伦理学，若人类学，若比较宗教学，若比较言语学等，凡昔日之附丽于哲学，而以演绎法治之者，至于今日，悉以归纳法治之，而将自成为科学。然则所遣[遗]留而为哲学之范围者，何耶？

于是郎革（Albert Lange）以为将来之哲学，有思想的文学而已。而海该尔之徒，则以为将来之哲学，不过哲学史耳。夫文学必含哲理，在今日已为显著之事实。新哲学之发生，必胚胎于思想的历史之总和；不能不以哲学史为哲学之大本营，亦事实也。然哲学之各部分，虽已分演而为各科学，而哲学之任务，则尚不止于前述之二端，约举之有三：一曰各科哲理，如应用数学之公例以言哲理，谓之数理哲学，应和生理学之公例以言哲理，则为生理哲学等是也。二曰综合各种科学，如合各种自然科学之公例而去其龃龉，通其隔阂，以构为哲学者，是为自然哲学。又各以自然科学所得之公例，应用于精神科学，又合自然科学及精神科学之公例，而论定为最高之原理，如孔德（Auguste Comte）之实证哲学，斯宾塞尔（Herbert Spencer）之综合哲学原理是也。三曰玄学，一方面基础于种种科学所综合之原理，一方面又基础于哲学史所包含之渐进的思想，而对于此方面所未解决之各问题，以新说解答之。如别格逊（Henri Bergson）之创造的进化论其例也。夫各科哲理与综合各种科学，尚介乎科学与哲学之间，惟玄学始超乎科学之上。然科学发达以后之玄学，与科学幼稚时代之玄学较然不同，是亦可以观哲学与科学之相得而益彰矣。

义务与权利

——在北京女子高等师范学校的演说词

贵校成立，于兹十载，毕业生之服务于社会者，甚有声誉，鄙人甚所钦佩。今日承方校长嘱以演讲，鄙人以诸君在此受教，是诸君的权利；而毕业以后即当任若干年教员，即诸君之义务，故愿为诸君说义务与权利之关系。

权利者，为所有权、自卫权等，凡有利于己者，皆属之。义务则丸尽吾力而有益于社会者皆属之。

普通之见，每以两者为互相对待，以为既尽某种义务，则可以要求某种权利，既享某种权利，则不可不尽某种义务。如买卖然，货物与金钱，其值相当是也。然社会上每有例外之状况，两者或不能兼得，则势必偏重其一。如杨朱为我，不肯拔一毛以利天下；德国之斯梯纳（Stimer）及尼采（Nietsche）等，主张惟我独尊，而以利他主义为奴隶之道德。此偏重权利之说也。墨子之道，节用而兼爱。孟子曰：生与义不可得兼，舍生而取义。此偏重义务之说也。今欲比较两者之轻重，以三者为衡。

（一）以意识之程度衡之。下等动物，求食物，卫生命，权利

298

之意识已具；而互助之行为，则于较为高等之动物始见之。昆虫之中，蜂、蚁最为进化。其中雄者能传种而不能作工。传种既毕，则工蜂、工蚁刺杀之，以其义务无可再尽，即不认其有何等权利也。人之初生，即知吮乳，稍长则饥而求食，寒而求衣，权利之意义具，而义务之意识未萌。及其长也，始知有对于权利之义务。且进而有公而忘私、国而忘家之意识。是权利之意识，较为幼稚；而义务之意识，较为高尚也。

（二）以范围的广狭衡之。无论何种权利，享受者以一身为限；至于义务，则如振兴实业、推行教育之类，享其利益者，其人数可以无限。是权利之范围狭，而义务之范围广也。

（三）以时效之久暂衡之。无论何种权利，享受者以一生为限。即如名誉，虽未尝不可认为权利之一种，而其人既死，则名誉虽存，而所含个人权利之性质，不得不随之而消灭。至于义务，如禹之治水，雷绥佛（Lessevs）之凿苏伊士河，汽机、电机之发明，文学家、美术家之著作，则其人虽死，而效力常存。是权利之时效短，而义务之时效长也。

由是观之，权利轻而义务重。且人类实为义务而生存。例如人有子女，即生命之派分，似即生命权之一部。然除孝养父母之旧法而外，曾何权利之可言？至于今日，父母已无责备子女以孝养之权利，而饮食之，教诲之，乃为父母不可逃之义务。且列子称愚公之移山也，曰："虽我之死，有子存焉。子又生孙，孙又生子，子子孙孙，无穷匮也，而山不加增，何苦而不平？"虽为寓言，实含至理。盖人之所以有子孙者，为夫生年有尽，而义务无穷；不得不以子孙为延续生命之方法，而于权利无关。是即人之生存，为义务而不为权利之证也。

惟人之生存，既为义务，则何以又有权利？曰：盖义务者在有身，而所以保持此身，使有以尽义务者，曰权利。如汽机然，非有燃料，则不能作工，权利者，人身之燃料也。故义务为主，而权利为从。

义务为主，则以多为贵，故人不可以不勤；权利为从，则适可而止，故人不可以不俭。至于捐所有财产，以助文化之发展，或冒生命之危险，而探南北极、试航空术，则皆可为善尽义务者。其他若厌世而自杀，实为放弃义务之行为，故伦理学家常非之。然若其人既自知无再尽义务之能力，而坐享权利，或反以其特别之疾病若罪恶，贻害于社会，则以自由意志而决然自杀，亦有可谅者。独身主义亦然，与谓为放弃权利，毋宁谓为放弃义务。然若有重大之义务，将竭毕生之精力以达之，而不愿为室家所累；又或自忖体魄，在优种学上者不适于遗传之理由，而决然抱独身主义，亦有未可厚非者。

今欲进而言诸君之义务矣。闻诸君中颇有以毕业后必尽教员之义务为苦者。然此等义务，实为校章所定。诸君入校之初，既承认此校章矣。若于校中既享有种种之权利，而竟放弃其义务，如负债不偿然，于心安乎？毕业以后，固亦有因结婚之故，而家务、校务不能兼顾者。然胡彬夏女士不云乎："女子尽力社会之暇，能整理家事，斯为可贵。"是在善于调度而已。我国家庭之状况，烦琐已极，诚有使人应接不暇之苦。然使改良组织，日就简单，亦未尝不可分出时间，以服务于社会。又或约集同志，组织公育儿童之机关，使有终身从事教育之机会，亦无不可。在诸君勉之而已。

大战与哲学

——在北大"国际研究"演讲会上的演说词

现在欧洲的大战争,是法国革命后世界上最大的事。考法国革命,很受卢梭、伏尔泰、孟德斯鸠诸氏学说的影响。但这等学说,都是主张自由、平等,替平民争气的;在贵族一方面,全仗向来占据的地盘,并没有何等学理可替他辨〔辩〕护了。现今欧战是国与国的战争。每一国有他特别的政策,便有他特别相关的学说。我今举三种学说作代表,并且用三方面的政策来证明他。

第一是尼采(Nietzsche)的强权主义,用德国的政策证明他。第二是托尔斯泰(Tolstoy)的无抵抗主义,用俄国过激派政策证明他。第三是克罗巴金(Kropotkin)的互助主义,用协商国政策证明他。考尼氏、托氏、克氏的学说,都是无政府主义,现在却为各国政府所利用。这是过渡时代的现象呵!

古今学者,没有不把克己爱人当美德的。希腊时代的诡辨〔辩〕派,虽对于普通人的道德,有怀疑的论调,但也是消极的批评罢了。到一千八百四十五年,有一德国人约翰加派斯密德(Johonkarpor C. Chmidt)发行一书叫做《个人与他的所有》

（*Der Emjige und seiuu Eigentun*），专说"利己论"。他说："我的就是善的，'我'就是我的善物。善呵，恶呵，与我有什么相干？神的是神的，人类的是人类的。要是我的，就不是神的，也不是人类的。也没有什么真的，苦〔善〕的，正义的，自由的，就是我的。那就不是普通的，是单独的。"他又说："于我是正的，就是正。我以外没有什么正的。就是于别人觉得有点不很正的，那是别人应注意的事，于我何干？设有一事，于全世界算是不正的，但于我是正的，因是我所欲的，那就我也不去问那全世界了。"这真是大胆的判断呵！

到了十九世纪的后半纪，尼采开始渐渐发布他个性强权论，有《察拉都斯遗语》（*Also sprach Zarathustra*）、《善恶的那一面》（*Jenseits von gut und Dose*）、《意志向着威权》（*Der wille zur macht*）等著作。他把人类行为分作两类：凡阴柔的，如谦逊、怜爱等，都叫做奴隶的道德：凡阳刚的，如勇敢、矜贵、活泼等，都叫做主人的道德。他最反对的是怜爱弱小，所以说："怜爱是大愚""上帝死了，因为他怜爱人，所以死了"。他的理论，以为进化的例，在乎汰弱留强。强的中间，有更强的，也被淘汰。逐层淘汰，便能进步。若强的要保护弱的，弱的就分了强的生活力，强的便变了弱的。弱的愈多，强的愈少，便渐渐的退化了。所以他提出"超人"的名目。又举出模范的人物，如雅典的亚尔西巴德（Alcibiades）、罗马的该撒（Caesar）、意大利的该撒波尔惹亚（Cesare borgia）、德国的鞠台（Goethe）与毕斯麦克（Bismarch）。他又说：此等超人，必在主人的民族中发生，这是属于亚利安人种的。他所说的超人，既然是强中的强，所以主张奋斗。他说："没有工作，止有战斗；没有和平，止有胜利。"他的世界观，所以完全是个意志，又完全是个向着威权的意志。所以他说："没有法律，没有秩序。"他的主义是贵族的，不是平民的，所以为德国贵族的政府所利用，实做军国主义。又大唱"德意志超越一切"（Deutsche uber alles），就是超人的主义。侵略比利时，勒索巨款；杀戮妇女，防他生育；断男儿的左手，防他执军器；于退兵时拨尽地力，焚毁村落，叫他不易恢复。就是不怜爱的主义。条约就是废纸，便是没有法律的主义。统观战争时代的德国政策，几没有不与尼氏学说相应的。不过尼氏不信上帝，德皇乃常常说"上帝在我们"，又说"上帝应罚英国"。小小的不同罢了。

与尼氏极端相反的哲学，便是托氏。托氏是笃信基督教的，但是基督教的仪式，完全不要，单提倡那精神不灭的主义。他编有《福音简说》十二章，把基督教所说五戒反复说明。第一是绝对不许杀人；第四是受人侮时，不许效尤报复；第五是博爱人类，没有国界与种界。他的意思，以为人侮我，不过侮及我的肉体，并没有侮及我的精神，但他的精神是受了侮人的污点，我很怜惜他罢了。若是我用着用眼报眼、用手报手的手段去对付他，是我不但不能洗刷他的精神，反把我自己的精神也污蔑了。所以有一条说："有人侮你，你就自己劝他；劝了不听，你就请两三个人同劝他；劝了又不听，就再请公众劝他：劝了又不听，你只好恕他了。"这是何等宽容呵！《新约福音》书中曾说道："有人掌你右颊，你就把左颊向着他。有人夺你外衣，你就把里衣给他。"这几句话，有"成人之恶"的嫌疑，所以托氏没有采入《简说》中。

托氏抱定这个主义，所以绝对的反对战争。不但反对侵略的战，并且反对防御的战。所以他绝对的劝人不要当兵。他曾与中国一个保守派学者通讯，大意说：中国人忍耐得许久了，忽然要学欧洲人的暴行，实在可惜，云云。所以照托氏的眼光看来，此次大战争，不但德国人不是，便是比、法、俄、英等国人，也都没有是处。托氏的主义，在欧洲流行颇广，俄境尤甚。过激派首领列宁（Lenine）等本来是抱共产主义，与托氏相同，自然也抱无抵抗主义，所以与德人单独讲和，不愿与协商国共同作战了。在协商国方面的人，恨他背约。在俄国他党的人，恨他不爱国，所以诋他为德探。但列宁意中，本没有国界，本不能责他爱国。至于他受德国人的利用，他也知道。他曾说："军事上虽为德人所胜，主义上终胜德人。"就是说，他的主义既在俄国实演，德国人必不能不受影响。这是他的真心话。但我想，托氏的主义，专为个人自由行动而设。若一国的人，信仰不同，有权的人把国家当作个人去试他的主义，这与托氏本义冲突。过激派实是误用托氏主义；后来又用兵力来压制异党，乃更犯了托氏所反复说明之第一、第四两戒了。

现在误用托氏主义的俄人失败了；专用尼氏主义的德人也要失败了；最后的胜利，就在协商国。协商国所用的，就是克氏的互助主义。互助主义，是进化论的一条公例。在达尔文的进化论中，本兼有竞存与互助两条假定义。但他所列的证据，是竞存一方面较多。继达氏的学者，遂多说互竞的必要。如前举尼氏的学说，就是专以互竞为进化条件的。一千八百八十年顷，俄国圣彼得堡著名动物学教授开勒氏（Kesster）于俄国自然科学讨论会提出"互助法"，以为自然法中，久存与进步，并不在互竞而实在互助。从此以后，爱斯彼奈（Espinas）、赖耐桑（L. L. Lanessan）、布斯耐（Lovis Buchner）、沙克尔（Huxley）、德普蒙（Henry Drummond）、苏退隆（Sutherland）诸氏，都有著作，可以证明互助的公例。

克氏集众说的大成，又加以自己历史的研究，于一千八百九十年公布动物的互助，于九十一年公布野蛮人的互助，九十二年公布未开化人的互助，九十四年公布中古时代自治都市之互助，九十六年公布新时代之互助，于一千九百零二年成书。于动物中，列举昆虫鸟兽等互助的证据。此后各章，从野蛮人到文明人，列举各种互助的证据。于最后一章，列举同盟罢工、公社、慈善事业，种种实例，较之其他进化学家所举"互竞"的实例，更为繁密了。在克氏本是无政府党，于国家主义，本非绝对赞同，但互助的公例，并非不可应用于国际。欧战开始，法、比等国，平日抱反对军备主义的，都愿服兵役以御德人。克氏亦尝宣言，主张以群力打破德国的军国主义。后来德国运动俄、法等国单独讲和，克氏又与他的同志，叫做"开明的无政府党"的联合宣言，主张打破德国的军国主义，不可讲和。可见克氏的互助主义，主张联合众弱，抵抗强权，叫强的永不能凌弱的，不但人与人如是，即国与国亦如是了。现今欧战的结果，就给互助主义增了最大的证据。德国四十年中，扩张军备，广布间谍，他的侵略政策，本人人皆知的了。且英、法等国，均自知单独与德国开战，必难幸胜，所以早有英、法协商，俄、法协商等预备，就是互助的基本。到开战时，德国首先破坏比国的中立。那时比国要是用托氏的无抵抗主义，竟让德兵过去攻击法国，英、法等国，难免措手不及了。幸而比国竟敢兴〔与〕德国抵抗，使英、法等国，有从容预备的时期。俄国从奥国与东普鲁士方面竭力进攻，给德国不能用全力攻法。这就是互助的起点。后来俄国与德国单独讲和，更有美国加入，输军队，输粮食，东亚方面，有日本舰队巡弋海面，有中国工人到法国助制军火。靠这些互助的事实，总能把德人的军国主义逐渐打破。现在，德人已经承认美总统所提议的十四条，又允撤退比、法境内的军队。互助主义的成效，已经彰明较著了。此次平和以后，各国必能减杀军备，自由贸易，把一切互竞的准备撤销，将合全世界实行互助的主义。克氏当尚能目睹的。

照此看来，欧战的结果，就使我们对于尼氏、托氏、克氏三种哲学，狠〔很〕容易辨别了。我国旧哲学中，与尼氏相类的，止有《列子》的《杨朱》篇，但并非杨氏"为我"的本意。（拙作《中国伦理学史》中曾辨过的）。托氏主义，道家、儒家均有道及的，如曾子说"犯而不校"，孟子说的三"自反"，老子说的"三宝"，是很相近的。人人都说我们民族的积弱，都是中了这种学说毒，也是"持之有故"。我们尚不到全体信仰精神世界的程度，止可用"各尊所闻"之例罢了。至于互助的条件，如孟子说的"多助之至，天下顺。寡助之至，亲戚畔之""不通功易事，则农有余粟，女有余布"。普通人常说的"家不和，被邻欺""群策群力""众擎易举"，都是很对的。此后就望大家照这主义进行，自不愁不进化了。

第四篇

《石 / 头 / 记》/ 索 / 隐

　　余之为此索隐也，实为《郎潜二笔》中徐柳泉之说所引起。柳泉谓：宝钗影高澹人，妙玉影姜西溟。余观《石头记》中，写宝钗之阴柔、妙玉之孤高，与高、姜二人之品性相合。而澹人之贿金豆，以金锁影之；其假为落马坠积潴中，以薛蟠之似泥母猪影之。西溟之热中科第，以走魔入火影之；其瘐死狱中，以被劫影之。又以妙字玉字影姜字英字，以雪字影高字。知其所寄托之人物，可用三法推求：一、品性相类者；二、轶事有征者；三、姓名相关者。

第一章　对于胡适之先生《红楼梦》考证之商榷

　　余之为此索隐也，实为《郎潜二笔》中徐柳泉之说所引起。柳泉谓：宝钗影高澹人，妙玉影姜西溟。余观《石头记》中，写宝钗之阴柔、妙玉之孤高，与高、姜二人之品性相合。而澹人之贿金豆，以金锁影之；其假为落马坠积潦中，以薛蟠之似泥母猪影之。西溟之热中科第，以走魔入火影之；其瘐死狱中，以被劫影之。又以妙字玉字影姜字英字，以雪字影高字。知其所寄托之人物，可用三法推求：一、品性相类者；二、轶事有征者；三、姓名相关者。于是以湘云之豪放而推为其年，以惜春之冷僻而推为荪友，第一法也。以宝玉曾逢魔魇而推为允礽，以凤姐哭向金陵而推为余国柱，用第二法也。以探春之名，与探花有关，而推为健庵；宝琴之名，与孔子学琴于师襄之故事有关，而推为辟疆；用第三法也。然每举一人，率兼用三法或两法，有可推证，始质言之。其他若元春之疑为徐元文，宝蟾之疑为翁宝林，则以近于孤证，姑不列入。自以为审慎之至，与随意附会者不同。近读胡适之先生之《红楼梦》考证，列拙著于"附会的红学"之中，谓之"走错了道路"，谓之

308

"大笨伯""笨谜",谓之"很牵强的附会",我殊不敢承认。或者我亦不免有敝帚千金之俗见。然胡先生之言,实有不能强我以承认者。今贡其疑于下:

(一)胡先生谓:"向来研究这部书的人,都走错了道路,……不去搜求那些可以考定《红楼梦》的著者、时代、版本等等的材料,却去收罗许多不相干的零碎史事来附会《红楼梦》里的情节。"又谓"我们只须根据可靠的版本与可靠的材料,考定这书的著者究竟是谁,著者的事迹家世,著书的时代,这书曾有何种不同的本子,这些本子的来历如何,这些问题,乃是《红楼梦》考证的正当范围"。案考定著者、时代、版本之材料,固当搜求。从前王静庵先生作《红楼梦》评论,曾云:"作者之姓名(遍考各书,未见曹雪芹何名)与作书之年月,其为读此书者所当知,似更比主人公之姓名为尤要。顾无一人为之考证者,此则大不可解者也。"又云:"苟知美术之大有造于人生,而《红楼梦》自足为我国美术上之唯一大著述,则其作者之姓名,与其著书之年月,固为唯一考证之题目。"今胡先生对于前八十回著作者曹雪芹之家世及生平,与后四十回著作者高兰墅之略历,业于短时期间,搜集许多材料,诚有功于《石头记》,而可以稍释王静庵先生之遗憾矣。惟吾人与文学书最密切之接触,本不在作者之生平,而在其著作。著作之内容,即胡先生所谓"情节"者,决非无考证之价值。例如我国古代文学中之《楚辞》,其作者为屈原、宋玉、景差等。其时代,在楚怀王、襄王时,即西历纪元前三世纪顷,久为昔人所考定。然而"善鸟香草,以配忠贞;恶禽臭物,以比谗佞;灵修美人,以媲于君；宓妃佚女，以譬贤臣；虬龙鸾凤，以托君子；飘风云霓，以为小人"。如王逸所举者，固无非内容也。其在外国文学，如Shakespeare之著作，或谓出Bacon手笔，遂生"作者究竟是谁"之问题。至如Goethe之著《Faust》则其所根据之神话与剧本，及其六十年间著作之经过，均为文学史所详载。而其内容，则第一部之Gretchen或谓影Elsässirin Friederike（Bielschowsky之说）；或谓影Frankfurter Gretchen（Kuno Fischer）之说。第二部之Walpurgisnacht一节，为地质学理论。Heleua一节，为文化交通问题。Euphorion为英国诗人Byron之影子（各家略同）。皆情节上之考证也。俄之托尔斯泰，其生平，其著作之次第，皆无甚疑问。近日张邦铭、郑阳和两先生所译英人Sarolea之《托尔斯泰传》，有云："凡其著作，无不含自传之性质、各书之主人翁，如伊尔屯尼夫、鄂仑玲、聂乞鲁多夫、赖文、毕索可夫等，皆其一己之化身。各书中所叙他人之事，莫不与其身有直接之关系。……《家庭乐》叙其少年时情场中之一事，并表其情爱与婚姻之意见。书中主人翁既求婚后，乃将少年狂放时之恶行，缕书不讳，授所爱以自忏。此事，托尔斯泰于《家庭乐》出版三年后，向索利亚柏斯求婚时，实尝亲自为之。即《战争与和平》一书，亦可作托尔斯泰之家乘观。其中老乐斯脱夫，即托尔斯泰之祖。小乐斯脱夫，即其父。索利亚，即其养母达善娜，尝两次拒其父之婚者。拿特沙药斯脱夫，即其姨达善娜柏斯。毕索可夫与赖文，皆托尔斯泰用以自状。赖文之兄死，即托尔斯泰兄的米特利之死。《复活》书中聂乞鲁多夫之奇特行动，论者谓依心理未必能有者，其实即的米特利生平留于其弟心中之一纪念。的米特利娶一娟，与聂乞鲁多夫同也。"亦情节上之考证也。然则考证情节，岂能概目为附会而排斥之？

（二）胡先生谓拙著《索隐》所阐证之人名，多是"笨谜"。又谓"假使一部《红楼梦》，真是一串这么样的笨谜，那就真不值得猜了"。案拙著阐证本事，本兼用三法，具如前述。所谓姓名关系者，仅三法中之一耳。即使不确，亦未能抹杀全书。况胡先生所谥为笨谜者，正是中国文人习惯，在彼辈方以为必如是而后值得猜也。《世说新书》称曹娥碑后有"黄绢幼妇、外孙齑臼"八字，即以当绝妙好辞四字。古绝句："藁砧今何在？山上复有山。何当大刀头，破镜飞上天。"以藁砧当夫，大刀头当还。《南史》记梁武帝时童谣有"鹿子开城门，城门鹿子开"等句，谓鹿子开者，反语为来子哭，后太子果薨。自胡先生观之，非皆笨谜乎？《品花宝鉴》以侯石公影袁子才，侯与袁为猴与猿之转借，公与子同为代名词，石与才则自"天下才有一石，子建独占八斗"之语来。《儿女英雄传》自言十三妹为玉字之分析，非经说破，已不易猜。又以纪献唐影年羹尧，纪与年，唐与尧，虽尚简单，而献与羹则自"犬日羹献"之文来。自胡先生观之，非皆笨谜乎？即如《儒林外史》之庄绍光即程绵庄，马纯上即冯粹中，牛布衣即朱草衣，均为胡先生所承认（见胡先生所著《吴敬梓传及附录》）。然则金和跋中之所指目，殆皆可信。其中如因范蠡曾号陶朱公，而以范易陶；因萬字俗写作万，而以万代方；亦非笨谜乎？然而安徽第一大文豪且用之，安见汉军第一大文豪必不出此乎？

（三）胡先生谓拙著中刘姥姥所得之八两及二十两有了下落，

而第四十二回王夫人所送之一百两没有下落，谓之"这种完全任意的去取，实在没有道理"。案《石头记》凡百二十回，而余之《索隐》，尚不过数十则；有下落者记之，未有者姑阙之，此正余之审慎也。若必欲事事证明而后可，则《石头记》自言著作者有石头、空空道人、孔梅溪、曹雪芹等，而胡先生所考证者惟有曹雪芹。《石头记》中有许多大事，而胡先生所考证者惟有南巡一事，将亦有任意去取，没有道理之诮与？

《红楼梦》清 孙温 绘

（四）胡先生以曹雪芹生平，大端考定，遂断定《石头记》是"曹雪芹的自叙传"，"是一部将真事隐去的自叙的书"。"曹雪芹即是《红楼梦》开端时那个深自忏悔的我，即是书里甄贾（真假）两个宝玉的底本"。案书中既云真事隐去，并非仅隐去真姓名，则不得以书中所叙之事为真。又使宝玉为作者自身影子，则何必有甄、贾两个宝玉（鄙意甄、贾二字，实因古人有正统、伪朝……习见而起。贾雨村举正、邪两赋而来之人物，有陈后主、唐明皇、宋徽宗等，故疑甄宝玉影宏光，而贾宝玉影允礽也）。若以赵嬷嬷有甄家接驾四次之说，而曹寅适亦接驾四次，为甄家即曹家之确证，则赵嬷嬷又说贾府只预备接驾一次，明在甄家四次以外，安得谓贾府亦即曹家乎？胡先生因贾政为员外郎，适与员外郎曹頫相应，遂谓贾政即影曹頫。然《石头记》第三十七回有贾政任学差之说；第七十一回有贾政回京复命，因是学差，故不敢先到家中云云。曹頫固未闻曾放学差也。且使贾府果为曹家影子，而此书又为雪芹自写其家庭之状况，则措词当有分寸。今观第十七回，焦大之谩骂，第六十六回，柳湘莲道："你们东府里，除了那两个石头狮子干净罢了。"似太不留余地。且许三礼奏参徐乾学，有曰："伊弟拜相之后，与亲家高士奇更加招摇，以致有'去了余秦桧（余国柱），来了徐严嵩。乾学似庞涓，是他大长兄'之谣。又有'五方宝物归东海，万国金珠贡澹人'之对"云云。今观《石头记》第五十五回有"刚刚倒了一个巡海夜叉，又添了三个镇山太岁"之说。第四回，有"贾不假，白玉为堂金作马；阿房宫，三百里，住不下金陵一个史；东海少了白玉床，龙王来请金陵王；丰年好大雪，珍珠如土金如铁"之护官符。显然为当时一谣一对之影子，与曹家无涉？故鄙意《石头记》原本，必为康熙朝政治小说，为亲见高、徐、余、姜诸人者所草。后经曹雪芹增删，或亦许插入曹家故事。要未可以全书属之曹氏也。

民国十一年一月三十日

第二章 《石头记》索隐

　　《石头记》者，清康熙朝政治小说也。作者持民族主义甚挚。书中本事，在吊明之亡，揭清之失。而尤于汉族名士仕清者，寓痛惜之意。当时既虑触文网，又欲别开生面，特于本事以上，加以数层障幂，使读者有横看成岭侧成峰之状况。最表面一层，谈家政而斥风怀，尊妇德而薄文艺。其写宝钗也，几为完人；而写黛玉、妙玉，则乖痴不近人情。是学究所喜也，故有王雪香评本。进一层，则纯乎言情之作，为文士所喜。故普通评本，多着眼于此点。再进一层，则言情之中，善用曲笔。如宝玉中觉，在秦氏房中，布种种疑阵。宝钗金锁为笼络宝玉之作用，而终未道破。又于书中主要人物，设种种影子以畅写之，如晴雯、小红等均为黛玉影子，袭人为宝钗影子，是也。此等曲笔，惟太平闲人评本，能尽揭之。太平闲人评本之缺点，在误以前人读《西游记》之眼光读此书，乃以大学中庸明明德等为作者本意所在，遂有种种可笑之附会，如以吃饭为诚意之类。而于阐证本事一方面，遂不免未达一词矣。阐证本事，以《郎潜纪闻》所述徐柳泉之说为最合。所谓"宝钗影高澹人，妙玉影姜西溟"是也。近人《乘光舍笔记》，谓"书中女人皆指汉人，男人皆指满人，以宝玉曾云男人是泥做的，女人是水做的也"，尤与鄙见相合。佐之札记，专以阐证本事，于所不知，则阙之。

书中红字多影朱字，朱者，明也，汉也。宝玉有爱红之癖，言以满人而爱汉族文化也，好吃人口上胭脂，言拾汉人唾余也。清制：满人不得为状元，防其同化于汉。《东华录》："顺治十八年六月，谕吏部：世祖遗诏云，纪纲法度，渐习汉俗，于醇朴旧制，日有更张。"又云："康熙十五年十月，议政王大臣等议准礼部奏，朝廷定鼎以来，虽文武并用，然八旗子弟，尤以武备为急，恐专心习文，以致武备废弛，见今已将每佐领下子弟一名，准在监肄业，亦自足用。除见在生员举人进士录用外，嗣后请将旗下子弟考试生员举人进士，暂令停止。从之。"是知当时清帝虽躬修文学，且创开博学鸿词科，实专以笼络汉人，初不愿满人渐染汉俗。其后雍、乾诸朝亦时时申诫之。故第十九回："袭人劝宝玉道：'再不许吃人嘴上擦的胭脂了，与那爱红的毛病儿。'"又"黛玉见宝玉腮上血渍，询知为淘漉胭脂膏子所溅，谓为带出幌子，吹到舅舅耳里，使人家不干净惹气。"皆此意。宝玉住大观园中，所居曰怡红院，即爱红之义。所谓曹雪芹于悼红轩中增删本书，则吊明之义也。本书有《红楼梦曲》，以此。书中序事托为石头所记，故名《石头记》。其实因金陵亦曰石头城而名之。余国柱（即书中之王熙凤）被参，以其在江宁置产营利，与协理宁国府，历劫返金陵等同意也。又曰《情僧录》及《风月宝鉴》者，或就表面命名，或以情字影清字；又以古人有清风明月语，以风月影明清，亦未可知也。

《石头记》叙事，自明亡始。第一回所云"这一日三月十五日，葫芦庙起火，烧了一夜。甄氏烧成瓦砾场"，即指甲申三月间、明愍帝殉国、北京失守之事也。士隐注解好了歌，备述沧海桑田之变态。亡国之痛，昭然若揭。而士隐所随之道人，跛足麻履鹑衣，或即影愍帝自缢时之状。甄士本影政事；甄士隐随跛足道人而去，言明之政事，随愍帝之死而消灭也。

甄士隐即真事隐，贾雨村即假语存，尽人皆知。然作者深信正统之说，而斥清室为伪统。所谓贾府，即伪朝也。其人名如贾代化、贾代善，谓伪朝之所谓化、伪朝之所谓善也。贾政者，伪朝之吏部也。贾敷、贾敬，伪朝之教育也（《书》曰：敬敷五教）。贾赦，伪朝之刑部也，故其妻氏邢（音同刑）；子妇氏尤（罪尤）。贾琏为户部，户部在六部位居次，故称琏二爷，其所掌则财政也。李纨为礼部·李礼同音，康熙朝礼制已仍汉旧，故李纨虽曾嫁贾珠，而已为寡妇，其所居曰稻香村，稻与道同音；其初名以杏花村，又有杏帘在望之名，影孔子之杏坛也。（《金瓶梅》以孟玉楼影当时之礼部，氏之以孟，又取玉楼人醉杏花风诗句为名，即《红楼梦》所本也。）

作者于汉人之服从清室，而安富尊荣者，如洪承畴、范文程之类，以娇杏代表之。娇杏即侥幸。书中叙新太爷到任，即影满洲定鼎。观雨村中秋口号云："天上一轮才捧出，人间万姓仰头看。"知为代表满洲也。于有意接近而反受种种之侮辱，如钱谦益之流，则以贾瑞代表之。瑞字天祥，言其为假文天祥也（文小字宋瑞）。头上浇粪，手中落镜，言其身败名裂而至死不悟也（徐巨源编一剧，演李太虚及龚芝麓降李自成后，闻清兵入，急逃而南。至杭州，为追兵所蹑，匿于岳坟铁铸秦桧夫人胯下，值夫人方月事，追兵过而出，两人头皆血污，与本书浇粪同意）。叙婉婳将军林四娘，似以代表起义师而死者；叙尤三姐，似以代表不屈于清而死者；叙柳湘莲，似以代表遗老之隐于二氏者。

书中女子，多指汉人；男子多指满人。不独女子是水做的骨肉，男人是泥做的骨肉，与汉字满字有关也。我国古代哲学，以阴阳二字说明一切对待之事物。《易》坤卦象传曰："地道也，妻道也，臣道也。"是以夫妻、君臣分配于阴阳也。《石头记》即用其义。第三十一回："湘云说：'比如天是阳，地就是阴；比如一棵树叶儿，那边向上朝阳的就是阳，这边背阴复下的就是阴；走兽飞禽，雄为阳，雌为阴。'翠缕道：'怎么东西都有阴阳，咱们人倒没有阴阳呢？'又道：'知道了，姑娘是阳，我就是阴。'又道：'人家说，主子为阳，奴才为阴。我连这个大道理也不懂得。'"是男为阳，主子亦为阳；女为阴，奴才亦为阴，本书明明揭出。清制：对于君主，汉（满）人自称奴才，汉人自称臣。臣与奴才，并无二义。（《说文解字》：臣字象屈服之形，是古义亦然。）以民族之对待言之，征服者为主，被征服者为奴。本书以男女影满汉，以此。

贾宝玉，言伪朝之帝系也。宝玉者，传国玺之义也。即指"胤礽"。《东华录》：康熙四十八年三月，以复立皇太子告祭天坛文曰："建立嫡子胤礽为皇太子。"又曰："朕诸子中，胤礽居贵。"是胤礽生而有为皇太子之资格，故曰衔玉而生。胤礽之被废也，其罪状本不甚证实。康熙四十七年九月，谕曰："胤礽肆恶虐众，暴戾淫乱，难出诸口。"又曰："胤礽同伊属下人等，恣行乖戾，无所不至，令朕赧于启齿。又遣使邀截外藩入贡之人，将进御马匹，任意攘取，以致蒙古俱不心服。"又曰："知胤礽赋性奢侈，着伊乳母之夫凌普为内务府总管，俾伊便于取用。"又曰："朕历览史书，时深儆戒，从不令外间妇女，出入宫掖，亦从不令姣好少年，随侍左右。今皇太子所行若此，朕实不胜愤懑。"《石头记》三十三回，叙宝玉被打，一为忠顺亲王府长史索取小旦琪官事，二为金钏儿投井，贾环谓是宝玉拉着太太的丫头金钏儿，强奸不遂，打了一顿，那金钏儿便赌气投井死了。琪官事与姣好少年等语相关。忠顺王疑影外藩。长史曾揭出琪官赠红汗巾事，疑影攘取马匹事，相传名马有出汗如血者故也。曰"暴戾淫乱，难出诸口"，曰"赧于启齿"，曰"从不令外间妇女出入宫掖，今皇太子所行若此"。是当时罪状中颇有中菁之言，即金钏儿之事所影也。

胤之罪状又有曰："近观胤礽行事，与人大有不同。昼多沉睡，夜半方食。饮酒数十巨觥不醉。每对越神明，则惊惧不能成礼。遇阴雨雷电，则畏沮不知所措。居处失常，语言颠倒，竟类狂易之疾，似有鬼物凭之者。"又曰："今忽为鬼魅所凭，蔽其本性，忽起忽坐，言动失常。时见鬼魅，不安寝处，屡迁其居，啖饭七八碗，尚不知饱；饮酒二三十觥，亦不见醉。匪特此也，细加询问，更有种种骇异之事。"又曰："胤礽居撷芳殿，其地险黯不洁，居者辄多病亡。胤礽时常往来其间，致中鬼魅，不自知觉。以此观之，种种举动，皆有鬼物使然，大是异事。"十一月谕曰："前灼见胤礽行事颠倒，以为鬼物所凭。"又曰："今胤礽之疾，渐已清爽。召见两次，询问前事，胤礽竟有全然不知者，深自愧悔。"又言："'我幸心内略明，犹惧父皇闻知治罪。未至用刀刺人；如或不然，必有杀人之事矣。'观彼虽稍清楚，其语仍略带疯狂。朕竭力调治，果蒙天佑，狂疾顿除。"又曰："十月十七日，查出魇魅废皇太子之物。服侍废皇太子之人奏称：是日，废皇太子忽似疯颠，备作异状，几至自尽。诸宫侍抱持环守。过此片刻，遂复明白。废皇太子亦自惊异，问诸宫侍：'我顷者作何举动？'朕从前将其诸恶，皆信为实。以今观之，实被魇魅而然，无疑也。"四十八年二月谕曰："皇太子胤礽，前染疯疾，朕为国家而拘禁之。后详查被人镇魇之处，将镇魇物俱令掘出，其事乃明。今调理痊愈，始行释放。今譬有人，因染疯狂，持刀砍人，安可不行拘执？若已痊愈，又安可不行释放？"四月谕曰："大阿哥镇魇皇太子及诸阿哥之事，甚属明白。"又曰："见今镇魇之事，发觉者如此；或和尚道士等，更有镇魇之处，亦未可定。日后发觉，始知之耳。"显亲王衍潢等遵旨议会：喇嘛巴汉格隆等咒魇皇太子情实，应将巴汉格隆、明佳噶卜楚、马星噶卜楚、鄂克卓特巴俱凌迟处死。皇长子护卫嗇楞雅突，明知大逆之事，乃敢同行；又雅突将皇长子复行咒魇。在此案内又有察苏齐引诱宗室格隆陶州胡土克图行咒魇之事。

案《石头记》第三十三回："贾政斥宝玉道：'好端端的，你垂头丧气，嗐些什么？方才雨村来了要见你，叫你半天才出来。既出来了，全无一点慷慨挥洒谈吐，仍是葳葳蕤蕤，我看你脸上一团思欲愁闷气色，这会又咳声叹气。'"九十五回："失玉以后，宝玉一日呆似一日，也不发烧，也不疼痛，只是吃不像吃，睡不像睡，甚至说话都无头绪。"与胤礽罪状中之居处失常、语言颠倒及言动失常、不安寝处等语相应。第二十五回："宝玉烫了脸，有宝玉寄名的干娘马道婆向贾母道：'那经典佛法上说的利害，大凡王公卿相人家的子弟，只一生长下来，暗里便有许多促狭鬼跟着他。'"与胤礽罪状中鬼物凭之、时见鬼魅等语相应。又叙宝玉被魇，有云："拿刀弄仗，寻死觅活。"叙王熙凤被魇，有云："手持一把明晃晃钢刀，砍进园来，见鸡杀鸡，见狗杀狗，见人就要杀人。周瑞媳妇忙带着几个有力量的胆壮的婆娘，上去抱住，夺下刀来，抬回房去。"与胤礽所谓未至用刀杀人，及服侍之人称是日废皇太子忽患疯颠，几至自尽，诸宫侍抱持环守相应。

八十一回："宝玉道：'我记得病的时候儿，好好的站着，倒像背地里有人把我拦头一棍，疼得眼睛前头漆黑，看见满屋子里，都是些青面獠牙、拿刀举棒的恶鬼。躺在炕上，觉得在脑袋上加了几个脑箍似的。以后便疼得任什么不知道了。'凤姐道，'我也全记不得。但觉自己身子不由自主，倒像有些鬼怪拉拉扯扯，要我杀人才好。有什么拿什么。自记原觉很乏，只是不能住手。'"亦与胤礽案所谓备作异状、全然不知、持刀斫人等语相应。又说："马道婆破案，为潘三保事，送到锦衣府去，问出许多官员大户人家太太姑娘们的隐情事来。把他家内一抄，抄出几篇小账，上面记着某家验过，应找银若干。"与胤礽以外，复有皇长子及宗室等案，及所谓和尚道士等更有魔魅等事，亦未可定等语相应。行魔魅者巴汉格隆等，皆喇嘛，故以马道婆代表之。马与嘛同音也。八十一回又称："马道婆身边搜出匣子，里面有象牙刻的一男一女、不穿衣服、光着身子的两个魔王，亦与相传喇嘛教中之欢喜佛相等。马道婆之代表喇嘛也无疑。《东华录》：康熙四十七年九月谕云：胤礽幼时，朕亲教以读书，继令大学士张英教之，又令熊赐履教以性理诸书，又令老成翰林官随从云云。"《石头记》常言"贾政逼宝玉读书"。第八回："秦钟因去岁业师回南，在家温习旧课。其父秦邦业知贾家塾中司塾的乃贾代儒伪朝之儒也，现今之老儒。"第九回："贾政对李贵道：'你去请学里太爷的安，就道我说的，什么诗经古文，一概不用虚应故事，只是先把四书一齐讲明背熟，是最要紧的。'"第八十一回："贾政道：'前儿倒有人和我提起一位先生来，学问人品都是极好的。也是南边人。'又道：'如今儒大太爷虽学问也只中平，但还弹压得住这些小孩子们。'"八十二回称："贾代儒为老学究。"又"宝玉讲后生可畏一章，讲到不要弄到，说到这里，向代儒一瞧，代儒说：'讲书是没有什么避忌的。'宝玉才说：'不要弄到老大无成。'"均与性理诸书、老成翰林等相应。又熊赐履湖北人，张英安徽人。所谓南边人，殆指张、熊等。

胤礽以康熙十四年十二月被立为皇太子，四十七年九月被废；四十八年三月复立，五十一年十一月复废。自第一次被废以至复立，为时不久，而又悉归咎于魔魅。故《石头记》中仅以三十三回之笞责及二十五回之魔魇形容之。二十五回中，言"宝玉虽被迷污，经和尚摩弄一回，依旧灵了"。即虽废旋复之义。至九十四回之失玉，乃叙其终废也。至和尚还玉事等，殆无关本事。

胤礽之被废，由于兄弟之倾轧。《东华录》所载主动者为胤褆、胤祀二人。《石头记》九十四回，于失玉以前，先叙海棠既萎而复开："贾母道：'花儿应在三月里开的，如今是十一月。'"三月及十一月，与复立、复废之月相应。又"黛玉说花开之因道：'当初田家有荆树一棵，三个弟兄，因分了家，那棵树便枯了。后来感动了他弟兄们，仍旧归在一处，那棵树也就发了。'"既说兄弟，又说三个，与胤礽、胤褆、胤祀三人相应。

《石头记》叙巧姐事，似亦指胤礽。巧与礽字形相似也。九十二回评女传，巧姐慕贤良，即熊赐履等教胤礽以性理诸书也。一百十八回，记微嫌舅兄弱女，贾环、贾芸欲卖巧姐于藩王，即指胤礽为胤褆、胤祀所卖事。宝玉被打，由贾环诉说金钏儿事；宝玉被魇，由贾环之母赵姨娘主使；巧姐被卖，亦由贾环主谋。与胤褆之陷胤礽相应。其事又有亲舅舅王仁与闻之。《红楼梦曲》中亦云："休似俺那爱银钱忘骨肉的狠舅奸兄。"与胤礽案中有所谓舅舅佟国维者相应。《东华录》："康熙四十八年正月，上曰：'胤祀乃胤褆之党，胤褆曾奏言请立胤祀为太子，伊当辅之。'又曰：'此事必舅舅佟国维，大学士马齐以当举胤祀默示于众。'二月，谕舅舅佟国维曰：'尔曾奏，皇上凡事断无错误之处，此事关系重大，日后易于措处则已；倘日后难于措处，似属未便，等语。'又曰：'因有舅舅所奏之言，及群下小人就中肆行捏造言词，所以大臣侍卫官员等，俱终日忧虑，若无生路者。中心宽畅者，惟大阿哥、八阿哥耳。'又曰：'舅舅前启奏时，外间匪类，不知其故，因盛赞尔云：如此方谓之国舅大臣，不惧死亡，敢行陈奏。今尔之情形毕露，人将谓尔为何如人耶？'"《石头记》一百十八回：

"王仁拍手道：'这倒是一种好事，又有银子。只怕你们不能；若是你们敢办，我是亲舅舅，做得主的。'"第一百十九回："事败后，吓得王仁等抱头鼠窜的出来。"与《东华录》之佟国维相应。康熙四十八年四月谕曰："胤禔之党羽，俱系贼心恶棍，平日斗鸡走狗，学习拳勇，不顾罪戾，惟务诱取银钱。"故《石头记》亦有爱银钱的奸兄语。

林黛玉影朱竹垞也。绛珠影其氏也；居潇湘馆影其竹垞之号也。竹垞生于秀水，故绛珠草长于灵河岸上。"竹垞客游南北，必橐载十三经、二十一史以自随。已而游京师，孙退谷过其寓，见插架书，谓人曰：'吾见客长安者，务攀援驰逐；车尘蓬勃间，不废著述者，惟秀水朱十一人而已。'"（见陈廷敬所作墓志）《石头记》第十六回："黛玉带了许多书籍来。"四十回："刘姥姥到潇湘馆，因见窗下案上设着笔砚，又见书架上磊着满满书。刘姥姥道：'这必定是那一位哥儿的书房了。'贾母笑指黛玉道：'这是我这外孙女儿的屋子。'刘姥姥留神打量了林黛玉一番，方笑道：'这那里像个小姐的绣房，竟比那上等的书房还好。'"以此。竹垞尝与陈其年合刻所著曰《朱陈村词》，流传入禁中。故黛玉与史湘云凹晶馆联句。竹垞入直南书房，旋被劾，镌一级罢，寻复原官。其被劾之故，全谢山谓因携仆钞《永乐大典》。竹垞所作《咏古》二首云："汉皇将将屈群雄，心许淮阴国土风。不分后来输绛灌，名高一十八元功。""海内词章有定称，南来庾信北徐陵。谁知著作修文殿，佛论翻归祖孝征。"诗意似为人所赏。《石头记》中凤姐掉包事，疑即指此。七十回，宝钗、探春、湘云、宝琴均替宝玉临字，而于黛玉一方面，但云"紫鹃送一卷小楷"。疑影携仆写书事。

薛宝钗，高江村也（徐柳泉已言之）。薛者雪也。林和靖咏梅有曰："雪满山中高士卧，月明林下美人来。"用薛字以影江村之姓名也（高士奇）。

《啸亭杂录》曰："高江村家贫，鬻字为活。纳兰太傅爱其才，荐入内廷。仁庙亦爱之，遇巡狩出猎，皆命江村趋从。故江村诗曰：'身随翡翠丛中列，队入鹅黄带里行。'盖纪实也。江村性趫巧，遇事先意承旨，皆惬圣怀。一日，上出猎，马蹶，意殊不怿。江村闻之，故以潴泥污其衣，入侍，上怪问之，江村曰：'适落马坠积潴中，未及浣也。'上大笑曰：'汝辈南人，懦弱乃尔。适朕马屡蹶，竟未坠。'意乃释然。又尝从登金山，上欲题额，濡毫久之。江村拟'江天一览'四字于掌中，趋前磨墨，微露其迹。上如所拟书之。其迎合类如此。"

《檐曝杂记》曰："江村初入都，自肩袱被，进彰仪门。后为明相国家司阍者课子。一日，相国急欲作书数函，仓卒无人，司阍以江村对。即呼入，援笔立就。相国大喜，遂属掌书记。后入翰林，直南书房，皆明公力也。江村才本绝人，既居势要，家日富，则结近侍，探上起居，报一事酬以金豆一颗。每入直，金豆满荷囊；日暮，率倾囊而出。以是宫廷事，皆得闻。或觇知上方阅某书，即抽某书翻阅，偶天语垂问，辄能对大意，以是圣祖益爱赏之。"郑方坤（《本朝诗抄小传》）曰："江村年十九，之京师，以诸生就京闱试，不利，落魄羁穷，卖文自给。新岁，为人书春帖子，往往自作联句，用写其幽忧牢落之怀。偶为圣祖所见，大加击节，立召见。"案《石头记》，写薛宝钗处处周到，得人欢心，自薛姨妈、贾母、王夫人、湘云、岫烟，以至袭人辈，无不赞叹；并黛玉亦受其笼络。即所谓性趨巧善迎合之影子也。宝钗以金锁配宝玉，谓之金玉良缘；其嫂曰夏金桂；其婢曰黄金莺；莺儿为宝玉结络，以金线配黑珠儿线，皆以金豆探起居之影子也。宝钗最博雅，二十二回，点鲁智深醉闹五台山，为宝玉诵寄生草曲词，宝玉赞他无书不知。第三十回："宝玉道：'姐姐通今博古，色色都知道。'"七十六回，湘云用字："黛玉说：'亏你想得出。'湘云道：'幸而昨日看《历朝文选》，见了这个字。我不知何树，因要查一查。宝姐姐说不用查，这就是如今俗叫做朝开夜合的。我信不及，到底查了一查，果然不错。看来宝姐姐知道的竟多。'"即其翻书备对之影子也。第一回，称"穷儒贾雨村一身一口，在家乡无益，因进京求取功名。自前年来此，又淹塞住了，暂寄庙中安生，每日卖文作字为生。"即江村袯被进都、鬻字为活之影子也。"贾雨村高吟一联，曰：'玉在椟中求善价，钗于奁内待时飞。'恰值甄士隐走来听见，笑道：'雨村兄真抱负不凡也。'"即联句被赏之影子也。四十七回："薛蟠遭湘莲苦打，遍身内外滚的似泥母猪一般。"又说："那里爬的上马去。"即江村自称落马堕积潦中之影子也。

江村所作《塞北小抄》曰："二十二年，六月十二日，扈跸出东直门云云。偶患暑气，上命以冰水饮益元散二碗，方解。甲申，上曰：'尔南人，为何亦饮冰水？'士奇曰：'天气炎热，非冰莫解。'上曰：'朕闻南人殊不畏暑。'士奇曰：'南人从来畏暑，故有吴牛见月而喘之语。'上大笑。"案《石头记》第七回："宝钗对周瑞家的说：'我这是从胎里带来的一股热毒。'又说：'癞头和尚所说的方，叫做冷香丸。'"第三十回："宝玉道：'姐姐怎么不看戏去？'宝钗道：'我怕热。看了两出，热得很。要走，客又散；我不得不推身上不好，就来了。'宝玉笑道：'怪不得他们拿姐姐比杨贵妃，原也体胖怯热。'"与《塞北小抄》语相应。（庄子："早受命而夕饮冰，我其内热与！"所谓胎里带来热毒，亦兼热中之讽。）

《汉名臣传》云："康熙廿七年，法司逮问贪黩劾罢之巡抚张汧。因汧开未被劾时，曾遣人赍报赴京。诘其行贿何人，初以分馈甚众，不能悉数抵塞；既而指出士奇。奉谕置勿问。士奇疏请归田，得旨，以原官解任。廿八年，从上南巡。至杭州，驾幸士奇之西溪山庄，赐御书竹窗扁额。九月，左都御史郭绣疏劾之，曰：'有植党营私，招摇撞骗，如原任少詹事高士奇、左都御史王鸿绪等，表里为奸。'又曰：'高士奇出身微贱，其始也徒步来京，觅馆为生。皇上因其字学颇工，不拘资格，擢补翰林，令入南书房供奉。'又曰：'士奇日思结纳，谄附大臣，揽事招权，以图分肥。凡大小臣工无不知有士奇之名。'又曰：'久之羽翼既多，遂自立门户，结王鸿绪为死党，科臣何楷为义兄弟，翰林陈元龙为叔侄，鸿绪胞兄王顼龄为子女姻亲。俱寄以腹心，在外招揽。凡督抚藩臬道府厅县，以及在内之大小卿员，皆王鸿绪、何楷等为之居停哄骗。而夤缘照管者，馈至成千累万。即不属党护者，亦有常例，名曰平安钱。'盖士奇供奉日久，势焰日张，人皆谓之门路真，而士奇遂亦自忘乎其为撞骗，亦居之不疑，曰：'我之门路真。'又曰：'光棍俞子易，在京肆横有年，惟恐事发，潜遁直隶天津山东洛口地方。有虎坊桥瓦屋六十余间，价值八千金，馈送士奇，求托照拂。此外顺成门斜街并各处房屋，总令心腹出名置买，何楷代为收租，打磨场。士奇之亲家陈元龙伙计陈季方，开张缎号，寄顿贿银，资本约至四十余万。又于本乡平湖县，置田产千顷，大兴土木，修整花园；杭州西湖，广置园宅。苏、松、淮、扬，王鸿绪与之合伙生理，又不下百余万。'又曰：'圣驾南巡时，上谕严诫馈送，定以军法治罪，谁敢不遵。惟士奇与王鸿绪，慭不畏死，即淮、扬等处，王鸿绪招揽府厅各官，约馈黄金，潜遗士奇。淮、扬如此，则他处又不知如何索诈矣。'云云。得旨：'高士奇、王鸿绪、陈元龙俱着休致回籍，王顼龄、何楷着留任。'"

《东华录》：康熙二十八年，吏部议：左副都御史许三礼奏参，原任刑部尚书徐乾学与高士奇招摇纳贿。查徐乾学与高士奇招摇纳贿之处，并无实据。许三礼又奏参乾学，有云："乾学伊弟拜相之后，与亲家高士奇，更加招摇，以致有'五方宝物归东海，万国金珠贡澹人'之对"，云云。案《石头记》第四回："门子递与雨村一张护官符，上面皆是本地大族名宦之家的谚俗口碑，云：贾不假，白玉为堂金作马。阿房宫，三百里，住不下金陵一个史。东海缺少白玉床，龙王来请金陵王。丰年好大雪，珍珠如土金如铁。"即许三礼疏中五方、万国之对之影子也。门子又道："这四家皆连络有亲，一损俱损，一荣俱荣，扶持遮饰，皆有照应。今告打死

327

人之薛，就是丰年大雪之雪也。不单靠三家，他的世交亲友在京都、在外省，本亦不少。"此即郭绣疏中死党义兄弟叔侄子女姻亲及许疏中亲家等种种关系之影子也。第四回称："薛公子亦金陵人氏，家中有百万之富，现领着内帑钱粮采办杂料，虽是皇商，一应经纪世事，全然不知，不过赖祖父旧日情分，户部挂个虚名，支领钱粮。其余事体，自有伙计老人家等措办。"又云："自薛蟠父亲死后，各省中所有的买卖承局总管伙计人等，便趁时拐骗起来。京都几处生意，渐亦消耗。"又云："薛蟠要亲自入都，销算旧账，再计新支。因此早已检点下行装细软，以及馈送亲友各色土物人情等类。"第十三回："秦可卿死后，薛蟠表弟因见贾珍寻好板，便说我们本店里有一付板，叫作什么墙木。"第四十八回："各铺面伙计，内有算年账要回家的，内有一个张德辉，自幼在薛蟠当铺内揽总，说起'今年纸札香扇短少，明年必是贵的。明年，先打发大小儿上来当铺照管照管，赴端阳前，我顺路就贩些纸札香扇来卖'。薛蟠心下忖度，不如也打点本钱，和张德辉逛一年来。"第六十六回："薛蟠说：'我同伙计贩了货物，自春天起身，往回里走，一路平安。谁知到了平安州地方，遇见一伙强盗，已将东西劫去。不想柳二弟从那边来，方把贼人赶散，夺回货物，还救了我们的性命。'"第六十七回："管总的张太爷，差人送了两箱子东西来。薛蟠说：'特特的给妈妈和妹子带来的东西。'一箱都是绸缎绫锦洋货等家常应用之物，一箱却是些笔墨纸砚各色笺纸香袋香珠扇子扇坠花粉胭脂等物。外有虎丘带来的自行人、酒令儿，水银灌的打筋斗小小子，沙子灯，一出一出的泥人儿的戏，用青纱罩的匣子装着。又有在虎丘山上泥捏的薛蟠小像。薛姨妈将箱子里的东西取出，一分一分的送给贾母并王夫人。宝钗将那些玩意儿一件一件的过了目，除了自己留用之外，一分一分的配合妥当，使莺儿同着一个老婆子跟着送往各处。宝玉到黛玉处，见堆着许多东西，就知道是宝钗送来的，便取笑说道：'那里这些东西，不是妹妹要开杂货铺啊！'"第五十七回："邢岫烟把绵衣服当了。宝钗问：'当在那里？'岫烟道：'叫做什么恒舒了，是鼓楼西大街。'宝钗笑道：'闹在一家去了。伙计们倘或知道了，好说人没过来，衣裳先到了。'岫烟听说，便知是他家的本钱。"第四十五回："黛玉对宝钗道：'你如何比得我，你这里有土地买卖，家里又仍旧有房有地。'"均与郭绣疏中所谓房屋田产园宅缎号资本及馈送等事相应。薛蟠在平安州遇盗，与平安钱相应。

探春影徐健庵也。健庵名乾学，乾卦作三，故曰三姑娘。健庵以进士第三人及第，通称探花，故名探春。健庵之弟元文入阁，而健庵则否，故谓之庶出。然许三礼劾健庵，一则曰"胆恃胞弟徐元文钦点入阁"，再则曰"伊弟拜相之后，与亲家高士奇更加招摇，以致有'去了余秦桧（指余国柱），来了徐严嵩。乾学似庞涓，是他大长兄'之谣。又有'五方宝物归东海（徐氏），万国金珠贡澹人'之对。"是健庵虽不入阁，而其时亦有炙手可热之势。故《石头记》第五十五回："凤姐儿道：'好个三姑娘，我说不错，只可惜他命薄，没托生在太太肚里。'平儿笑道：'他便不是太太养的，难道谁敢小看他，不与别的一样看待么？'"又"凤姐病中，王夫人命探春会同李纨协理，又请了宝钗来。他三人一理，更觉比凤

329

姐当权时倒更谨慎了些。因而里外下人都暗中抱怨，说刚刚倒了一个巡海夜叉，又添了三个镇山太岁。"此即影射去了余秦桧、来了徐严嵩一谣也。

韩慕庐所作《徐健庵行状》，有云："吴中文社故盛，公为之领袖。"又云："壬子主试顺天，以独赏为公鉴，往往怜收既落之才；即遗卷中有一佳言迥句，咨磋吟讽，以失之为恨。"又云："公故负海内望，而勤于造进，笃于人物。一时庶几之流，奔走辐辏如不及。山林遗逸之老，不远千里，乐从公。后生之才进者，延誉荐引，无虚日。"案《石头记》有秋爽斋偶结海棠社，指此。又二十七回："探春属宝玉道：'这几个月我又攒下有十来串钱了，你还拿了去，明儿出门逛去的时候，或是好字画，好轻巧玩意儿，替我带些来。'又道：'怎么像你上回买的那柳枝儿编的小篮子，真竹子根挖的香盒儿，胶泥垛的风炉儿，这就好了。'"即以表其延揽文士之故事也。

行状又云："尝请崇节俭，辨等威，因申衣服之禁，使上下有章。"案《石头记》第二十七回："探春属宝玉带轻巧玩意儿，拣那朴而不俗、直而不拙的。又道：'我还像上回的鞋，做一双你穿，比那双还加功夫，如何呢？'宝玉道：'那回穿着，可巧遇见老爷，说何苦来虚耗人力，作践绫罗。'……赵姨娘抱怨的了不得，正经兄弟，鞋蹋拉袜蹋拉的……探春道：'什么！我是做鞋的人么？环儿难道没有分例的？衣裳是衣裳，鞋袜是鞋袜。'"盖影射此事。

《儋园集》有赐览皇太子书法奏称："皇太子历年亲写所读书

本及临摹楷法，共大小八箧有奇。"案《石头记》七十回："探春每日临一篇楷字与宝玉。"影此。

健庵迭被弹劾，于康熙二十九年回里。许以书局自随，僦居洞庭东山。《石头记》一百回至一百二回，历叙探春远嫁。第五回："画着两人放风筝，一片大海，一只大船，船中有一女子掩面泣涕之状。诗曰：'清明涕送江边望，千里东风一梦遥。'"皆指此。

（行状曰："再疏乞骸骨，上允所请。时已仲冬，命且过冬行。二十九年春，抵家。"诗中清明字指此。）

王熙凤，影余国柱也。王即柱字偏旁之省，國字俗写作国，故熙凤之夫曰琏，言二王字相连也（楷书王玉同式）。国柱为户部尚书，故贾琏行二。且贾氏财政，由熙凤管理。国柱曾为江宁巡抚，故熙凤协理宁国府。《汉名臣传》云："康熙二十八年三月，给事中何金蔺疏言：'凡解职解任官仍居原任地方，例有明禁。余国柱曾为江宁巡抚，荐陟大学士，不思竭忠图报，黩货无厌，秽迹彰闻。荷恩放归里。乃被黜后，挟辎重往江宁省城，购买宅第，广营生计，呼朋引类，垄断攫金，借势招摇，显违禁例。乞饬部严议。'事下两江总督傅拉搭察讯，以留恋原任地方，购买第宅，并设立钱店典铺复奏。刑部拟杖折赎，诏免罪，赶回籍。寻卒于家。"《石头记》第五回，有金陵十二正副册，正册中有一片冰山，上有一只雌凤。其判语有云："哭向金陵事更哀。"五十四回："女先儿说书说残唐之时，有一位乡绅，本是金陵人氏，名唤王忠（忘忠），曾做两朝宰辅，如今告老回家，膝下只有一位公子，名唤王熙凤。"第一百一回："散花寺神签，正面写着王熙凤衣锦荣归。大丫头道：'奶奶最是通今博古的，难道汉朝的王熙凤求官的一段事，也不晓得？'签文云：'去国离乡二十年，于今衣锦返家园。蜂采百花成蜜后，为谁辛苦为谁甜？'大丫头道：'奶奶自幼在这里长大，何曾回南京去了？如今老爷放了外任，或者接家眷来，顺便还家，奶奶可不是衣锦还乡了？'宝钗道：'据我看，这衣锦还乡四字里头，还有缘故。'"第一百十四回，王熙凤历劫返金陵："王夫人打发人来说：琏二奶奶没有住嘴，说些胡话，要船要轿的，说到金陵归入册子去。"皆指被黜后仍居江宁也。第一百五回，锦衣军查抄宁国府："赵堂官说：'贾赦、贾政并未分家；闻得他侄儿贾琏，现在承总管家，不能不尽行查抄。'"又云："有一起人回说：'东跨房查出两箱房地契文，一箱借票，都是违例取利的。'王爷道：'番役呈禀有禁用之物，并重利欠票。'两家王子问贾政道：'所抄家资内，有借券，实系盘剥，究是谁行的？'贾琏忙走上跪下禀道：'这一箱文书，既在奴才屋内抄出来，敢说不知道么。'"第一百六回："贾政问贾琏道：'那重利盘剥，究竟是谁干的？况且非咱们这样人家所为。'"又"凤姐对平儿说：'虽说事是外头闹得，我若不贪财，如今也没有我的事。'"皆与何疏相应也。

国柱曾于康熙二十七年为御史郭琇所劾，称其"在内阁票拟，承顺大学士明珠指麾，轻重任意，与尚书佛伦等结党把持。督抚藩臬缺出，展转援引，总揽贿赂。保送学道及科道内升出差，率皆居功要索"云云。《石头记》中，叙凤姐逢迎贾母、王夫人，无微不至；而营私弋利等事，亦层见叠出。例如二十七回："且说王凤姐自见金钏儿死后，忽见几家仆人，常来孝敬他些东西，又不时来请安奉承，自己倒生了疑惑，不知何意。这日又见人来孝敬他东西，因晚间无人时，笑问平儿。平儿冷笑道：'我猜他们女儿都必是太太房里的丫头。如今太太房里有四个大的，一个月一两银子的分例；剩下的都是一个月只几百钱。如今金钏儿死了，必定他们要弄这一两银子的巧宗儿呢！'凤姐听了笑道：'……也罢了，他们几家的钱，也不能容易化到我跟前。这是他们自寻的，送什么来，我就收什么。横竖我有主意。'凤姐儿安下这个心，所以只管耽延着。等那些人把东西送足了，然后乘空方回王夫人。"云云。十六回："贾琏的乳母赵嬷嬷，替两个儿子求事情道：'……倒是来和奶奶说，是正经，靠着我们爹，只怕我还饿死了呢。'"又："凤姐忙向贾蔷道：'我有两个在行妥当人，你就带他们去办。这倒便宜了你呢。'贾蔷忙陪笑道：'正要和婶娘讨两个人呢，这可巧了。'贾蓉悄悄的问凤姐道：'婶娘要什么东西，分付了，开个账儿，给我兄弟带去，按账置办了来。"二十四回："贾芸见了贾琏，因打听可有什么事情。贾琏告诉他道：'前儿倒有一件事情出来，偏生你婶娘再三求了我，给了贾芹了。他许我说，明儿园里还有几处要栽药木的地方，等这个工程出来，一定该你就是了。'"又"贾芸送香料后，凤姐道：'……怪道你叔叔常提起你来。……'贾芸问道：'原来叔叔也常提我的？'凤姐见问，便要告诉给他事情管的话；一想，又恐怕被他看轻了，只说得了这点香料儿，便混许他管事了，因又止住，且把派他种花木工程等事，都一字不提。至次日，凤姐上车，见贾芸来，便命人唤住，隔窗子笑道：'芸儿，你竟有胆子，在我跟前弄鬼。怪道你送东西给我，原来你有事求我！昨日你叔叔才告诉我，说你求他。'贾芸笑道：'求叔叔的事，婶娘休提，我这里正后悔呢！早知这样，我一起头，就求婶娘，这会子也就完了。谁承望叔叔竟不能的。……'凤姐冷笑道：'你们要拣远路儿走，叫我也难。早告诉我一声，什么不成了，多大点事儿，耽误到这会子。那园子里还要种树种花，我只想不出个人来。早说不早完了。'贾芸笑道：'这样，明日婶娘就派我罢。'凤姐半晌道：'这个我看着不大好，等明年正月里的烟火灯烛，那个大宗儿下来，再派你罢。'贾芸道：'好婶娘，先把这个派了我罢。果然这件办的好，再派我那件。'凤姐笑道：'你倒会拉长线儿。罢了，若不是你叔叔说，我不管你的事。……你到午初时候，来领银子，后来就进去种花。'"又十四回："凤姐到水月庵中，老尼说张金儿退婚事道：'……我想如今长安节度使云老爷，与府上相契，要求太太与老爷说声，发一封书，求云老爷和那守备说一声，不怕他不依。若是肯行，张家连倾家孝顺，也都情愿。'凤姐笑道：'这事倒不大，只是太太再不管这样的事。'老尼道：'太太不管，奶奶可以主张了。'凤姐笑道：'我也不等银子使，也不做这样的事。'……凤姐道：'……凭说这么事，我说要行就行。你叫他送二三千两银子来，我就替他出这口气。……我比不得他们扯篷拉纤的图银子，这三千两银子，不过是给打发去说的小厮们作盘缠，使他赚几个辛苦钱，我一个钱也不要。便是三万两，我此刻还拿得出来。'……凤姐便将昨日老尼之事悄悄的说与来旺儿。旺儿心中早已明白，急忙进城，招着主文的相公，假托贾琏所属，修书一封，连夜往长安县来。不过百里之遥，两日功夫，俱已妥协。那节度使名唤云光，久欠贾府之情，这些小事，岂有不允之理，给了回书。"皆与郭绣所劾相应也。

国柱在江宁巡抚任，曾疏请增设机房四十二间，制造宽大缎匹。得旨："宽大缎匹，非常用之物，何为劳民糜费，斥所奏不行。"案《石头记》第三回，黛玉初到时："熙凤道：'刚才带了人到后楼上找缎子找了半日，也没见昨日太太说的那样，想是太太记错了。'王夫人道：'有没有，什么要紧。'因又说道：'该随手拿出两个来，给你妹妹裁衣裳的；等晚上想着，再叫人去拿罢。'熙凤道：'倒是我先料着了，知道妹妹这两日到的，我已预备下了。等太太回去过了目，好送来。'"七十二回："凤姐道：'昨儿晚上梦见一个人找我，说娘娘打发他来，要一百匹锦。'"均影此。

国柱于康熙十八年礼科掌印给事中任内，劾浙江水师提督常进功："年老耳聋，非大声高呼，不闻一语，恐秘密军机，因之泄露，所关匪细。"疏下部察议，罢进功任。案《石头记》第五十四回："凤姐儿笑道：'再说一个过正月节的，几个人拿着房子大的炮仗往城外去放，引了上万的人跟着瞧去。有一个性急的人，等不得，便偷着拿香点着，只听见扑嗤的一声，众人哄然一笑，都散了。这抬炮仗的人抱怨卖炮仗的干得不结实，没等放就散了。'湘云道：'难道本人没听见？'凤姐儿道：'本人原是个聋子。'……凤姐儿笑道：'咱们也该聋子放炮仗，散了罢。'"又第二十七回："凤姐又笑道：'林之孝两口子都是锥子扎不出一声儿来的。我成日家说他们倒是配就了的一对夫妻：一个天聋，一个地哑。'"即影此。

国柱于顺治九年成进士，然其文辞不多见。其同时诸人著作中，惟陈其年骈文有大冶余国柱一序。案《石头记》中，王熙凤不甚识字。如四十五回："探春等要请凤姐做监社御史，凤姐笑道：'我又不会做什么湿的干的。'……探春道：'你虽不会做，也不要你做。'"五十回："凤姐儿道：'既这样说，我也说一句在上头。……'李纨将题目讲与他听。凤姐儿想了半日，笑道：'你们别笑话我，我只有一句粗话。'"七十回："凤姐因理家常久，每每看帖看账，也颇识得几个字了。"四十二回："宝钗笑道：'幸而凤丫头不认得字，不大通，一概是市俗取笑。"大约因国柱非文学家，故以不识字形容之。

史湘云，陈其年也。其年又号迦陵。史湘云佩金麒麟，当是其字陵字之借音。氏以史者，其年尝以翰林院检讨纂修明史也。名以湘云，又号枕霞旧友，当皆以其狎紫云故。蒋永修所作《陈检讨迦陵先生传》曰："尝襞歌童云郎，云亡睹物辄悲，若不自胜者。"又蒋景祁所作《迦陵先生外传》曰："先生寓水绘园，欲得紫云侍砚；冒母马太夫人靳之，必得梅花百咏乃可。雪窗一夕走笔，遂成之。"可以见其年与紫云之关系矣。

徐健庵所作《陈检讨维崧墓志铭》："京师自公卿下，无不借其年名，倾慕愿交者。然其年所居在城北市廛，庳陋，才容膝。蒲帘土锉，摊书其中而观之。歠菽粥食，沉思经籍。有余无问从所来，时时匮乏，困卧而已。……君修髯，美丰仪，风流俶傥。……

君门阀清素，为人恂恂谦抑，襟怀坦率，不知人世有险巇事。"又徐健庵作《湖海楼集序》曰："其年检讨，阳羡贵公子，与余相识，在戌亥之间。尝下榻儃园，流连观剧。每际稠人广坐，伸纸援笔，意气扬扬，旁若无人。"案《石头记》，常写史湘云之爽直。如第五回，《红楼梦曲》（乐中悲）云："幸生来英豪阔大宽宏量，从未将儿女私情，略萦心上。"二十回："只见史湘云大说大笑。"三十一回："迎春笑道：'我就嫌他爱说话，也没见睡在那里，还是咭咭呱呱的笑一阵、说一阵，也不知那里来的那些诓话。"三十二回："袭人道：'云姑娘，你如今大了，越发会心直口快了。'"四十九回："史湘云极爱说话的，那里禁得香菱又请教他谈诗，越发高兴了，没昼没夜的高谈阔论起来。"六十二回："史湘云笑着道：'这个（拇战）简断爽利，合了我的脾气。我不行这个射复，没得垂头丧气闷人，我只猜拳去了。'"百八回："宝玉心里想道：我只说史妹妹出了阁，是换了一个人了。……如今听他的话，原是和先一样的。"皆与其年相应。

墓志铭曰："京师自公卿下，凡人事往来，贺赠宴饯颂述之作，必得其文以为荣。其年辄提笔缀辞，益与酬酢不休。"又曰："君所作歌，随处散落人间。"传曰："辛卯壬辰间，吴门、云间、常润大兴文会，四郡名士毕集，觞酌未引，髯索笔赋诗，数十韵立就。或时作记序，用六朝俳体，顷刻千言，巨丽无比。诸名士惊叹以为神。"案《石头记》，极写湘云诗思之敏捷。如第三十七回："湘云初到，李纨罚他和诗。湘云一心兴头，不待推敲删改，一面只管和他人说着话，心内早已和成。"五十回："芦雪亭联句，湘云那里肯让人，且别人也不如他敏捷。"皆是。

墓志铭曰："遇花间席上，尤喜填词。兴酣以往，常自吹箫而和之。人或指以为狂。其词至多，累至千余阕，古所未有也。"传曰："所作词尤凌厉光怪，变化若神，富至千八百首。"《石头记》七十回，史湘云偶填柳絮词："湘云说过，咱们这几社，总没有填词，明日何不起社填词？"与其年好为词相应。

别传曰："先生尝自中州入都，同秀水朱竹垞合刻一稿，名《朱陈村词》。"《石头记》六十七回："凹晶馆，湘云、黛玉联句。"殆影此。

传曰："畇贫，无子。先是游商邱，买妾，妾父母闻其世家，游装都雅，意其富，许之。举一子，名狮儿。岁三周，载与俱归。妾父母暨妾始知畇贫，且老诸生耳。未几，狮儿竟夭，畇寻遣妾去。去二年，畇拔起荐辟，官检讨云。然畇自得官后，贫益甚。储孺人卒于家，生死不相见，益悼痛不自聊赖。壬戌，患头痛，遂不起。"墓志铭曰："授翰林院检讨后四年，年五十八而病作，积四十余日卒。"《石头记》（乐中悲）曲："襁褓中父母叹双亡，纵居绮罗丛，谁知娇养！"三十二回："宝钗道：'为什么这几次他（湘云）来了，他和我说话儿，见没人在眼前，他就说家里累得很。我再问他几句家常的话，他就连眼圈儿都红了。口里含含糊糊，待说不说的。想其情景，自然从小没了爹娘的苦。我看他也不觉伤起心来。'"三十七回："史湘云穿得整整齐齐走来，辞说家里打发人来接他。……那史湘云只是眼泪汪汪的，见有他家人在跟前，又不敢十分委屈。……还是宝钗心内明白，他家人若回去告诉了他婶娘，待他家去，又恐怕受气。"所以写其未仕以前之厄运也。《红楼梦曲》又云："……好一似霁月光风耀玉堂，厮得个才貌仙郎，博得个地久天长。准折幼年时坎坷形状，终久是云散高唐，水涸湘江。"百九回："史姑娘哭得了不得，说是姑爷得了暴病，大夫都瞧了，说这病只怕不能好，若变了痨病，还可捱过四五年。"百十回："史湘云想到自己命苦，刚配了一个才貌双全的男人，性情又好，偏偏得了冤孽证候，不过挨日子罢了。"百十八回："王夫人道：'就是史姑娘，是他叔叔的主意。头里原好，如今姑爷痨病死了，你史妹妹立志守寡，也就苦了。'"皆所以写其既仕以后之厄运也。其年出于明之世家而入清，故以父母早亡而喻之。

别传曰："相传先生为善卷山中诵经猿再世，故其性情萧淡，不耐拘检。疾革时，吟'山鸟山花是故人'句而逝。"《石头记》四十九回："一时史湘云来了，穿着贾母与他的一件貂鼠脑袋面子、大毛黑灰鼠里子、里外发烧大褂子，头上戴着一顶挖云鹅黄片金里大红猩猩毡昭君套，又围着大貂鼠风领。黛玉先笑道：'你们瞧瞧，孙行者来了，'……只见他里头穿着一件半新的靠色三镶领袖，秋香色盘金五色绣龙窄裉小袖掩襟银鼠短袄，里面短短的一件水红妆段狐嵌褶子，腰里紧紧束着一条蝴蝶结子长穗五色宫绦，脚下也穿着鹿皮小靴，越显得蜂腰猿背，鹤势螂形。"五十回，暖香坞巧制春灯谜："湘云想了一想，笑道：'我编了一支点绛唇，……便念道：溪壑分离，红尘游戏真何趣。名利犹虚，后事总难提。'众人都不解，想了半日，有猜是和尚的，也有猜是道士的，也有猜是偶戏人的。宝玉笑了半日道：'都不是。我猜着了，必定是耍的猴儿。'湘云笑道：'正是这个了。'众人道：'前头都好；末后一句怎样解？'湘云道：'那一个耍的猴儿不是剁了尾巴去的？'"皆影射山猿再世之传说也。众人猜为和尚、道士，而猜着者又为将做和尚之宝玉，皆影诵经猿。所谓"后事总难提"，所谓"剁了尾巴"，则影其殁后无子云。

墓志铭曰："口蹇讷，不善持论。"《石头记》二十回："黛玉笑道：'偏你咬舌子爱说话，连个二哥哥也叫不上来，只是爱哥哥、爱哥哥的。回来赶围棋儿，又该你闹么爱三了。'宝玉笑道：'你学会了，明儿连你还咬起来呢。'……湘云笑道：'我只保佑着，明儿得一个咬舌儿林姊夫，时时刻刻，你可听爱呀厄的去。'"即影此。

妙玉，姜西溟也（从徐柳泉说）。姜为少女，以妙代之。诗曰："美如玉，美如英。"玉字所以影英字也。（第一回名石头为赤霞宫神瑛侍者，神瑛殆即宸英之借音。）

全谢山所作《翰林院编修姜先生宸英墓表》曰："常熟翁尚书者，先生之故人也。是时枋臣方排睢州汤文正公，而尚书为祭酒，受枋臣旨，劾睢州为伪学。枋臣因擢之副詹事，以逼睢州，以睢州故兼詹事也。先生以文头责之，一日而其文遍传京师，尚书恨甚。枋臣有子多才，求学于先生，枋臣颇欲援先生登朝。枋臣有幸仆曰安三，势倾京师，欲先生一假借而不可得。枋臣之子乘间言于先生曰：'家君待先生厚，然而率不得大有佽助。某以父子之间，亦不能为力者，何也？盖有人焉，愿先生少施颜色，则事可立谐。'……先生投杯而起曰：'吾以汝为佳儿也，不料其无耻至此！绝不与通。'"又方望溪记姜西溟遗言曰："徐司寇健庵，吾故交也。能进退天下士。平生故人，并退就弟子之列，独吾与为兄弟称。其子某作楼成，饮吾以落之，曰：'家君云，名此必海内第一流，故以属先生。'吾笑曰：'是东乡，可名东楼。'"墓表又云："尝于谢表中用义山点窜尧典、舜典二语，受卷官见而问曰：'是语甚粗，其有出乎？'先生曰：'义山诗未读耶？'"案《石头记》中，极写妙玉之猖傲。第十七回："王夫人道：'这样我们何不接了他（妙玉）来？'林之孝家的回道：'若接他，他说侯门公府，必以权势压人，我再不去的。'王夫人道：'他既是宦家小姐，自然要傲些。就下个请帖何妨。'"四十一回："妙玉忙命将成窑的茶杯别收，搁在外头去罢。宝玉会意，知为刘姥姥吃了，他嫌肮脏不要了。黛玉因问：'这也是旧年的雨水？'妙玉冷笑道：'你这么个人，竟是大俗人，连水也尝不出来。……'黛玉知他天性怪僻，不好多话，亦不好多坐。……宝玉道：'那茶杯，……不如就给了那贫婆子罢。……'妙玉点头说道：'这也罢了。幸而那杯子是我没吃过的；若是我吃过的，我就砸碎了也不能给他。……你只交给他快拿了去罢。'宝玉道：'自然如此，你那里和他说话去，越发连你都肮脏了。'……宝玉又道：'等我们出去了，我叫几个小么儿来，河里打几桶水来洗地如何？'妙玉笑道，'这更好了，只是嘱咐他们抬了水，只搁在山门外头墙根下，别进门来。'"六十三回："岫烟笑道：'我找妙玉说话。'宝玉听了诧异，说道：'他为人孤癖，不合时宜，万人不入他的目，原来他推重姐姐，竟知姐姐不是我们一流俗人。'……宝玉将拜帖取与岫烟看（拜帖写槛外人妙玉恭肃遥叩芳辰）。岫烟笑道：'他这脾气，竟不能改，竟是生成这等放诞诡僻了。从来没见拜帖上写别号的。……他常说，古人中，自汉、晋、唐、宋以来，皆无好诗。只有两句好，说道：纵有千年铁门槛，终须一个土馒头。所以他自称槛外之人。又常赞文是庄子的好，故又或称为畸人，他若帖子上是自称畸人的，你就还他个世人。畸人者，他自称是畸零之人；你谦自己乃世上扰扰之人，他便喜了。如今他自称槛外之人，是自谓蹈于铁槛之外了；故你如今只下槛内人，便合了他的心了。'"八十七回："宝玉悉把黛玉的事（抚琴）述了一遍，因说：'咱们去看他。'妙玉道：'从古只有听琴，再没有看琴的。'宝玉笑道：'我原说我是个俗人。'"九十五回："岫烟求妙玉扶乩。妙玉冷笑几声，说道：'我与姑娘来往，为的是姑娘不是势利场中的人。今日怎么听了哪里的谣言，过来缠我。……'岫烟知他脾气是这么着的。"一百九回："妙玉来看贾母病。岫烟出去接他，说道：'……况且咱们这里的腰门常关着，所以这些日子不得见你。'妙玉道：'……我哪管你们关不关，我要来就来；我不来，你们要我来也不能啊！'岫烟笑道：'你还是那种脾气。'"又第五回，《红楼梦曲》（世难容）云："天生成孤僻人皆罕，你道是啖肉食腥膻（西溟不食豕，见下条），视绮罗俗厌。"皆是。

西溟性虽猖傲，而热衷于科第。方望溪曰："西溟不介而过余，以其文属讨论，曰'吾自度尚有不止于是者，以溺于科举之学，东西奔迫，不能尽其才，今悔而无及也。'"朱竹垞《书姜编修手书子后》云："予常劝罢乡试，西溟怒不答。平生不吃豕，兼恶人食豕。"一日，予戏语之曰："假有人注乡贡进士榜，蒸豕一盘曰：'食之则以淡墨书子名，子其食之乎？'西溟笑曰：'非马肝也。'"《石头记》八十七回："宝玉一面与妙玉施礼，一面又笑问道：'妙公轻易不出禅关，今日何缘下凡一走？'妙玉听了，忽然把脸一红，也不答言，低了头自看那棋。……宝玉尚未说完，只见妙玉微微的把眼一抬，看了宝玉一看，复又低下头去。那脸上的颜色渐渐的红晕起来。……重新坐下，痴痴的问着宝玉道：'你从何处来？'……妙玉坐到三更过后，听得屋上咯碌碌一片瓦响。……忽听房上两个猫儿一递一声厮叫。那妙玉忽想起日间宝玉之言，不觉一阵心跳耳热。自己连忙收摄心神，走进禅房，仍归禅床上坐了。怎奈神不守舍，一时如万马奔驰，觉得禅床便恍荡起来。……大夫道：'这是走火入魔的原故。'……外面那些游头浪子听见了，便造作许多谣言，说'这样年纪，哪里忍得住，况且又是很风流的人品，很乖觉的性灵，以后不知飞在谁手里，便宜谁去呢！'……惜春因想妙玉虽然洁净，毕竟尘缘未断。"皆写其热衷之状态也。

西溟未遇时，欲提挈之者甚多，忌之者亦不鲜。墓表曰："凡先生入闱，同考官无不急欲得先生者，顾俛得俛失。"又曰："当是时，圣祖仁皇帝，润色鸿业，留心文学。先生之名，遂达宸听。一日谓侍臣曰：'闻江南有三布衣，尚未仕耶？'三布衣者，秀水朱先生竹垞，无锡严先生藕渔，及先生也。又尝呼先生之字曰：'姜西溟古文，当今作者。'……会征博学鸿儒，昆山叶公与长洲

343

韩公相约连名上荐。叶公适以宣召入禁中，浃月。既出，则已无及矣。新城王公叹曰：'其命也夫！'……先生累以醉后违科场格致斥。……受卷官怒，高阁其卷，不复发誊（因先生斥其未读义山诗）。遗言曰：'翁司寇宝林用此（刊布责翁文）相操尤急，此吾所以困至今也。'"李次青《姜西溟先生事略》曰："始睢州典试浙中，叹息语同事，暗中摸索，勿失姜君。竟弗得。嗣后每榜发，无不以失先生为恨者。"《曝书亭集》有为姜宸英题画诗，孙注曰："案己未鸿博试，据其乡后进云：以厄于高江村詹事不获举。"墓表又曰："康熙丁丑，年七十矣。先生入闱，复违格。受卷官见之叹曰：'此老今年不第，将绝望而归耳。'为改正之，遂成进士。"《石头记》第五回，《红楼梦曲》（世难容）云："好高人共妒，过洁世同嫌。可叹这青灯古殿人将老，辜负了红粉朱楼春色阑。……又何须王孙公子叹无缘。"百十二回："妙玉说道：'我自玄墓到京，原想传个名的。为这里请来，不能又栖他处。'"八十七回："怎奈神不守舍，……身子已不在庵中，便有许多王孙公子要求娶她。又有些媒婆扯扯拽拽扶她上车。"五十回："李纨说：'可厌妙玉为人，我不理她。'"皆写其不遇之境也。

　　墓表曰："以己卯试事，同官不饬簠，牵连下吏，满朝臣僚，皆知先生之无罪，顾以其事泾渭各具，当自白，而不意先生遽病死。新城方为刑部，叹曰：'吾在西曹，使湛园以非罪死狱中，愧何如矣。'"方望溪曰："己卯主顺天乡试，以目昏不能视，为同官所欺，挂吏议，遂发愤死刑部狱中。……平生以列文苑传为恐，而末路乃重负污累，然观过知仁，罪由他人，人皆谅焉，而发愤以死，亦可谓狷隘而知耻者矣。"《石头记》百十二回："有人大声的说道：'我说那三姑六婆是最要不得的。……那个什么庵里的尼姑死要到咱们这里来。……那腰门子一会儿开着，一会儿关着，不知做什么。……我今日才知道是四姑奶奶的屋子，那个姑子就在里头，今日天没亮溜出去了。可不是那姑子引进来的贼么？'……包勇道：'你们师父引了贼来偷我们，已经偷到手了，他跟了贼去受用去了。'"百十五回："地藏的姑子问惜春道：'前儿听见说栊翠庵的妙师父，怎么跟了人去了？'惜春道：'那里的话！说这个话的人，提防的割舌头。人家遭了强盗抢去，怎么还说这样的坏话！'那姑子道：'妙师父为人怪癖，只怕是假惺惺的罢？'"第五回《红楼梦曲》曰："到头来依旧是风尘肮脏违心愿，好一似无瑕白玉遭泥陷。"皆写其受诬也。百十二回："妙玉自己坐着，觉得一股香气透入囟门，便手足麻木不能动弹，口里也说不出话来，心中更自着急。……此时妙玉，如醉如痴，可怜一个极洁极净的女儿，被这强盗的闷香熏住，由着他摆布去了。"写其以目昏而为同官所欺也。百十二回，又云："不知妙玉被劫，或是甘受污辱，还是不屈而死，未知下落，也难安拟。……惜春想起昨日包勇的话来，必是那强盗看见了他，昨晚抢去了，也未可知。但是他素来孤洁得很，岂肯惜命！"百十七回："恍惚有人说：是有个内地里的人城里犯了事，抢了一个女人下海去了。那女人不依，被这贼寇杀了。众人道：'咱们栊翠庵的妙玉，不是叫人抢去，不要就是他罢！'贾芸道：'前日听见人说他庵里的道婆做梦，说看见是妙玉叫人杀了。'"皆写其瘐死狱中也。

西溟祭纳兰容若文，有曰："兄一见我，怪我落落，转亦以此赏我标格。……我蹶而穷，百忧萃止。是时归兄，馆我萧寺。人之狋狋，笑侮多方，兄不谓然，待我弥庄。……梵筵栖止，其室不远，纵谈晨夕，枕席书卷。余来京师，刺字漫灭，举头触讳，动足遭跌。兄辄怡然，忘其颠蹶。数兄知我，其端非一。我常箕踞，对客欠伸。兄不余傲，知我任真。我时嫚骂，无问高爵，兄不余狂，知余疾恶。激昂论事，眼睁舌拤，兄为抵掌，助之叫号。有时对酒，雪涕悲歌，谓余失志，孤愤则那。彼何人斯？实应且憎，余色拒之，兄门固扃。"《石头记》中写妙玉品性均与之相应。而萧寺及梵筵云云，尤为栊翠庵之来历也。

惜春，严荪友也。荪友为荐举鸿博四布衣之一，故曰四姑娘。荪友又号藕渔，亦曰藕荡渔人。故惜春住藕榭，诗社中即以藕榭为号。

《池北偶谈》："公卿荐举鸿博，绳孙目疾，是日应制，仅为八韵诗。"朱竹垞《严君墓志》："晚岁有以诗、文、画请者，概不应。"《石头记》三十七回："惜春本性懒于诗词。"殆指此。

墓志曰："君兼善绘事。"李次青《严荪友事略》又称其尤精画凤。《石头记》，惜春之婢名入画。第四十回："贾母指着惜春笑道：'你瞧我这个小孙女儿，她就会画，等明儿叫她画一张如何？'"第四十二回："李纨笑道：'四丫头要告一年的假呢！'黛玉笑道：'都是老太太昨儿一句话，又叫她画什么园子图儿，惹得她乐得告假了。'"五十回："贾母道：'那是你四妹妹那里和暖。[和]我们到那里，瞧瞧她的画儿，赶年可能有了不能。'众人笑道：'那里能年下就有了！只怕明年端阳才有呢。'贾母道：'这还了得！她竟比盖这个园子还费功夫了。'……又问惜春'画在那里？'惜春因笑道：'天气寒冷了，胶性皆凝涩不润。画了恐不好看，故此收起来了。'"皆借苏友绘事为点缀。其所云请假一年，明年才有，及天寒收起等，则晚岁不应之义也。

墓志曰："君归田后，杜门不出。筑堂曰雨青草堂，亭曰佚亭。布以窠石、小梅、方竹。宴坐一室以为常。暇辄扫地焚香而已。"事略曰："既入史馆分纂隐逸传。容与蕴藉，盖多自道其志行云。"《石头记》七十四回："惜春年幼，天性孤僻，任人怎说，只是咬定牙，断乎不肯留着（入画）。又说道：'不但不要入画，如今我也大了，连我也不便往你们那边去了。况且近日闻得多少议论，我若再去，连我也编派。……我一个姑娘，只好躲是非的。我反寻是非，成个什么人了。……我只能保住自己就够了。以后你们有事，好歹别累我。……状元难道没有糊涂的。……怎么我不冷。我清清白白的一个人，为什么叫你们带累坏了。……你这一去了，若果然不来，倒也省了口舌是非，大家倒还干净。'"八十七回："惜春想：我若出了家时，那有邪魔缠扰，一念不生，万缘俱寂。想到这里，蓦与神会，若有所得。便口占一偈云：'大造本无方，云何是应住？既从空中来，应向空中去。'占毕，即命丫头焚香，自己静坐了一回。"百十五回："惜春道：'如今譬如我死了是的，放我出了家，干干净净的一辈子。'"皆写其杜门不出、扫地焚香之决心也。

宝琴，冒辟疆也。辟疆名襄，孔子尝学琴于师襄，故以琴字代表之。

辟疆有姬曰董白，其没也，辟疆作《影梅庵忆语》以哀之，有曰："壬午清和晦日，姬送余至北固山。舟泊江边，时西先生毕令梁寄余夏西洋布一端，薄如蝉纱，洁比雪艳。以退红为里，为姬制轻衫，不减张丽华桂宫霓裳也。偕登金山，山中游人数千，尾余两人，指为神仙。"又曰："余家及园亭，凡有隙地，皆植梅。春来早夜出入，皆烂漫香雪中。姬于含蕊时，先相枝之横斜，与几上军持相受，或隔岁便芟剪得宜，至花放恰采入供。"《石头记》四十九回："湘云又瞧着宝琴笑道：'这一件衣裳，也只配他穿；别人穿了，实在不配。'"五十回："贾母一看四面粉妆银砌，忽见宝琴披着凫靥裘，站在山坡背后遥等。身后一个丫环抱着一瓶红梅。……喜的忙笑道：'你们瞧这雪坡上，配上她这个人物，又是这件衣裳，后头又是这梅花，像个什么？'众人都笑道：'就像老太太房里挂的仇十洲画的艳雪图。'贾母摇头笑道：'那画的哪里有这件衣裳。人也不能这样好。这是已许配梅家了。……把他许了梅翰林的儿子。"四十九回："薛蝌因当年父亲已将胞妹薛宝琴许配都中梅翰林之子为媳。"皆与《隐〔影〕梅庵忆语》中语相应。

张公亮所作《冒姬董小宛传》："小宛，秦淮乐籍中奇女也。……徙之金阊，……住半塘。……自西湖远游于黄山白岳间者将三年。……自此渡浒墅，游惠山，历毗陵、阳羡、澄江，抵北固，登金、焦。"《石头记》五十回："薛姨妈道：'他从小儿见的世面倒多，跟他父亲四山五岳都走遍了。他父亲带了家眷，这一省逛一年，明年又到那一省逛半年。所以天下十停走了有五六停了。……'宝琴走来笑道：'从小儿所走的地方的古迹不少，我如今拣了十个地方古迹，做了十首怀古诗。'"五十一回："宝琴十首怀古绝句，为赤壁、交趾、钟山、淮阴、广陵、桃叶渡、青冢、马嵬、蒲东寺、梅花观十处。"虽地名不皆符合，然彼此足相印证。

辟疆之别墅曰水绘园。《石头记》五十二回："宝琴说'曾见真真国女子。'"盖用闻奇录中画中美人名真真事，以映绘字。此女子所作诗，有曰："昨日朱楼梦，今宵水国吟。"上句言其不忘明室，下句则即谓水绘园也。

古人尝以千里草影董字。后汉童谣"千里草，何青青"是也。《石头记》五十回："李绮灯谜：以萤字打一个字。宝琴猜是花草的花字。黛玉笑道：'萤可不是草化的。'"殆亦以草字影董字也。相传董小宛实非病死，而被劫入清宫。草化为萤，疑即指此。萤与荣国府之荣同音也。

刘姥姥，汤潜庵也（合肥蒯君若木为我言之）。潜庵受业于孙夏峰，凡十年。夏峰之学，本以象山、阳明为宗。《石头记》："刘姥姥之女婿曰王狗儿。狗儿之父曰王成，其祖上曾与凤姐之祖、王夫人之父认识，因贪王家势利，便连了宗。"似指此。

耿介所作《汤潜庵先生传传》曰："皇太子将出阁，上谕吏部：自古帝王，谕教太子，必简和平谨恪之臣，专资赞导。江宁巡抚汤斌，在经筵时，素行谨慎，朕所稔知。及简任巡抚以来，洁己率属，实心任事。允宜拔擢大用，风示有位。特授礼部掌詹事府事。"《石头记》四十二回："凤姐儿道：'他（巧姐儿）还没个名字，你就给他起个名字，借借你的寿。二则你们是庄家人，不怕你恼，到底贫苦些。你贫苦人起个名字，只怕压得住他。'"又一百十三回："凤姐对巧姐儿道：'你的名字，还是他起的呢。就和干娘一样，你给他请个安。'……姥姥道：'只是不到我们那里去。'凤姐道：'你带了他去罢。'"一百十九回："平儿道：'姥姥你既是姑娘的干妈。'"疑皆指其为詹事时事。

《觚剩》："旧传明祖梦兵座千万，罗拜殿前。……高皇曰：'汝因多人，无从稽考姓氏。但五人为伍，处处血食足矣。'因命江南家立五小庙祀之。俗称五圣祠。是后日渐蕃衍，甚至树头花前，鸡埘豕圈、小有萎夭，辄曰五圣为祸。吾吴上方山尤极淫侈，娶妇贷钱，夭诡百出。吴人惊信若狂，箫鼓画船，报赛者相属于道。巫觋牲牢，阗委杂陈。计一日之费，不下数百金。岁无虚日也。睢州汤公巡抚江南，深痛恶俗。康熙乙丑，奏于朝。而奉有谕旨，并檄各省。如江南土木之俑，或畀炎火，或投浊流，五圣祠遂斩无孑遗。"《国朝先正事略》："苏州府城上方山，有祠曰五通，祷赛甚盛。凡少年妇女，感寒热，觋巫辄谓五通将娶为妇。往往羸瘵死，常数十家。前有大史，拟撤其祠，遇崇死，民益神之。公收像，投水火，尽毁所属淫祠，请旨勒石永禁。"《石头记》三十九回："刘姥姥道：'去年冬天，接连下了几天雪，地下压了三四尺深。……只听外头柴草响，我想必定有人偷柴草来了。'……贾母道：'必定是过路的客人们冷了，见现成的柴，抽些烤火去，也是有的。'刘姥姥道：'……原来是一个十七八岁极标致的一个小姑娘，……'外面人喊噪起来。……丫环回说：'南院马棚子里走了火了。不相干，已救下了。'……只见东南上火光犹亮。……又忙命人去火神跟前烧香。……贾母足足看火光熄了。……都是才说抽柴草，惹出火来了。……林黛玉忙笑道：'咱们雪下吟诗，依我说，还不如弄一捆柴火雪下抽柴。'……刘姥姥编了告诉他道：'那原是我们庄北沿地埂子上，有一个小祠堂里供的，不是神佛，当先有个什么老爷。'说着又想名姓。宝玉道：'不拘什么名姓，你不必想了（《觚剩》所谓无从稽考姓氏）。只说原故就是了。'刘姥姥道：'这老爷没有儿子，只有一位小姐，名叫若玉小姐。（五字与玉字相似，故曰若玉……）生到十七岁一病死了。（《国朝先正事略》所谓少年妇女……五通将娶为妇、往往赢瘵死。……）因为老爷太太思念不尽，便盖了这祠堂，塑了这若玉小姐的像，派了人烧香拨火。如今日久年深的，人也没了，庙也破了，那像也就成了精。……他时常变了人出来各村庄店道上闲逛。我才说抽柴火的就是他了。我们村庄上的人，还商议着，要打了这个像，平了庙呢。'……宝玉道：'我明日做个疏头，替你化些布施，你就做香头，攒了钱，把这庙修盖，再装塑了泥像，每月给你香火钱烧香，岂不好？'（汪世镕所作《汤潜庵先生墓表》：其后五通神徙于他所，驻骖了有复兴之势。）……焙茗笑道：'找到东北上田埂子上，才有一个破庙。……那庙门却倒也朝南开，也是稀破的。……一看泥胎，吓得我又跑出来。活似真的一般。……那里是什么女孩儿，竟是一位青脸红发的瘟神爷。'"皆影汤公毁五通祠事也。

徐乾学所作《工部尚书汤公神道碑》："居官不以丝毫扰于民，夏从贸肆中易苎帐自蔽。春野荠生，日采取啖之，脱粟羹豆，与幕客对饭。下至臧获，皆怡然无怨色。常州知府祖进朝，制衣靴，欲奉公；久之不敢言，竟自服之。"冯景所作《汤中丞杂记》："黄进士春江言：公莅任时，某亲见其夫人暨诸公子衣皆布，行李萧然，类贫士。而其日给为菜韭。公一日阅簿，见某日两只鸡。公愕问曰：'吾至吴未曾食鸡，谁市鸡者乎？'仆叩头曰：'公子。'公怒，立召公子跽庭下而责之曰：'汝谓苏州鸡贱如河南耶？汝思啖鸡，便归去。恶有士不嚼菜根而能作百事者哉！'并答其仆而遣之。公生日，荐绅知公绝馈遗，惟制屏为寿。公辞焉。启曰：'注琬撰文在上。'公命录以入而返其屏。……去之日，敝篋数肩，不增一物于旧；惟《廿一史》则吴中物。公指为祖道诸公曰：'吴中价廉，故市之，然颇累马力。'"《觚剩续编》："睢州汤潜庵先生，以江南巡抚内迁大司空。其殁于京邸也，同官唁之；身卧板床，上衣敝蓝丝袄，下着褐色布裤。检其所遗，惟竹笥内俸银八两。昆山徐大司寇赙以二十金，乃能成殡。"《石头记》第六回，记刘姥姥之外孙名板儿，外孙女名青儿。一进荣国府，携板儿去。板儿当影吴中所市之《廿一史》，青儿则影其日给菜韭也。又刘姥姥见凤姐时，贾蓉适来借屏。"贾蓉笑道：'我父亲打发我来求婶子说，上回老舅太太给婶子的那架玻璃炕屏，明儿请一个要紧的客，借去略摆一摆，就送来的。'……凤姐笑道：'也没见我们王家的东西都是好的。……碰坏一点，你可仔细你的皮。'"是影不受寿屏事。曰借，曰略摆一摆就送来，言不受也。王家的东西都是好的，王、汪同音，汪琬撰文在上也。不许碰坏一点，但录其文，而于屏一无所损也。又凤姐给他二十两银子。而第三十九回："刘姥姥道：'这样螃蟹，……再搭上酒菜，一共倒有二十多两银子。阿弥陀佛，这一顿的钱，够我们庄家人过一年的了。'"疑皆影徐健庵赙二十金也。第三十九回："刘姥姥又来了。有两三个丫头在地下，倒口袋里的枣子、倭瓜、并些野菜。姥姥道：'姑娘们天天山珍海味的也吃腻了，吃个野菜儿，也算我们的穷心。'贾母又笑道：'我才听见凤哥儿说，你带好些瓜菜来，我叫他快收拾去了。我正想个地里现结的瓜儿菜儿吃，外头买的不像你们田地里的好吃。'刘姥姥笑道：'这是野意儿，不过吃个新鲜。依我们倒想鱼肉吃，只是吃不起。'"第四十二回："平儿道：'到年下，你只把你们晒的那个灰条菜干子和豇豆、扁豆、茄子、葫芦条子，各样干菜带些来，我们这里上上下下都爱吃这个。'"皆影啖野荠、给菜韭，及谓士当嚼菜根等也。"平儿道：'这一包是八两银子。'"影死后所遗惟俸银八两也。三十九回："鸳鸯去挑了两件随常的衣服给刘姥姥换上。"四十二回："鸳鸯道：'前儿我叫你洗澡换的衣裳，是我的。你不弃嫌，我还有几件，也送你罢。'刘姥姥又忙道谢。鸳鸯果然又拿出几件来。"又"鸳鸯指炕上一个包袱说道：'这是老太太的几件衣裳，都是往年间生日、节下，众人孝敬的。老太太从不穿人家做的。收着也可惜，却是一次也没穿过的。昨日叫我拿出两套儿送你带去，或送人，或自己家里穿罢。'"又"平儿又悄悄笑道：'这两件袄儿和两条裙子，还有四块包头，一包绒线，这是我送姥姥的。那衣裳虽是旧的，我也没大很穿。你要弃嫌，我就不敢说了。'姥姥忙笑说道：'姑娘说哪里话，这样好东西我还弃嫌。我便有银子没处买这样的去呢！只是我怪臊的，收了又不好，不收又辜负了姑娘的心。'"皆影祖进朝欲奉衣靴久不敢言而自服之也。四十回："贾母道：'那个纱叫软烟罗，先时原不过是糊窗屉，后来我们拿这个做被做帐子，试试也竟好。'……刘姥姥口里不住的念佛，说道：'我们想做衣裳也不能，拿着糊窗子，岂不可惜。'……贾母道：'若有时都拿出来，送这刘亲家两匹。有雨过天青的，我做一个帐子挂下。"四十二回："平儿说道：'这是昨日你要的青纱一匹，奶奶另外送你一个实地月白纱做里子。这是两个茧绸，做袄儿裙子都好。这包袱里是两匹绸子，年下做件衣裳穿。'"又四十一回："刘姥姥忽见有一付最精致的床帐。"皆影其苎帐自蔽、全家衣布，及死时服敝蓝丝袄、褐色布裤事也。第四十回："劝姥姥道：'这里的鸡儿也俊，下的这蛋，也小巧怪俊的。'"四十一回："凤姐道：'你把才下来茄子，把皮刨了，只要净肉，切成碎钉子，用鸡油炸了，再用鸡肉脯子，合香菌、新笋、麻菇、五香豆腐干子、各色干果子，都切成钉儿，拿鸡汤煮干，将香油一收，外加糟油一拌，盛在磁罐子里，封严，要吃时拿出来，用炒的鸡爪子一拌，就是了。'刘姥姥听了摇头吐舌说：'我的佛祖，倒得十来只鸡来配他，怪道这个味儿。'"影其责子啖鸡事也。

《履园丛话》："汤文正公莅任江苏，闻吴江令即墨郭公诱，有墨吏声，公面责之。郭曰：'向来上官要钱，卑职无措，只得取之于民。今大人如能一清如水，卑职何敢贪耶？'公曰：'姑试汝。'郭回任，呼役汲水洗其堂，由是大改前辙。"《石头记》四十一回："贾母带了刘姥姥至栊翠庵来。……宝玉道：'等我们出去了，我叫几个小么儿来，河里打几桶水来洗地如何'。"影郭琇洗堂事也。

其他迎春等人，尚未考出，姑阙之。又有插叙之事，颇与康熙朝时事相应者数条，附录于后。

四十八回，贾雨村拿石呆子事，即戴名世之狱也。戴居南山岗，即以南山名其集。诗曰："节彼南山，维石岩岩。"又戴之贾祸，尤在其致门生余石民一书，故以石呆子代表之。所谓"老爷不知在那里看见几把旧扇子，回家来，看家里所有收着的这些好扇子都不中用了。……偏他家就有二十把旧扇子，死也不肯拿出大门来。……他只是不卖，只说'要扇子，先要我的命。'……谁知那雨村没天理的，听见了，便设了法子讹他拖欠官银，拿了他到衙门里去，说所欠公银，变卖家产赔补，把这扇子抄了来，做了官价，送了来。那石呆子如今不知是死是活。……为这点子小事，弄的人家败产。"扇者，史也。看了旧扇子，家里这些扇子不中用，有实录之明史，则清史不足观也。二十把旧扇子，二十史也。石呆子死不肯卖，言如戴名世等，宁死而不肯以中国古史俾清人假借也。拿石呆子，抄扇子，弄的人家败产，石果子不知是死是活，谓烧毁《南山集》版，斩戴名世。其案内干连之人并其妻子，或先发黑龙江，或入旗也。

第二十三回，回目以《西厢记》《牡丹亭》对举。四十回，黛玉应酒令，并引二书。五十一回，宝琴编怀古诗，末二首，亦本此二书。所以代表当时违碍之书也。《西厢》终于一梦，以代表明季之记载；《牡丹亭》述丽娘还魂，以代表主张光复明室诸书。宝玉初读《西厢》，正值落红成阵，引起黛玉葬花，即接叙黛玉听曲，恰为"原来是姹紫嫣红开遍，似这般都付与断井颓垣"及"良辰美景奈何天，赏心乐事谁家院"。其后又想起《西厢记》中"花落水流红"等句。落红也，葬花也，付红紫于断井颓垣，皆吊亡明也。奈何天，谁家院，犹言今日域中谁家天下也。黛玉应酒令，引《牡丹亭》，仍为"良辰美景奈何天"；引《西厢》，则曰"纱窗也没有红娘报"。言不得明室消息也。第四十二回："宝钗道：'我们家也算是个读书人家，祖父手里也极爱藏书。先时人口多，姊妹兄弟也在一处。……诸如这西厢、琵琶以及元人百种，无所不有。他们背着我们偷看，我们背着他们偷看。后来大人知道了，打的打，骂的骂，烧的烧，丢开了。'"言此等违碍之书，本皆秘密传阅；经官吏发见，则毁其书而罚其人也。宝琴所编《蒲东寺怀古》曰："小红骨贱一身轻，私掖偷携强撮成，虽被夫人时吊起，已经勾引彼同行。"似以形容明室遗臣强颜事清之状。其《梅花观怀古》末句："一别西风又一年。"亦有黍离之感。"黛玉道：'两首虽于史鉴上无考，咱们虽不曾看这些外传，不知底里，难道咱们连两本戏也没见过不成？三岁的孩子也知道，何况咱们。'李纨道：'凡说书唱戏，甚至于求的签上都有。老少男女、俗语口头，人人皆知皆说的。'"言此等忌讳之事，虽不见史鉴，亦不许人读其外传，而人人耳熟能详也。

第七回，焦大醉后谩骂，"众小厮把他捆起来，用土和马粪满满的填了他一嘴"。第百十一回："大家见一个稍长大汉，手执木棍，……正是甄家荐来的包勇。……包勇用力一棍打去，将贼打下

356

屋来。"似影射方望溪事。《啸亭杂录》："方灵皋性刚戆，遇事辄争。尝与履恭王同判礼部事，王有所过当，公拂袖而争。王曰：'秃老可敢若尔！'公曰：'王言如马勃味。'往谒查相国，其仆恃势不时禀。公大怒，以杖叩其头，血潺潺下。仆狂奔告相公。迎见后，复至查邸，其仆望之即走，曰：'舞杖老翁又来矣。'"望溪名苞，故曰包勇。

第十八回："黛玉因见宝玉构思太苦，走至案旁，知宝玉只少杏帘在望一首，……自己吟成一律，写在纸条上，搓成个团子，掷向宝玉跟前。宝玉遂忙恭楷缮完呈上。贾妃看毕，指杏帘一首为四首之冠。"似影射张文端助王渔洋事。《啸亭杂录》："王文简诗名重当时，浮沉粉署。张文端公直南书房，代为延誉。仁庙亦尝闻其名，召入面试。渔洋诗思本迟，加以部曹小臣，乍睹天颜，战栗不能成一字。文端代作诗草，撮为丸，置案侧，渔洋得以完卷。上阅之，笑曰：'人言王某诗多丰神，何整洁殊似卿笔。'……渔洋感激终身，曰：'是日微张某，余几曳白矣。'"宝玉之出家，似影清世祖为僧事。世祖为僧，由于悼董妃；宝玉之出家，亦发端于悼黛玉也。

元妃省亲，似影清圣祖之南巡。盖南巡之役，本为省觐世祖而起也。第十六回："赵嬷嬷道：'我听见上上下下，噪嚷了这些日子，什么省亲不省亲，我也不理论他去。如今又说省亲，到底是怎么个缘故？'贾琏道：'如今当今体贴万人之心，世上至大莫如孝子。……当今自为日夜侍奉太上皇、皇太后尚不能略尽孝意，……于是太上皇、皇太后大喜，深赞当今至孝纯仁。'……凤姐笑道：

'当年太祖皇帝仿舜巡的故事，比一部书还热闹。我偏没造化赶上。'赵嬷嬷道：'阿呀呀，那可是千载难逢的。那时候我才记事儿。咱们贾府，……只预备接驾一次，把银子化的淌海水似的。说起来——'凤姐忙接道：'我们王府里也预备过一次……'赵嬷嬷道：'如今还有现在江南的甄家，阿呀呀，好世派！他家独接驾四次。……也不过拿着皇帝家的银子，往皇帝身上使罢了。谁家有那些钱买这个虚热闹去！'"赵嬷嬷说省亲是怎么个缘故，可见省亲是拟议之词。康熙朝无所谓太上皇，而以太上皇与皇太后并称，是其时世祖未死之证。宫妃省亲，与皇帝南巡，事绝不同。而凤姐及赵嬷嬷乃缕述太祖皇帝南巡故事，并缕述某家接驾一次，某家接驾四次，是明指康熙朝之南巡。不过因本书既以贾妃省亲事代表之，不得不假记南巡为已往之事云尔。

上所证明，虽不及百之一二，然《石头记》之为政治小说，决非牵强附会，已可概见。触类旁通，以意逆志，一切怡红快绿之文，春恨秋悲之迹，皆作二百年前之因话录、旧闻记读可也。

民国四年十一月